Elian Alabi Lucci

Bacharel e licenciado em Geografia pela Pontifícia Universidade Católica de São Paulo (PUC-SP)
Professor em escolas particulares do estado de São Paulo
Diretor da Associação dos Geógrafos Brasileiros (AGB) – seção local Bauru-SP

Anselmo Lazaro Branco

Licenciado em Geografia pelas Faculdades Associadas Ipiranga (FAI)
Professor em escolas particulares do estado de São Paulo
Ex-professor da rede estadual de ensino de São Paulo

Geografia 8

homem & espaço

Editora Saraiva

Geografia Homem & Espaço – 8º ano (Ensino Fundamental)

Dados Internacionais de Catalogação na Publicação (CIP)
(Câmara Brasileira do Livro, SP, Brasil)

Lucci, Elian Alabi
Geografia : homem & espaço, 8º ano / Elian Alabi Lucci, Anselmo Lazaro Branco. – 26. ed. – São Paulo : Saraiva, 2014.

Bibliografia.
ISBN 978-85-02-22266-3 (aluno)
ISBN 978-85-02-22270-0 (professor)

1. Geografia (Ensino fundamental) I. Branco, Anselmo Lazaro. II. Título.

14-04781 CDD-372.891

Índices para catálogo sistemático :

1. Organização do espaço : Geografia : Ensino Fundamental 372.891

Gerente editorial	M. Esther Nejm
Editor responsável	Wagner Nicaretta
Editores	Ana Carolina F. Muniz, Juliana Ribeiro Oliveira, Raquel Maygton Vicentini
Coordenador de revisão	Camila Christi Gazzani
Revisores	Aline Araújo, Gustavo de Moura
Coordenador de iconografia	Cristina Akisino
Pesquisa iconográfica	Andrea Bolanho, Mariana Valeiro, Thiago Fontana e Carolina Carmini Lucio
Licenciamento de textos	Érica Brambila e Ricardo Corridoni
Gerente de artes	Ricardo Borges
Coordenador de artes	Aderson Oliveira
Design e Capa	Megalo Design com foto de: Keystone; Getty Images; Getty Images
Diagramação	Select editoração
Assistentes	Jacqueline Ortolan e Paula Regina Costa de Oliveira
Ilustrações	Atman Criações, Casa Paulistana, Fernando & Wilma, Rafael Herrera e Vagner C. Silva
Cartografia e gráficos	Benoît Martins, Carlos Tadeu de Carvalho Gamba, Mario Yoshida, Portal de Mapa, Selma Caparroz, Sonia Vaz
Tratamento de imagens	Emerson de Lima
Produtor gráfico	Robson Cacau Alves
Impressão e acabamento	Bercrom Gráfica e Editora

568.884.026.003

Editora Saraiva

SAC 0800-0117875
De 2ª a 6ª, das 8h30 às 19h30
www.editorasaraiva.com.br/contato

Rua Henrique Schaumann, 270 – Cerqueira César – São Paulo/SP – 05413-909

Apresentação

Caro aluno

Vivemos em um mundo complexo e que se transforma em ritmo acelerado. Modificações nos modos de se comunicar, de produzir, de se divertir, de obter informações vão se processando rapidamente. Abrem-se novas possibilidades de se conhecer, compreender e analisar paisagens e espaço geográfico, particularmente com o desenvolvimento da era digital. Neste mundo em mudanças, são múltiplas as possibilidades de comunicação e o volume de informações veiculadas é enorme.

Ao observarmos as paisagens no lugar em que vivemos, bem como aquelas que conhecemos pelos diferentes meios de comunicação, ao tomarmos contato com as informações sobre acontecimentos, fenômenos e processos verificados no espaço geográfico, muitos questionamentos podem surgir: por quê? como? para quê? Essas indagações ou reflexões, junto com o seu conhecimento, serão o ponto de partida para o estudo de Geografia neste livro. Assim, ao utilizá-lo, em um trabalho conjunto com seu professor e seus colegas, você será capaz de elaborar muitas noções e encontrar respostas para várias perguntas. No decorrer do curso, porém, surgirão outros questionamentos, pois a busca pelo conhecimento, pela compreensão do mundo que nos cerca, em toda a sua complexidade, é tarefa que nunca termina.

Justamente por isso, em boa parte, a humanidade conquistou tantos avanços tecnológicos, modificou paisagens e desenvolveu amplas possibilidades de sobrevivência em diversos lugares da Terra. E é também por meio do conhecimento que podemos encontrar caminhos para estender os benefícios conquistados a um número cada vez maior de pessoas, reduzindo as desigualdades sociais materializadas nas paisagens do espaço geográfico.

Nesse contexto, a Geografia, ciência que estuda o espaço organizado pela sociedade e, portanto, a própria sociedade, pode colaborar para a formação de cidadãos capazes de compreender o mundo em que vivem e nele atuar de modo consciente, contribuindo para a conservação do meio ambiente e para que as desigualdades, a exclusão, a discriminação e o preconceito não sejam marcas de nossa sociedade.

Bom trabalho!
Os autores

VEJA COMO SUA COLEÇÃO está estruturada

Cada livro da coleção está dividido em 6 unidades que, por sua vez, subdividem-se em capítulos.

ABERTURA DA UNIDADE

Na seção que inicia as unidades, há imagens relacionadas à temática que será desenvolvida nos capítulos. Além disso, por meio das questões de exploração das imagens você descobre o que já sabe sobre aqueles temas.

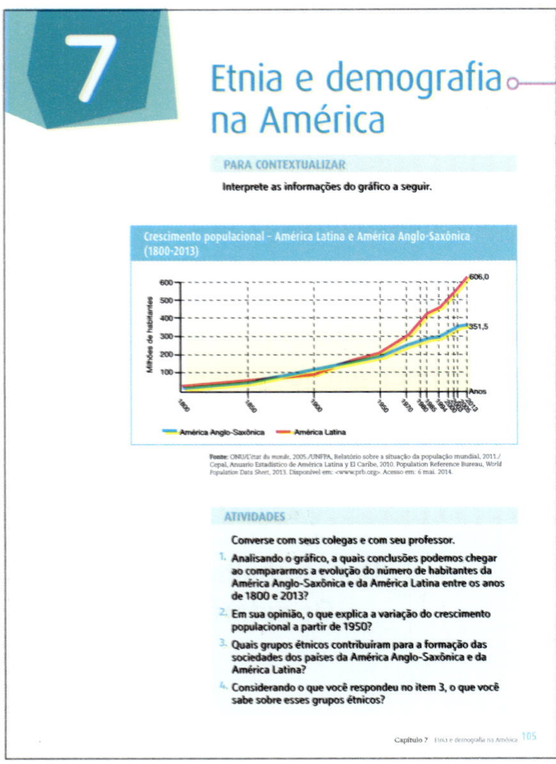

7

Etnia e demografia na América

PARA CONTEXTUALIZAR

Interprete as informações do gráfico a seguir.

Crescimento populacional – América Latina e América Anglo-Saxônica (1800-2013)

Fonte: ONU/L'état du monde, 2005./UNFPA, Relatório sobre a situação da população mundial, 2011./ Cepal, Anuario Estadístico de América Latina y El Caribe, 2010. Population Reference Bureau, World Population Data Sheet, 2013. Disponível em: <www.prb.org>. Acesso em: 6 mai. 2014.

ATIVIDADES

Converse com seus colegas e com seu professor.

1. Analisando o gráfico, a quais conclusões podemos chegar ao compararmos a evolução do número de habitantes da América Anglo-Saxônica e da América Latina entre os anos de 1800 e 2013?
2. Em sua opinião, o que explica a variação do crescimento populacional a partir de 1950?
3. Quais grupos étnicos contribuíram para a formação das sociedades dos países da América Anglo-Saxônica e da América Latina?
4. Considerando o que você respondeu no item 3, o que você sabe sobre esses grupos étnicos?

Capítulo 7 Etnia e demografia na América 105

Este ícone indica que você encontrará Objeto Educacional Digital (OED), no DVD.

ABERTURA DO CAPÍTULO

Na abertura de cada capítulo, você encontra a seção **Para contextualizar** com atividades que serão o ponto de partida para o estudo dos conteúdos abordados. Propomos questões para você ler, interpretar e analisar imagens (fotografias, charges, cartuns, mapas, infográficos, gráficos e outros) e textos variados. Converse sobre as questões com seus colegas e com seu professor, utilize os conhecimentos que possui, apresente suas opiniões. As discussões aqui desenvolvidas serão resgatadas em alguns momentos, no decorrer do capítulo.

TEXTO PRINCIPAL

Para que você possa ler e compreender com facilidade os aspectos fundamentais do conteúdo, escrevemos um texto com linguagem objetiva e fluente. Durante sua leitura, você encontrará fotografias, ilustrações, mapas, tabelas, gráficos, que irão ajudá-lo a analisar e compreender melhor o que foi explicado.

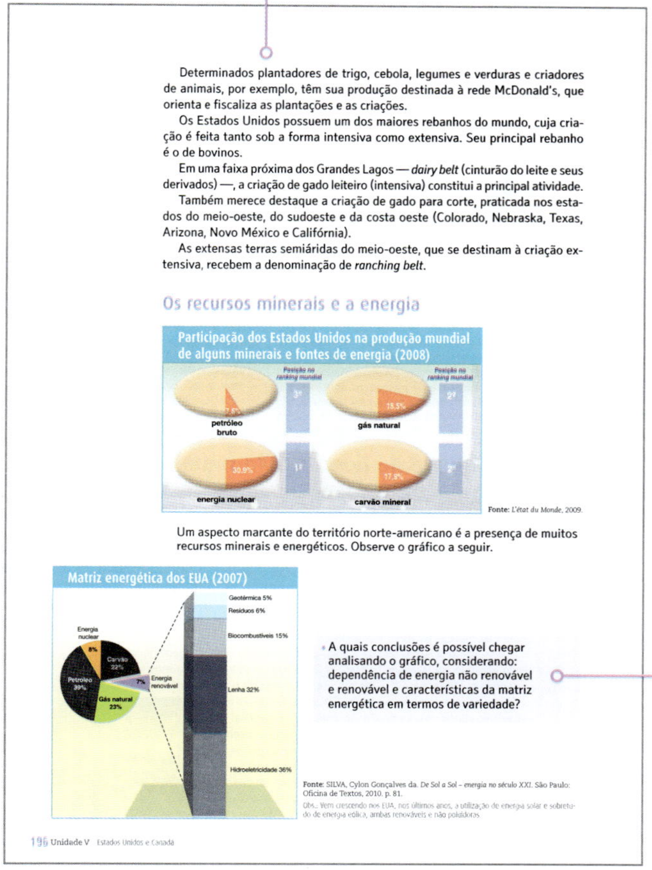
Determinados plantadores de trigo, cebola, legumes e verduras e criadores de animais, por exemplo, têm sua produção destinada à rede McDonald's, que orienta e fiscaliza as plantações e as criações.

Os Estados Unidos possuem um dos maiores rebanhos do mundo, cuja criação é feita tanto sob a forma intensiva como extensiva. Seu principal rebanho é o de bovinos.

Em uma faixa próxima dos Grandes Lagos — *dairy belt* (cinturão do leite e seus derivados) —, a criação de gado leiteiro (intensiva) constitui a principal atividade.

Também merece destaque a criação de gado para corte, praticada nos estados do meio-oeste, do sudoeste e da costa oeste (Colorado, Nebraska, Texas, Arizona, Novo México e Califórnia).

As extensas terras semiáridas do meio-oeste, que se destinam à criação extensiva, recebem a denominação de *ranching belt*.

Os recursos minerais e a energia

Fonte: *L'état du Monde*, 2009.

Um aspecto marcante do território norte-americano é a presença de muitos recursos minerais e energéticos. Observe o gráfico a seguir.

- A quais conclusões é possível chegar analisando o gráfico, considerando: dependência de energia não renovável e renovável e características da matriz energética em termos de variedade?

Fonte: SILVA, Cylon Gonçalves da. *De Sol a Sol – energia no século XXI*. São Paulo: Oficina de Textos, 2010. p. 81.

Obs.: Vem crescendo nos EUA, nos últimos anos, a utilização de energia solar e sobretudo de energia eólica, ambas renováveis e não poluidoras.

196 Unidade V Estados Unidos e Canadá

EXERCÍCIOS

Ao longo do texto principal, sugerimos alguns exercícios que poderão auxiliá-lo na leitura, interpretação e análise de mapas, gráficos, fotografias, tabelas, charges ou de algum aspecto importante abordado no texto.

GLOSSÁRIO

Palavras ou termos que talvez você não conheça são explicados junto ao texto principal do capítulo, na seção **Glossário**, que lhe possibilitará uma ampliação de seu vocabulário, beneficiando também sua capacidade de compreensão leitora.

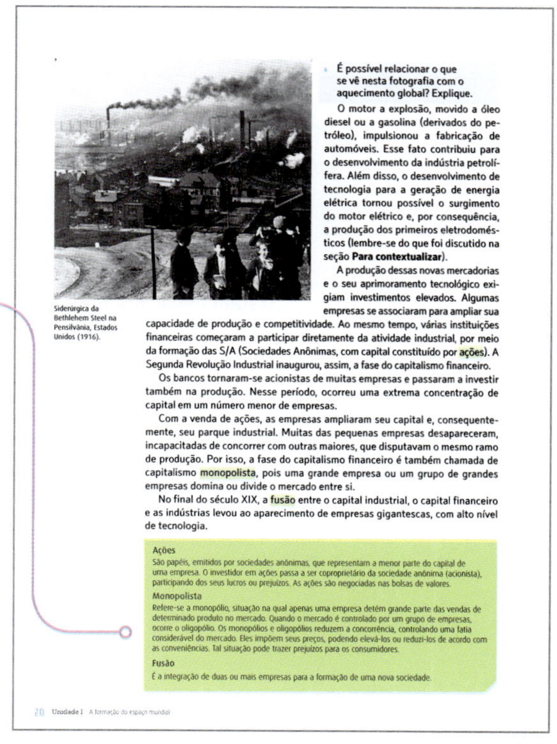
Siderúrgica da Bethlehem Steel na Pensilvânia, Estados Unidos (1916).

- É possível relacionar o que se vê nesta fotografia com o aquecimento global? Explique.

O motor a explosão, movido a óleo diesel ou a gasolina (derivados do petróleo), impulsionou a fabricação de automóveis. Esse fato contribuiu para o desenvolvimento da indústria petrolífera. Além disso, o desenvolvimento de tecnologia para a geração de energia elétrica tornou possível o surgimento do motor elétrico e, por consequência, a produção dos primeiros eletrodomésticos (lembre-se do que foi discutido na seção **Para contextualizar**).

A produção dessas novas mercadorias e o seu aprimoramento tecnológico exigiam investimentos elevados. Algumas empresas se associaram para ampliar sua capacidade de produção e competitividade. Ao mesmo tempo, várias instituições financeiras começaram a participar diretamente da atividade industrial, por meio da formação das S/A (Sociedades Anônimas, com capital constituído por ações). A Segunda Revolução Industrial inaugurou, assim, a fase do capitalismo financeiro.

Os bancos tornaram-se acionistas de muitas empresas e passaram a investir também na produção. Nesse período, ocorreu uma extrema concentração de capital em um número menor de empresas.

Com a venda de ações, as empresas ampliaram seu capital e, consequentemente, seu parque industrial. Muitas das pequenas empresas desapareceram, incapacitadas de concorrer com outras maiores, que disputavam o mesmo ramo de produção. Por isso, a fase do capitalismo financeiro é também chamada de capitalismo monopolista, pois uma grande empresa ou um grupo de grandes empresas domina ou divide o mercado entre si.

No final do século XIX, a fusão entre o capital industrial, o capital financeiro e as indústrias levou ao aparecimento de empresas gigantescas, com alto nível de tecnologia.

Ações
São papéis, emitidos por sociedades anônimas, que representam a menor parte do capital de uma empresa. O investidor em ações passa a ser coproprietário da sociedade anônima (acionista), participando dos seus lucros ou prejuízos. As ações são negociadas nas bolsas de valores.

Monopolista
Refere-se a monopólio, situação na qual apenas uma empresa detém grande parte das vendas de determinado produto no mercado. Quando o mercado é controlado por um grupo de empresas, ocorre o oligopólio. Os monopólios e oligopólios reduzem a concorrência, controlando uma fatia considerável do mercado. Eles impõem seus preços, podendo elevá-los ou reduzi-los de acordo com as conveniências. Tal situação pode trazer prejuízos para os consumidores.

Fusão
É a integração de duas ou mais empresas para a formação de uma nova sociedade.

20 Unidade I A formação do espaço mundial

PARA COMPREENDER

Nesta seção apresentamos questões que desenvolvem habilidades de compreensão, comparação, diferenciação, identificação, análise, entre outras, de variados recursos, como poema, música, texto, mapa, charge, gráfico, fotografia, notícia, tabela ou infográfico. Na seção são apresentados textos de livros, de jornais, revistas, inclusive de meios eletrônicos.

MAIS INFORMAÇÃO

Seção composta de textos e, em alguns casos, imagens, que propiciam o contato com informações complementares ou que reforçam os conteúdos do texto principal, favorecendo a aquisição de novos conhecimentos. Os textos apresentados têm origens diversas – de livros, jornais, revistas, meios eletrônicos.

PARA COMPREENDER Mapa

Observe o mapa.

Estados Unidos – Divisão política e expansão territorial (séculos XVIII-XX)

Fonte: BOUVET, Christian (dir.). Géographie Tales. Paris: Hachette Éducation, 1998. p. 80 (adaptado).

Responda às questões a seguir.

1. Em que sentido ocorreu a ocupação do território norte-americano pelos europeus? Considere as datas de conquista.
2. Na sua opinião, à medida que os colonizadores avançavam para o oeste, o que acontecia com as nações indígenas que ocupavam o território?

A partir da segunda metade do século XIX, com a Doutrina Monroe (leia o boxe a seguir), e posteriormente com a adoção de outras doutrinas geopolíticas, os Estados Unidos iniciaram uma fase de expansionismo que não foi caracterizada pela anexação de territórios, mas pela conquista de zonas de influência no mundo. Trata-se de um conjunto de ideias baseado na seguinte concepção: "Não somos donos do território, mas mandamos, temos o controle e, assim, impomos os nossos interesses econômicos, os interesses de nossas empresas".

Ao mesmo tempo que desenvolviam seu expansionismo, os Estados Unidos dinamizavam sua economia, aproveitando a enorme disponibilidade de recursos naturais (madeira, minérios, água, solos), promovendo a ocupação do território em direção a oeste (quando reservas de ouro e de outros minérios foram descobertas), concedendo terras, estimulando a imigração estrangeira e construindo extensas ferrovias, que facilitaram o deslocamento da população, o transporte de matérias-primas e o escoamento da produção.

No início do século XX, no final da Primeira Guerra Mundial (1914-1918), os Estados Unidos eram a maior economia mundial, e os seus tentáculos se estendiam por toda a América Latina.

178 Unidade V Estados Unidos e Canadá

Mas, mesmo assim, as grandes potências políticas eram a Grã-Bretanha e a França, que mantiveram, até a primeira metade do século XX, um vasto império colonial, espalhado por todo o planeta.

MAIS INFORMAÇÃO A Doutrina Monroe

No capítulo 6 deste volume você estudou, no item "As relações de dependência na América", que muitos países da América, apesar de terem obtido a independência política, submeteram-se à dominação financeira e econômica das potências mundiais, inclusive dos EUA. Esse fato foi significativo na reorganização dos territórios de muitos países latino-americanos.

Em 1823, o presidente dos Estados Unidos, James Monroe, enviou uma mensagem ao Congresso, que ficou conhecida como Doutrina Monroe e pelo *slogan* que sintetiza os seus princípios: "A América para os americanos". Essa doutrina era uma clara advertência aos países europeus, particularmente à Espanha, para que não tentassem recolonizar o continente. Nessa época, boa parte das colônias norte-americanas já havia conquistado a independência. A Doutrina Monroe explicitava que a América não se sujeitaria a uma nova subordinação da Europa e demarcava o continente como zona de influência dos Estados Unidos. "A América para os americanos", além de impulsionar a expansão territorial estadunidense, marcou o início da fase imperial da nova nação.

A conquista da liderança mundial

Após a Segunda Guerra Mundial (1945), os Estados Unidos acrescentaram ao poder econômico o poder militar, que ainda mantêm nos dias atuais. A Europa estava arrasada pela guerra, e a Grã-Bretanha aos poucos via seu império desmoronar (lembre-se das discussões realizadas na seção **Para contextualizar**).

A partir de então, o mundo passou a ser moldado de acordo com os interesses estadunidenses, e os Estados Unidos conquistaram o principal papel nas decisões das grandes questões internacionais. Foram também os responsáveis, ao lado da URSS, pelas principais intervenções militares que marcaram o século XX. As grandes corporações multinacionais de origem norte-americana fortaleceram seu papel de decisão sobre as relações econômicas internacionais.

Acrescenta-se a isso o fato de o dólar ter se efetivado como a moeda mundial, sendo utilizado em todas as transações financeiras e comerciais entre países. É, portanto, uma "mercadoria" muito procurada e comprada por todo o mundo.

O modelo de desenvolvimento dos Estados Unidos — a maneira como atingiram um amplo poder político internacional e o próprio modo de vida da sua população — não pode ser considerado um exemplo a ser reproduzido pelos demais países, se levarmos em conta fatores como: a sua política externa, com a promoção de invasões e guerras; a participação em deposições de governos em vários Estados-nação; os vultosos gastos em armamentos; o intenso aproveitamento de recursos naturais (aproximadamente 25% do que todo o mundo consome); os elevados níveis de consumo da sociedade, que contribuem para gerar uma grande quantidade de lixo e poluentes.

Empresa prepara monitores de computadores para a reciclagem em Fresno, Califórnia, EUA (2010).

Capítulo 11 Estados Unidos da América: a superpotência mundial 179

DIVERSIFICANDO

Seção presente no final de cada unidade, com indicações e comentários de livros, filmes e *sites*, que tratam temas discutidos ao longo dos capítulos.

ATIVIDADES

Para encerrar cada capítulo, sugerimos uma seção de atividades variadas. Elas estão agrupadas em duas subseções – **Retome seus conhecimentos** e **Exercite seus conhecimentos.** As atividades propostas têm o objetivo de rever, melhor compreender e desenvolver diferentes habilidades a partir dos conhecimentos obtidos no decorrer do capítulo, além de propor, em alguns casos, pesquisas, entrevistas, observações de paisagens.

PROJETO ESPECIAL

Ao final das unidades ímpares, você encontra projetos, apresentando textos, imagens e atividades que estimulam a aquisição de conhecimentos, de métodos de estudo, de estratégias de aprendizado, além de promoverem o trabalho cooperativo. A principal intenção na produção dos projetos especiais é o desenvolvimento de experiências de aprendizagem diferentes daquelas que são produzidas diariamente na sala de aula.

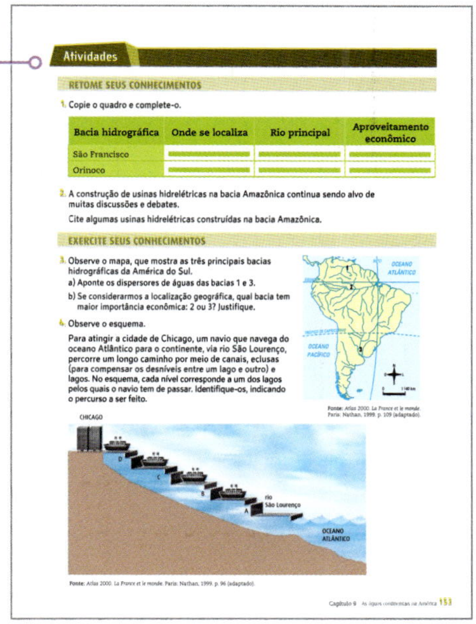

GEOGRAFIA & ARTE

Ao final das unidades pares, propomos uma seção que associa arte à ciência geográfica. O objetivo é desenvolver habilidades de observação, interpretação e análise de obras de arte, poemas, fotografias etc. relacionadas com temas trabalhados em Geografia.

Sumário

A formação do espaço mundial

Designer trabalha em projeto de carro elétrico em Atsugi, Japão (2010).

Lan house em Beijing, China (2011).

UNIDADE I

Feira de aparelhos eletrônicos em Las Vegas, EUA (2012).

Vivemos num mundo em que as modificações no espaço geográfico acontecem com mais frequência e rapidez. As relações entre um canto e outro do planeta tornaram-se imediatas: as informações circulam instantaneamente, as pessoas se deslocam em maior número e com mais rapidez, as mercadorias e os capitais movimentam grandes negócios entre todos os continentes.

Essas modificações são resultado do sistema político socioeconômico dominante no mundo — o capitalismo. Desse modo, estudar a evolução do sistema capitalista, considerando, particularmente, sua base tecnológica, é fundamental ao entendimento do espaço geográfico atual e, por consequência, da sociedade que organiza esse espaço. É esse percurso que iremos seguir nesta unidade.

- Que aspecto do espaço geográfico está presente nas fotografias ?
- Você conhece lugares como as *lan houses*? O que as pessoas fazem lá?
- Qual a importância dos computadores para a economia atual? E para a sociedade?
- Essa tecnologia está acessível a todas as pessoas?

1 Capitalismo e espaço mundial

PARA CONTEXTUALIZAR

Observe as imagens a seguir.

No mundo atual existem navios gigantescos, cujos motores são movidos a óleo combustível, que podem transportar dezenas de milhares de toneladas de mercadorias. Este navio, por exemplo, transporta automóveis, comercializados entre países situados a milhares de quilômetros de distância. Porto de Santos, SP (2011).

Inglaterra, 1833. A fonte energética que movimentava essas máquinas era o carvão mineral.

ATIVIDADES

Converse com seus colegas e com seu professor.

1. Tomando por base a fotografia **A**, imagine o desembarque de mercadorias de um navio no século XVI. Como seria a embarcação? Do que seria feita? Qual fonte energética a movimentaria? O que ela transportaria? E se essa situação ocorresse nas duas primeiras décadas do século XIX, como seriam todos esses aspectos?
2. O que você vê e percebe na imagem **B**?
3. Imagine como deve ser uma fábrica de tecidos atualmente no Brasil. Pense nos tipos de máquinas utilizadas, no número de operários, nas roupas que eles vestem, nas suas condições de trabalho, nas fontes energéticas, no processo de produção em geral. Faça uma comparação com a descrição que você fez da imagem **B** e cite alguns fatores que devem ter contribuído para que ocorressem essas mudanças.

O capitalismo e a interdependência entre os países

O espaço geográfico é resultado da ação humana sobre a natureza ao longo da história. Com o passar do tempo, o ser humano criou objetos, desenvolveu novas técnicas de produção e estabeleceu novas formas de relação com a natureza, explorando uma enorme quantidade de recursos naturais e degradando muitos ecossistemas no planeta.

Com o surgimento e o desenvolvimento do **capitalismo**, a partir do século XV, o espaço natural e o espaço humanizado sofreram profundas transformações, que se refletem atualmente, em maior ou menor intensidade, na quase totalidade dos países do mundo. Desde então, a organização do espaço mundial vem sendo orientada por uma crescente tendência à expansão e à interligação.

O espaço mundial engloba o conjunto de **Estados-nação**, as organizações internacionais e as relações políticas, econômicas e sociais que se estabelecem entre eles.

MAIS INFORMAÇÃO

Estado e Estado-nação

O **Estado** é a forma organizada e centralizada de poder político sobre um território. Todos os que vivem nesse território estão submetidos às mesmas leis. Normalmente, a lei máxima de um Estado é a Constituição.

As principais atribuições do Estado são a organização econômica e jurídica; a criação de infraestrutura (estradas, portos, saneamento básico etc.); a manutenção da ordem social, por meio de um corpo policial, e a segurança nacional, sob responsabilidade das forças armadas. A oferta de serviços de educação e de saúde à sociedade pode, também, ser atribuição do Estado. Um conjunto de instituições e funcionários garante o funcionamento do Estado. Para isso, há a arrecadação de impostos e taxas pagos pela população.

Chamamos um **Estado** de **Estado-nação** ou **Estado nacional** quando existe, dentro dos limites geográficos governados por ele, uma população unida por interesses e identidades comuns, ou seja, ligada por um sentimento de comunidade e pela defesa do seu direito de determinar os próprios rumos. Essas pessoas normalmente apresentam semelhanças culturais (língua, religião, tradições etc.), apesar das diferenças individuais. A identidade nacional está presente nos símbolos (bandeira nacional, hino etc.), rituais e comemorações que manifestam. Cada Estado-nação é soberano e sua autonomia é reconhecida internacionalmente.

Os Estados-nação surgiram primeiramente na Europa. Mas nem sempre Estado e Nação coincidem. Por exemplo, existem as nações indígenas que não se constituem em Estado. Por outro lado, há Estados que reúnem mais de uma nação ou apenas uma parcela da comunidade nacional, o que pode gerar conflitos e instabilidade.

Algumas características do capitalismo

Nos países capitalistas, a sociedade está dividida em classes sociais, e a maior parte dos meios de produção (fábricas, bancos, comércio e terras) é propriedade privada, ou seja, pertence a empresas particulares. A produção de mercadorias e a geração de serviços destinam-se ao mercado, à comercialização.

Comércio em avenida da cidade de Rolim de Moura, em Rôndonia (2011).

No sistema capitalista, aqueles que não possuem os meios de produção (trabalhadores) trabalham para quem os possui, em troca de um salário; os donos dos meios de produção (empresários) visam ao lucro, ou seja, à ampliação do seu capital, representado por dinheiro, imóveis, terras, veículos, máquinas, entre outros bens.

O desenvolvimento do capitalismo, particularmente a partir do século XIX, foi marcado por conflitos entre empresários e trabalhadores: estes lutando por melhores condições de trabalho e salários mais justos, aqueles buscando lucros cada vez maiores. Atualmente, com os elevados índices de desemprego no mundo, a garantia do emprego vem sendo o principal motivo de luta dos trabalhadores em muitos países.

Todo o esforço da economia capitalista está voltado para o mercado, pois ele determina os preços e acirra a concorrência entre as diversas empresas. É também em função das necessidades do mercado que o empresário orienta seus investimentos.

A concorrência entre as empresas obriga o empresário a investir em pesquisa para a criação de novos produtos e serviços ou para aprimorar os já existentes. Nesse sentido, as empresas — seus donos e/ou funcionários que as dirigem (executivos) — procuram, por exemplo: diminuir o tempo de fabricação para inserir mais produtos no mercado e antecipar-se ao lançamento de um concorrente; reduzir o custo da produção com a utilização de mão de obra mais barata ou o uso de máquinas que substituam o trabalho humano; obter matérias-primas e componentes mais baratos; investir em *marketing* e *design*.

Mercado

Local onde se vendem e compram mercadorias. Em economia, num sentido amplo, refere-se à oferta e procura de mercadorias e serviços.

Marketing

Conjunto de processos relacionados ao desenvolvimento, ao lançamento e à manutenção de um produto ou serviço no mercado. Envolve diversas áreas relacionadas à administração das vendas e ao conhecimento do mercado, como o estudo do comportamento do consumidor, a consolidação de uma marca, a propaganda, o comércio no atacado e no varejo etc.

Design

A palavra, em inglês, significa "projetar" e refere-se a uma atividade especializada voltada à elaboração e ao desenvolvimento de objetos (utensílios, ferramentas, automóveis, vestimentas, peças gráficas etc.) com funções específicas. Para que esses objetos atendam às necessidades humanas, seus projetos levam em conta aspectos ergonômicos (segurança e bem-estar das pessoas que os utilizam), tecnológicos, econômicos, sociais, culturais, ambientais e estéticos. O profissional de *design* chama-se *designer*.

Observe a fotografia a seguir.

Consumidores em hipermercado de Curitiba, PR (2009).

- Por que a economia de mercado é a essência do funcionamento do capitalismo?

Vamos, agora, conhecer algumas das principais características das etapas de desenvolvimento do capitalismo.

O capitalismo comercial

Na sociedade atual, há ampla diversificação na produção e na comercialização de mercadorias, que, inclusive, se processam em nível mundial. O mercado capitalista está cada vez mais mundializado ou globalizado. Os produtos que consumimos, por exemplo, vêm, muitas vezes, de lugares bem distantes.

Isso, porém, nem sempre foi assim. Nos séculos XV e XVI, período de formação do capitalismo na Europa (capitalismo comercial), as mercadorias se restringiam a perfumes, sedas, madeira, marfim e, sobretudo, especiarias adquiridas na Ásia (lembre-se do que foi discutido na seção **Para contextualizar**). Elas eram transportadas através do mar Mediterrâneo e entravam na Europa principalmente pelas cidades de Veneza e Gênova, que as distribuíam para o restante do continente.

Com a intensificação do comércio no interior da Europa, tornou-se necessária a ampliação da rota comercial controlada pelos venezianos e genoveses. Além disso, outros povos queriam participar desse negócio, bastante lucrativo. O desenvolvimento do transporte marítimo nesse período — a invenção da caravela, da bússola, do astrolábio — possibilitou a navegação para lugares mais distantes.

Portugal e Espanha foram pioneiros nessa primeira etapa de formação do capitalismo, marcada pelas Grandes Navegações. Com a chegada dos europeus à América e a descoberta de novas rotas comerciais para regiões da Ásia, o comércio entre a Europa e diversos lugares em outros continentes foi intensificado e as mercadorias passaram a ser transportadas em rotas pelo oceano Atlântico, contornando-se o continente africano (veja no mapa a seguir).

Grandes navegações – Rotas de portugueses e espanhóis (final do século XV)

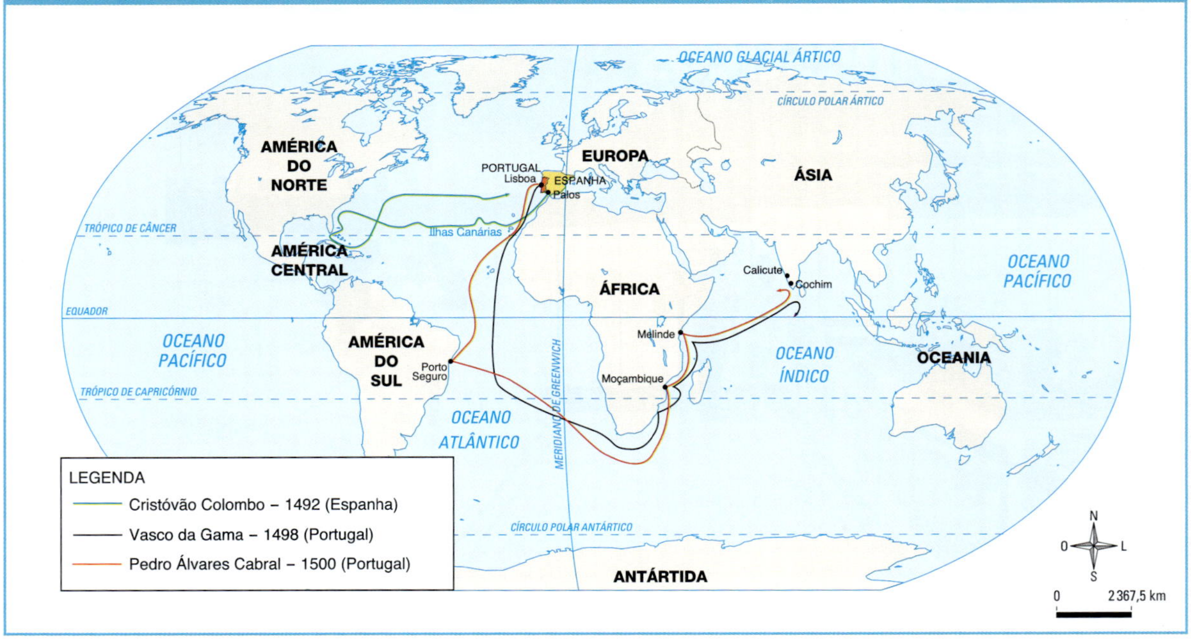

Fonte: ALBUQUERQUE, Manoel Maurício de; e outros. *Atlas histórico escolar*. Rio de Janeiro: MEC, 1983. p. 112-113 (adaptado).

Nesse contexto, o continente americano e outras regiões da Terra foram incorporados às relações econômicas e comerciais em escala intercontinental. A expansão da atividade comercial levou à colonização de novas terras para a extração de matérias-primas e materiais preciosos.

Em decorrência dessa expansão, a intervenção na natureza — a modificação nas características dos ecossistemas, inclusive, a destruição de muitos — foi gradativamente se intensificando nesses territórios, que passaram a ser dominados e explorados pelos europeus. A extração do pau-brasil, de ouro e outras pedras preciosas, e o desmatamento para a formação de áreas agrícolas, como as de cana-de-açúcar, nas terras da América controladas pelos portugueses, são um exemplo disso.

Ao mesmo tempo, nações indígenas eram dizimadas ou tinham sua população reduzida, em decorrência de confrontos com os europeus ou pelo contágio de doenças trazidas pelo colonizador. Muitas foram escravizadas, submetidas ao poder de governo dos portugueses.

De qualquer forma, eram expulsas de seus territórios originais, nos quais haviam estruturado seu modo de vida, desenvolvido suas atividades, sua maneira de se relacionarem com a natureza. Esse modo de vida e de relação sociedade-natureza, considerando a maior parte dos povos indígenas, não estava pautado pelo acúmulo de riquezas, na exploração para o comércio, mas apenas pela obtenção daquilo que era necessário à sobrevivência.

O colonizador, ao conquistar o território, impondo-se, à força das armas, como o novo governante, estabeleceu novas formas de domínio e exploração territorial.

Os africanos utilizados como escravos formaram a mão de obra necessária aos novos empreendimentos. A criação de grandes mercados nacionais e a consolidação do capitalismo comercial contribuíram para a formação dos grandes Estados Nacionais.

PARA COMPREENDER **Texto**

Base da colonização do Brasil

"Os negros nunca demonstraram ser passivos. Ante tanta humilhação, muitos utilizaram o suicídio como forma de protesto e resistência. Mostravam, assim, que a vida lhes pertencia e tiravam de seus donos esse 'privilégio'.

Muitos deixavam-se morrer de tristeza, outros fugiam...

Nas senzalas, para onde os escravos eram levados por seus compradores, a situação não era muito diferente daquela nos navios.

Durante o dia, trabalhavam duro na lavoura (o trabalho já era conhecido por muitos deles, pois muitos grupos eram agrícolas na África). Outros se dedicavam aos trabalhos em bronze, cobre, ouro e madeira; outros ainda eram tecelões, ferreiros e criavam animais de subsistência. Isso explica por que os negros são considerados a base da colonização do Brasil. Sem eles não existiria Brasil. Eram os escravos que fabricavam os móveis e utensílios da casa-grande; os tecidos mais grosseiros eram confeccionados por eles e mais tarde, no ciclo do ouro, o braço escravo foi amplamente utilizado como minerador e ourives."

VALENTE, Ana Lúcia E. F. *Ser negro no Brasil hoje*. São Paulo: Moderna, 1996. p. 15.

Responda às questões a seguir.

1. Considerando as informações do texto, justifique o seu título.

2. Em sua opinião, as pessoas da comunidade em que você vive conhecem o papel dos africanos escravizados e seus descendentes na formação do Brasil? Explique.

O capitalismo industrial

A Revolução Industrial, que marcou a fase capitalista chamada de capitalismo industrial, teve início na **Inglaterra**, na segunda metade do século XVIII. No começo do século XIX, tomou projeção em outros países europeus, sobretudo na França.

Esse processo ocasionou profundas modificações na sociedade, na economia e, portanto, na organização do espaço. Também denominada de **Primeira Revolução Industrial** teve como elementos dinamizadores duas invenções: a **máquina a vapor**, movida a **carvão mineral**, principal fonte de energia desse período, e o **tear mecânico**, que revolucionou a produção têxtil. Observe novamente a imagem **B** da seção **Para contextualizar**.

Tecelagem em Lancashire, Inglaterra, cerca de 1860.

Com a revolução nas técnicas de produção e a organização do trabalho a partir de então estabelecidas, abriu-se um novo caminho para o enriquecimento dos países pioneiros na Revolução Industrial: a produção fabril em larga escala, o livre-comércio (concorrência), o investimento em tecnologia, o desenvolvimento do transporte ferroviário e a ampliação do mercado mundial.

A Revolução Industrial, ao elevar o grau de interdependência entre os países, reorganizou o espaço mundial e a estruturação do território deles. Além de ampliar a divisão do trabalho dentro de cada unidade de produção (a fábrica), onde os operários tinham funções específicas, estabeleceu uma divisão internacional do trabalho entre as novas potências econômicas. Estas forneciam produtos industrializados e as regiões dependentes — colônias e ex-colônias — eram especializadas na produção de matérias-primas.

A interferência da sociedade na natureza aumentou em consequência da exploração de minas de carvão mineral, extração de minérios, lançamento de poluentes no ar atmosférico (observe a fotografia anterior). Nas regiões dependentes, houve uma necessidade de ampliação das áreas agrícolas, sobretudo para produção de algodão que, como a lã dos carneiros, era utilizado na confecção de fios e tecidos.

Milhares de trabalhadores deslocaram-se do campo para as cidades, onde concentravam-se as fábricas, para servir a estas como mão de obra. As cidades, então, começaram a crescer rapidamente, ocasionando novas formas de poluição, como o maior acúmulo de lixo e a poluição dos rios pelos esgotos, que eram a céu aberto. Nas fábricas, os operários eram submetidos a jornadas de trabalho que ultrapassavam 14 horas diárias, sem férias. Era grande o número de mulheres e crianças que também trabalhavam em condições precárias.

Somente no decorrer da segunda metade do século XIX e nas primeiras décadas do século XX, essa situação de péssimas condições de trabalho e de moradia foram, gradativamente, melhorando, com a mobilização dos trabalhadores da cidade que organizaram sindicatos e realizaram diversas manifestações e protestos, reivindicando melhores condições de trabalho e de vida.

As intervenções do poder público nas cidades dos países que primeiramente se industrializaram, além de melhorarem as condições de moradia, gradativamente, resultaram em tratamento de esgoto e, no decorrer do século XX, na despoluição de rios e na redução dos níveis de poluição pelas indústrias.

Essas conquistas também foram resultado de uma **maior participação na vida política dos países.** Os cidadãos, além de organizarem manifestações, influenciavam as decisões dos políticos por meio do voto e cobravam ações de seus dirigentes públicos. Uma grande conquista, nesse sentido, foi o voto feminino, em muitos países, nas primeiras décadas do século XX.

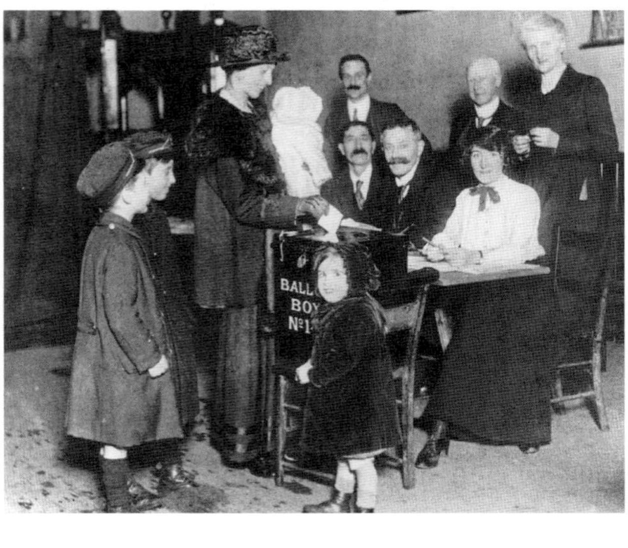

Mulher deposita seu voto na urna durante eleições em 1918 na Inglaterra. Os seguintes países também concederam o voto às mulheres nesse ano: Áustria, Estônia, Georgia, Alemanha, Hungria, Irlanda, Letônia, Lituânia, Polônia, Federação Russa. Em 1906, a Finlândia foi o primeiro país europeu a dar esse direito às mulheres. E no mundo, foi a Nova Zelândia, em 1893. Na América Latina, foi o Equador, em 1929. Nos EUA, para todo o país, em 1920.

MAIS INFORMAÇÃO

Revolução Agrícola e urbanização

A Revolução Industrial provocou uma **Revolução Agrícola**, com a produção de instrumentos para o trabalho na terra e com a modificação do sistema de propriedade e de organização do trabalho no campo, inicialmente na Inglaterra.

Modificações na agricultura estenderam-se por toda a **Europa**. Ao mesmo tempo que promoveram o aumento da produtividade, e incorporaram novas áreas agrícolas, modificando padrões de relação entre a sociedade e a natureza, expulsaram uma grande quantidade de pessoas das áreas rurais. Essa população dirigiu-se às cidades, tornando-se mão de obra disponível às novas indústrias.

Os que permaneceram no campo passaram a produzir bens para o abastecimento urbano, ou matéria-prima para a indústria. O trabalho agrário, cada vez mais especializado e menos de subsistência, obrigou o agricultor a complementar suas necessidades por meio da compra, no mercado urbano, de outros produtos.

O reflexo mais imediato do processo de transformação no espaço geográfico e reorganização do território dos países determinado pela industrialização foi a intensificação da **urbanização**.

PARA COMPREENDER

Texto

Leia o texto a seguir.

O espaço mundial na visão de um economista inglês

"As planícies da América do Norte e Rússia são nossos campos de trigo; Chicago e Odessa, nossos celeiros; Canadá e o Báltico são nossas florestas madeireiras; a Australásia contém nossas fazendas de carneiros, e na Argentina e nas pradarias ocidentais da América do Norte estão nossos rebanhos de gado; o Peru nos manda sua prata, e o ouro da África do Sul e Austrália flui para Londres; os indianos e chineses plantam chá para nós e nosso café, açúcar e especiarias estão plantados por todas as Índias. Espanha e França são nossas vinhas e o Mediterrâneo, nosso pomar; e nossos campos de algodão, que por muito tempo ocuparam o sul dos Estados Unidos, estão agora sendo estendidos a toda parte cálida da Terra."

JEVONS, Willian. In: KENNEDY, Paul. *Ascensão e queda das grandes potências*. Rio de Janeiro: Campus, 1994. p. 151.

Responda às questões a seguir.

1. Qual a visão do economista inglês em relação aos países citados?
2. Do ponto de vista da dominação e do fluxo de mercadorias, como se estabelece a interligação entre os países, de acordo com o texto?

Capitalismo financeiro ou monopolista

Na segunda metade do século XIX, uma nova etapa de desenvolvimento industrial provocou mudanças significativas na economia mundial e no território de vários países, inaugurando uma nova etapa do capitalismo: **financeiro ou monopolista**. As bases tecnológicas dessa nova etapa foram o motor a explosão, a hidreletricidade e o petróleo.

Esse novo período recebeu o nome de **Segunda Revolução Industrial** e foi marcado pelo desenvolvimento da indústria pesada: metalúrgica, siderúrgica, de máquinas e equipamentos industriais.

Siderúrgica da Bethlehem Steel na Pensilvânia, Estados Unidos (1916).

- É possível relacionar o que se vê nesta fotografia com o aquecimento global? Explique.

O motor a explosão, movido a óleo diesel ou a gasolina (derivados do petróleo), impulsionou a fabricação de automóveis. Esse fato contribuiu para o desenvolvimento da indústria petrolífera. Além disso, o desenvolvimento de tecnologia para a geração de energia elétrica tornou possível o surgimento do motor elétrico e, por consequência, a produção dos primeiros eletrodomésticos (lembre-se do que foi discutido na seção **Para contextualizar**).

A produção dessas novas mercadorias e o seu aprimoramento tecnológico exigiam investimentos elevados. Algumas empresas se associaram para ampliar sua capacidade de produção e competitividade. Ao mesmo tempo, várias instituições financeiras começaram a participar diretamente da atividade industrial, por meio da formação das S/A (Sociedades Anônimas, com capital constituído por ações). A Segunda Revolução Industrial inaugurou, assim, a fase do capitalismo financeiro.

Os bancos tornaram-se acionistas de muitas empresas e passaram a investir também na produção. Nesse período, ocorreu uma extrema concentração de capital em um número menor de empresas.

Com a venda de ações, as empresas ampliaram seu capital e, consequentemente, seu parque industrial. Muitas das pequenas empresas desapareceram, incapacitadas de concorrer com outras maiores, que disputavam o mesmo ramo de produção. Por isso, a fase do capitalismo financeiro é também chamada de capitalismo monopolista, pois uma grande empresa ou um grupo de grandes empresas domina ou divide o mercado entre si.

No final do século XIX, a fusão entre o capital industrial, o capital financeiro e as indústrias levou ao aparecimento de empresas gigantescas, com alto nível de tecnologia.

Ações
São papéis, emitidos por sociedades anônimas, que representam a menor parte do capital de uma empresa. O investidor em ações passa a ser coproprietário da sociedade anônima (acionista), participando dos seus lucros ou prejuízos. As ações são negociadas nas bolsas de valores.

Monopolista
Refere-se a monopólio, situação na qual apenas uma empresa detém grande parte das vendas de determinado produto no mercado. Quando o mercado é controlado por um grupo de empresas, ocorre o oligopólio. Os monopólios e oligopólios reduzem a concorrência, controlando uma fatia considerável do mercado. Eles impõem seus preços, podendo elevá-los ou reduzi-los de acordo com as conveniências. Tal situação pode trazer prejuízos para os consumidores.

Fusão
É a integração de duas ou mais empresas para a formação de uma nova sociedade.

A Standard Oil, por exemplo, no ano de sua fundação, 1870, refinava apenas 4% do petróleo norte-americano. Em 1879, já controlava 90% das refinarias dos Estados Unidos da América. Na Alemanha, as indústrias pesadas floresceram nesse período, como o grupo Krupp, uma das maiores siderúrgicas do mundo na segunda metade do século XIX.

- O personagem em destaque no cartum é John Davson Rockefeller, fundador da Standard Oil Company. Observe atentamente a imagem e converse com seus colegas e com seu professor.

  Que papel o cartunista atribui a John Rockefeller nessa imagem?

A partir da Segunda Revolução Industrial, a Inglaterra foi deixando de ser o centro do sistema capitalista e começou a dividir essa posição com os Estados Unidos, a Alemanha e o Japão, países que incorporaram mais rapidamente as novas tecnologias e saíram à frente na produção e no desenvolvimento de novos produtos. Outros países que intensificaram o processo de industrialização ou se industrializaram nessa etapa foram França, Bélgica, Itália, Suíça e Suécia.

As ferrovias foram aperfeiçoadas e disseminaram-se por diversas partes do mundo. O mesmo aconteceu com o telégrafo e o desenvolvimento de novos meios de comunicação. Essas novas tecnologias intensificaram ainda mais as relações econômicas internacionais e promoveram modificações significativas, particularmente nas paisagens dos territórios dos países que se desenvolveram industrialmente nessa etapa.

No início do século XX, aplicando as técnicas de organização do trabalho do taylorismo, o empresário Henry Ford (fundador da indústria automobilística Ford) desenvolveu a linha de montagem, na qual a mercadoria era deslocada pelo interior da fábrica e o trabalhador, especializado numa tarefa, a cumpria num tempo predeterminado. Era a produção em série, com forte especialização do trabalho, que ficou imortalizada no filme *Tempos modernos*, de Charles Chaplin.

Taylorismo
Um conjunto de formas de organização do trabalho, no qual o processo produtivo, incluindo os movimentos dos operários, das máquinas, o fluxo de matéria-prima, é totalmente controlado e o conhecimento desse processo é atribuição exclusiva do gerente, que fiscaliza rigorosamente todas as etapas. É uma forma de organização do trabalho fortemente hierarquizada.

Trabalhadores da linha de montagem na fábrica da Ford em Dearborn, Michigan, EUA (1927).

Entre a segunda metade do século XIX e o início do XX, o setor industrial ampliou sua produção numa escala muitas vezes maior que a capacidade de consumo dos países industrializados. A busca de novos mercados e de fontes de matérias-primas tornou-se então indispensável para a sustentação dessa nova etapa produtiva. Ingleses, alemães, franceses, belgas, estadunidenses e japoneses impuseram sua força industrial por meio do controle e da exploração, submetendo várias regiões do mundo ao seu domínio. Observe o mapa.

Impérios coloniais no final do século XIX

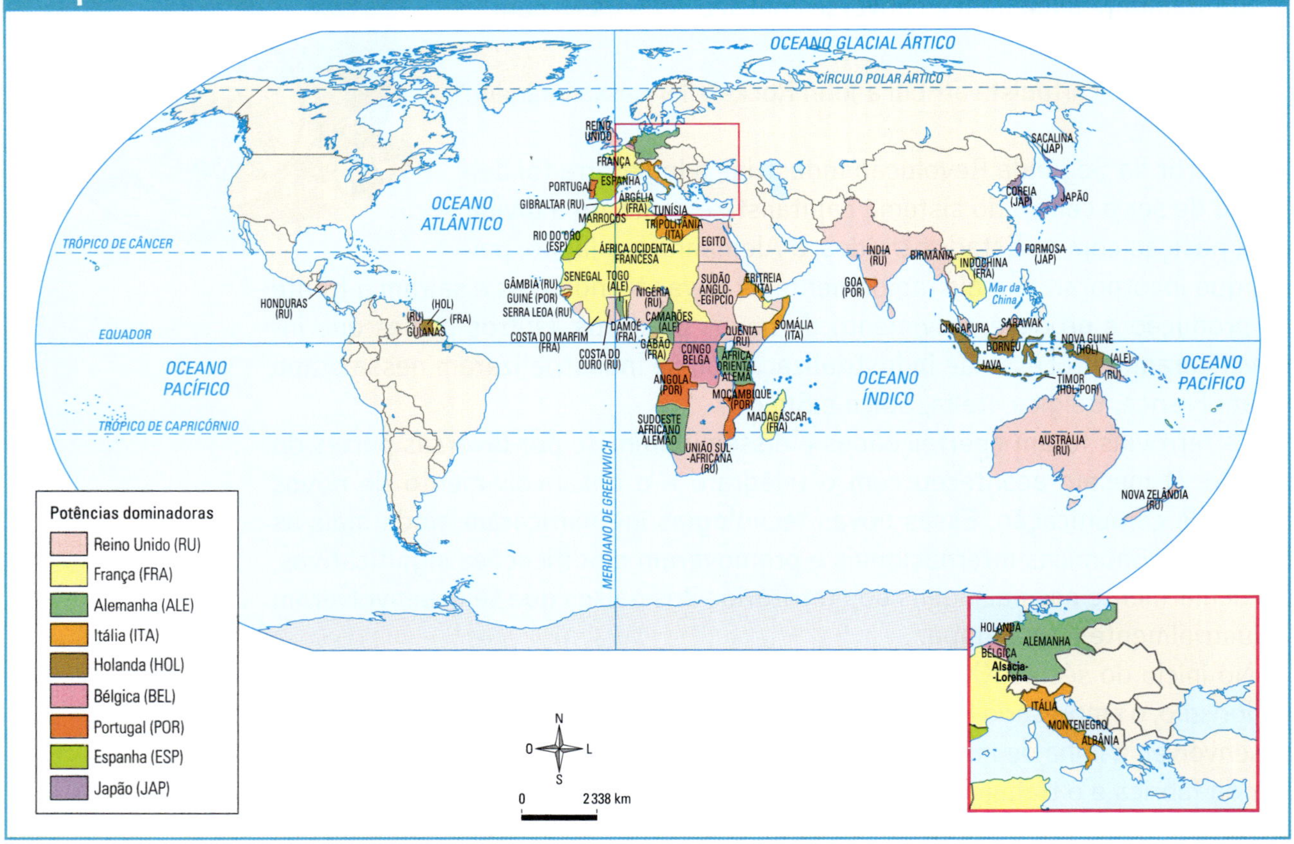

Fonte: ALBUQUERQUE, Manoel Maurício de; e outros. *Atlas histórico escolar*. Rio de Janeiro: MEC, 1983. p. 138-139 (adaptado).

1. Quais continentes foram mais diretamente explorados pelos impérios coloniais?
2. Quais foram as consequências da exploração da natureza nesses continentes?

A África, a Ásia e a Oceania sofreram interferência direta das potências industrializadas, pois foram invadidas, ocupadas militarmente e administradas pelos invasores.

Nesses continentes, os espaços naturais foram significativamente transformados para atender, sobretudo, aos interesses das potências industriais.

No Brasil e nos países da América Latina onde a independência política havia ocorrido, os países imperialistas, apoiados pelas classes dirigentes locais, impuseram seu domínio realizando investimentos. Financiaram muitas obras importantes, como a construção de ferrovias e a instalação de rede elétrica, que poderiam ser exploradas por muitos anos.

Assim, a economia latino-americana desenvolveu-se dependendo do capital estrangeiro e de acordo com os princípios da economia colonial: a exportação de matérias-primas, que contribuiu para intensificar a exploração de recursos naturais. Preservaram-se as relações de dependência e de conveniência às normas estabelecidas pelos países capitalistas centrais, as grandes potências industriais. Também no subcontinente latino-americano, o território dos países foi reorganizado, em boa parte, de acordo com os interesses dos países centrais.

Esse período de disputa e de divisão do mundo entre as grandes potências constituiu a **fase imperialista do capitalismo**, responsável por importantes conflitos, entre eles as duas guerras mundiais no século XX.

MAIS INFORMAÇÃO

O socialismo

Assim como o capitalismo, o socialismo é um sistema que organiza a vida política, social e econômica de uma sociedade.

A partir da segunda metade do século XIX, as ideias socialistas ganharam grande impulso, influenciando, inclusive, os movimentos sindicais dos operários, que lhes possibilitaram fazer reivindicações e contribuíram para a consolidação de leis trabalhistas que asseguraram direitos aos trabalhadores. Os principais teóricos do sistema socialista foram Marx e Engels. Daí a expressão marxismo para se referir à teoria socialista.

A teoria marxista influenciou a formação da maioria dos partidos políticos socialistas. Na Rússia, os socialistas, liderados por Lenin, conquistaram o poder por meio de uma revolução em 1917. Após um período de guerra civil (1918 a 1920), em 1922 foi proclamada a União das Repúblicas Socialistas Soviéticas (URSS), primeiro Estado socialista do mundo.

Em 1928, foi lançada a principal característica do sistema socialista: a planificação da economia, na qual, diferentemente do que ocorre no sistema capitalista (economia de mercado), todo o sistema de produção e de organização do espaço geográfico é definido pelo planejamento do Estado. Assim, indústrias, máquinas, meios de transporte, fontes de energia, matérias-primas, terras, enfim, os meios de produção, pertencem ao Estado, a quem cabe determinar onde serão aplicados os investimentos, em que quantidade, de que forma e quais tipos de bens serão produzidos. Cabe ao Estado também fornecer educação, assistência médica, moradia, lazer e uma renda que garanta os padrões mínimos de vida.

Na teoria, o socialismo daria origem a uma sociedade sem classes, pois, se os meios de produção fossem propriedade do Estado, não haveria a exploração do trabalho humano nem o favorecimento de uma classe social.

Entretanto, diferentemente do que idealizaram Marx e Engels, nos países que adotaram o sistema socialista, os controladores do Estado — chamados de classe dirigente — acabaram se constituindo em uma camada de privilegiados, que, além de terem o controle do poder político, desfrutavam um padrão de vida bem superior ao do restante da população. Entre outros motivos, é por isso que os regimes socialistas efetivamente implantados no mundo receberam a denominação de socialismo real.

A partir dos anos 1980, o socialismo real entrou em colapso por uma série de fatores, como:

- falta de liberdade política e de expressão (somente o Partido Comunista existia);
- falta de estímulo dos trabalhadores na produção;
- crise econômica, motivada principalmente pela centralização das decisões nas mãos da classe dirigente;
- muitos investimentos na indústria de armamentos e poucos nas indústrias de bens de consumo.

Diante disso, além da própria URSS, que deixou de existir, diversos países que haviam adotado o regime socialista após a Segunda Guerra Mundial (Polônia, Bulgária, Romênia etc.) passaram a incorporar formas de organização social e econômica próprias do sistema capitalista.

Fase atual do capitalismo

Após a Segunda Guerra Mundial, começou a se estruturar uma nova etapa de desenvolvimento do capitalismo, que vem se intensificando, sobretudo, a partir dos anos 1970 e 1980.

Essa nova etapa vem sendo marcada pela supremacia dos EUA, como principal potência político-militar e econômica do planeta. No entanto, no período que sucedeu a Segunda Guerra, até o final dos anos 1980, a URSS, que havia implantado o socialismo, rivalizava com os EUA como principal potência mundial, principalmente no aspecto político-militar. A partir dos anos 1960, a ascensão econômica do Japão e da Alemanha colocou esses dois países como grandes potências econômicas mundiais, sendo que até os primeiros anos do século XXI ocupavam respectivamente os postos de segunda e terceira economias do mundo.

Neste início de século, a China desponta como grande potência econômica, já ocupando o posto de segunda maior economia mundial, atrás apenas dos EUA.

Essa nova fase é marcada pela **Terceira Revolução Industrial**, com o surgimento de novos processos de produção industrial (lembre-se do que foi discutido na seção **Para contextualizar**), novas mercadorias, fontes energéticas, atividades profissionais e formas de comunicação a distância; e também pela **globalização**, com uma forte interdependência entre pessoas e empresas de países diferentes, apoiada, principalmente, numa ampla e estruturada rede mundial de telecomunicações e de transportes. Esta, porém, é desigualmente distribuída entre os países do globo.

Revolução Industrial

1 Para o assunto ***As três etapas da Revolução Industrial***, acesse e explore este OED.

Você conhecerá também detalhes do novo sistema de produção, que surgiu nessa etapa, no próximo capítulo, no item "Tecnologia nos processos de produção".

Essa nova etapa intensificará a necessidade por recursos naturais, pois ocorrerá uma **ampliação expressiva da capacidade de produção e do mercado de consumo em muitos países**, com consequente aumento na demanda por energia — combustíveis e eletricidade —, por minérios, água, e outras fontes de matérias-primas, apesar de grande parcela da população mundial ainda estar em situação de pobreza, como verificaremos na unidade 2.

Por outro lado, como também veremos na unidade 2, as questões ambientais, sobretudo a partir dos anos 1970, passarão a estar presentes nas discussões políticas nacionais e internacionais. Isso ganhará força com o passar dos anos, resultando em algumas medidas concretas de proteção aos ecossistemas, mas muito ainda terá de ser feito para que a relação entre sociedade e natureza possa contribuir para manutenção da vida em nosso planeta.

No âmbito econômico, o processo de centralização do capital, por meio de fusões (união de empresas) e aquisições (compra de empresas), iniciado na fase anterior continua na fase atual, levando à formação de oligopólios mundiais — um pequeno número de grandes empresas multinacionais domina mercados relevantes, como os de comercialização de produtos de alta tecnologia (informática, equipamentos de telecomunicações, aviões), obtendo grandes lucros.

Empresa multinacional: É formada por grandes grupos empresariais (indústrias, empresas de comércio, bancos) que possuem sede em um país e filiais em muitos outros. A maioria das multinacionais tem sede nos países desenvolvidos e parte significativa das decisões estratégicas é tomada nesses países.

As principais características dessa etapa de desenvolvimento do capitalismo serão abordadas nos dois próximos capítulos.

Atividades

RETOME SEUS CONHECIMENTOS

1. Observe as imagens e resolva as questões a seguir.

Trabalhadores em tecelagem, por volta de 1830.

Exploração de petróleo, início do século XX.

Indústria com robôs, início do século XXI.

a) Identifique as atividades presentes em cada uma das imagens e relacione a etapa da Revolução Industrial à qual cada uma delas está associada.

b) Aponte algumas situações da relação sociedade-natureza presentes em cada etapa.

2. Caracterize a Primeira Revolução Industrial.

3. Explique a frase: "A Revolução Industrial provocou a Revolução Agrícola e, juntas, elas determinaram a intensificação da urbanização".

EXERCITE SEUS CONHECIMENTOS

4. Observe as imagens. A que etapa de desenvolvimento do capitalismo elas podem ser associadas. Explique.

NOVAES, Carlos E.; RODRIGUES, Vilmar. *Capitalismo para principiantes*. 13. ed. São Paulo: Ática, 1986. p. 102.

5. Em dupla, reflita e analise as possíveis modificações nos territórios dos países provocadas pela introdução das ferrovias, particularmente na primeira metade do século XIX. Leve em consideração também o deslocamento de matérias-primas e os locais de instalação de indústrias. Lembre-se que estas, sobretudo nessa etapa de desenvolvimento da atividade industrial, necessitavam de carvão mineral, e algumas também de minério de ferro para fazer os teares e outras máquinas.

2 A revolução técnico-científica e as redes geográficas

PARA CONTEXTUALIZAR

Leia o texto e observe as fotografias a seguir.

Telefone do século XIX.

Smartphone do século XXI.

"O fantástico nível técnico alcançado pela humanidade é o marco mais impressionante da atualidade. Ele dá continuidade a uma aceleração iniciada com os esforços de guerra, quando foram inventados o avião a jato, o radar, o computador eletrônico, o balístico, a utilização da energia atômica, o antibiótico, entre outros. Antes de surgir o termo globalização, Manuel Castells [...] propusera definir uma Era da informação e um conceito de modo de desenvolvimento, identificado como modo da informatização."

GEIGER, Pedro Pinchas. O mundo no qual o Brasil se insere hoje: capitalismo, internacionalismo, socialismo. *GEOgraphia – Revista do Programa de Pós-Graduação em Geografia da Universidade Federal Fluminense*. v. 11, n. 2, 2009. p. 48.

ATIVIDADES

Converse com seus colegas e com seu professor.

1. Quais fatores permitem a invenção de tantos produtos e de novas fontes de energia?
2. Ao tratar de um conceito identificado como modo da informatização, a que o autor está se referindo? Explique a importância disso no mundo atual.
3. A que se devem as modificações entre os equipamentos apresentados nas fotografias?
4. Você sabe de que maneira a voz de uma pessoa em um aparelho de telefonia celular ou fixa chega até o celular ou telefone fixo de outra pessoa? Quais elementos possibilitam essa "circulação" da voz?

O capitalismo e a Terceira Revolução Industrial

Logo após a Segunda Guerra Mundial, os Estados Unidos transformaram-se no principal expoente do desenvolvimento capitalista. Maior potência industrial e agrícola do planeta, detentor dos maiores recursos financeiros e de grande parte das reservas de ouro (em 1948, 72% de todo o ouro existente no mundo estavam nos cofres estadunidenses), o país tinha necessidade de ampliar o comércio mundial de suas mercadorias, e para isso era necessário fortalecer a economia capitalista em seu conjunto.

Em 1944, na Conferência de Bretton Woods, nos Estados Unidos, os países capitalistas definiram uma nova ordem econômica, que estimulava a retomada do desenvolvimento capitalista e a maior integração da economia mundial. Para garantir, executar e regulamentar as políticas definidas na Conferência, foram criados o Banco Mundial, o FMI (Fundo Monetário Internacional) e o Gatt (iniciais em inglês de Acordo Geral sobre Tarifas e Comércio).

Conferência de Bretton Woods, Estados Unidos, em 1944.

Inicialmente, o Banco Mundial tinha por objetivo captar recursos para a reconstrução europeia após o término da Segunda Guerra. Posteriormente, transformou-se em uma instituição provedora de recursos necessários à criação de infraestrutura nos países subdesenvolvidos: construção de estradas, aparelhamento de portos, construção de usinas de energia, exploração de recursos minerais e instalação de indústrias de base (que fornecem matérias-primas e máquinas a outras indústrias).

O FMI foi criado para estimular o comércio internacional, promover ajuda econômica e fornecer assessoria técnica aos países-membros que viessem a apresentar problemas financeiros. Esse organismo estabeleceu as regras básicas das relações financeiras internacionais. Após a sua instituição, os países associados converteram o valor de suas moedas ao dólar ou ao ouro. Por meio desse mecanismo, houve uma valorização da moeda dos Estados Unidos em relação às demais. O dólar passou a ser a referência dos preços no comércio mundial e aceito em todas as transações.

O Gatt foi a terceira instituição criada com o objetivo de regulamentar o comércio mundial. Em 1º de janeiro de 1995, foi substituído pela OMC (Organização Mundial do Comércio).

Essas três instituições são interdependentes. Os países que não respeitam as regras estabelecidas pela OMC não têm acesso aos recursos financeiros do FMI nem do Banco Mundial. Do mesmo modo, o Banco Mundial só libera recursos aos países que orientam a sua economia de acordo com as metas aceitas pelo FMI.

Essas organizações vieram fortalecer o sistema de trocas de mercadorias e de serviços entre os países capitalistas. Elas contribuíram para um relativo aumento nos fluxos de investimentos entre países, ou seja, na circulação de capitais que estão em um país e são destinados para outro, onde são aplicados, por exemplo, na compra de ações de empresas e de títulos (papéis) do governo.

Títulos
São documentos por meio dos quais uma pessoa ou empresa, ou mesmo o Estado, torna-se proprietário de um bem ou de um valor. Podem servir como garantia para empréstimos ou como investimento para se obter ganhos com juros.

Um mundo mais interligado

Desde o período pós-Segunda Guerra Mundial, o comércio internacional vem crescendo em ritmo bastante acelerado. Enquanto em 1950 o comércio de mercadorias entre os países movimentou 61 bilhões de dólares, em 2012 o valor das exportações mundiais atingiu quase 18 trilhões de dólares, segundo uma publicação da OMC em 2013. Mas esse é apenas um aspecto que caracteriza o momento atual do desenvolvimento capitalista, iniciado após a Segunda Guerra e intensificado a partir dos anos 1970 e 1980, com a Terceira Revolução Industrial ou revolução técnico-científica.

Essa nova fase do capitalismo mundial está relacionada ao desenvolvimento da eletrônica e das tecnologias de informação que agilizaram e tornaram os negócios possíveis de ser realizados em qualquer lugar do planeta a partir de um centro de decisão.

Foi principalmente a partir dos anos 1970 que os fluxos (circulação) de mercadorias, capitais e informações entre os países aumentaram significativamente. Esse fenômeno foi consequência, em parte, da abertura das fronteiras nacionais para a entrada de mercadorias, serviços e capitais (investimentos estrangeiros) e dos avanços tecnológicos.

A aplicação de diversas tecnologias ligadas à informática, às telecomunicações e à microeletrônica nas atividades econômicas possibilita às empresas o aumento da produtividade (lembre-se do que foi discutido na seção **Para contextualizar**). Outros fatores que marcam a revolução técnico-científica são a engenharia genética, o desenvolvimento da microeletrônica e a utilização da energia nuclear em larga escala em alguns países.

Com a revolução técnico-científica surgem novas profissões que dependem de trabalhadores qualificados e que dominam novas habilidades. Ao mesmo tempo, a modernização, em vários setores de atividades, elimina muitos postos de trabalho, pois a mão de obra é substituída por máquinas ou sistemas informatizados.

A revolução técnico-científica, movida pelo aumento de produtividade (lembre-se da evolução dos telefones celulares do início do capítulo), pode gerar mais riquezas, ampliar taxas de lucros de empresas, viabilizar a produção de novas mercadorias, facilitar a vida de muitas pessoas e possibilitar a criação de novas atividades e profissões. No entanto, ela também traz novas exigências em termos de qualificação profissional. Se as condições socioeconômicas do país não forem estáveis, a eliminação de milhares de postos de trabalho pode contribuir para a elevação dos índices de desemprego.

A ciência, a pesquisa e a produção

Ao tratarmos da Terceira Revolução Industrial, é fundamental entendermos a forte integração entre ciência, pesquisa e produção e sua importância socioeconômica e, portanto, espacial no mundo contemporâneo. Essa forte integração tem consequências significativas na organização do território dos países, inclusive na relação entre a sociedade e a natureza, e no espaço geográfico mundial.

A **ciência** está estreitamente ligada à **atividade industrial** e às outras **atividades econômicas**: agricultura, pecuária, comércio e serviços. Para as empresas, o **desenvolvimento científico e tecnológico** possibilita o desenvolvimento de novos produtos e o aperfeiçoamento de outros, além de reduzir custos, permitindo-lhes maior competitividade num mercado mundial cada vez mais disputado.

Em relação ao conjunto de toda atividade produtiva dos países, o investimento científico tem sido crescente, pois as grandes multinacionais possuem seus próprios **centros de pesquisa**.

Também o **Estado**, por meio de suas universidades e de outras instituições, estimula o crescimento econômico, preparando e capacitando pessoas ao exercício de funções de pesquisa na área industrial ou agrícola e no desenvolvimento de tecnologias, transferidas ou adaptadas às **novas mercadorias de consumo, aos novos equipamentos e processos de produção, e às novas fontes energéticas.**

A energia eólica é considerada uma fonte energética não poluente, renovável e abundante. Na fotografia, central eólica na Alemanha (2010), país que pretende abandonar, gradativamente o uso de energia nuclear e que investe bastante em fontes energéticas renováveis. Esse é um exemplo, dentre muitos, de como os investimentos em Pesquisa e Desenvolvimento (P&D) podem priorizar uma relação entre a sociedade e a natureza que traga menos prejuízos ao ambiente.

Os investimentos em Pesquisa e Desenvolvimento (P&D) podem ser realizados pelos governos e pelas empresas privadas, mas é o setor privado a maior fonte desses recursos: cerca de 60% do total em todo o mundo. O maior volume é destinado às áreas de equipamentos de informática (*hardware*), indústria automobilística, eletrônica e elétrica, programas (*software*) e serviços de computador, química, aeroespacial e defesa, telecomunicações, produtos e serviços no setor de saúde/medicina.

Gastos nacionais em Pesquisa e Desenvolvimento (P&D) de países selecionados, em relação ao Produto Interno Bruto (PIB), 2011

País	Gastos em P&D (em bilhões de US$ correntes em PPC*)	Gastos em P&D em relação ao PIB (em %)
Alemanha	93,1	2,88
Argentina	4,6	0,65
Brasil	27,6	1,21
Canadá	24,3	1,74
China	208,2	1,84
Cingapura	7,1	2,23
Coreia do Sul	59,9	4,03
Espanha	19,8	1,33
Estados Unidos	415,2	2,77
França	51,9	2,24
Itália	24,8	1,25
Japão	146,5	3,39
México	8,2	0,43
Portugal	4,0	1,49
Reino Unido	39,6	1,77
Rússia	35,0	1,09

*PPC: Paridade do poder de compra.

Fonte: Organisation for Economic Co-operation and Development, Main Science and Technology Indicators, 2010/2; Brasil: Sistema Integrado de Administração Financeira do Governo Federal (Siafi). Extração especial realizada pelo Serviço Federal de Processamento de Dados (Serpro); Pesquisa Industrial de Inovação Tecnológica (Pintec) do Instituto Brasileiro de Geografia e Estatística (IBGE). Elaboração: Coordenação-Geral de Indicadores (CGIN) – ASCAV/SEXEC – Ministério da Ciência e Tecnologia (MCT). Disponível em: <http://www.mct.gov.br/upd_blob/0216/216226.1.1.pdf>. Acesso em: 2 mai. 2014.

Assim, a pesquisa científica aplicada à criação e ao desenvolvimento de novos produtos tornou-se parte do planejamento estratégico do Estado, visando à expansão econômica. Essa contribuição do Estado ao desenvolvimento científico e tecnológico é uma característica marcante nos países desenvolvidos.

Um exemplo do apoio estatal ao desenvolvimento de novas tecnologias é o Ministério da Indústria e Comércio Exterior do Japão (MITI). Por intermédio do MITI, com a verba das empresas e do governo japonês, realizam-se pesquisas que serão aplicadas ao desenvolvimento de novos produtos pela indústria. Outro exemplo desse tipo de investimento é o Massachusetts Institute of Technology (MIT). Situado no nordeste dos Estados Unidos, no estado de Massachusetts, é considerado um dos principais centros de pesquisa do mundo.

Nos EUA, também merecem destaque a Universidade de Harvard, em Massachusetts, e de Stanford, na Califórnia (costa oeste). Na França, destaca-se o Centro Nacional para Pesquisa Científica (CNRS, das iniciais em francês — Centre National de la Recherche Scientifique), que possui laboratórios espalhados em várias regiões do país.

Com a Terceira Revolução Industrial ou revolução técnico-científica, o intervalo entre o desenvolvimento de uma inovação tecnológica e a sua aplicação na produção de mercadorias ou no setor de serviços é cada vez menor.

Em razão desse fato, os bens de consumo duráveis, especialmente aqueles ligados aos setores de tecnologia de ponta, como o de computadores, de produtos eletrônicos e de telecomunicações (os telefones celulares, por exemplo, como você viu no início do capítulo), tornam-se rapidamente obsoletos (ultrapassados), por causa da velocidade com que são superados pela introdução de novas tecnologias.

Wentworth Institute of Technology em Boston, Estados Unidos (2010).

Tal fato tem provocado, entre outros aspectos, a geração de grande quantidade de lixo, denominado de tecnológico, como o acúmulo de baterias, monitores de computadores, computadores, impressoras, cujo descarte requer extremo cuidado, já que podem conter materiais tóxicos, como é o caso das baterias. Por outro lado, há a necessidade também de reciclá-los. Alguns municípios brasileiros criaram locais para recolhê-los. Você pode informar-se sobre isso junto à prefeitura de seu município. As temáticas sociedade de consumo e questões ambientais serão desenvolvidas de modo mais aprofundado na próxima unidade.

Tecnologia nos sistemas e processos de produção

No capítulo 1, indicamos que um novo sistema de produção surgiu na etapa da Terceira Revolução Industrial. Ele surgiu no Japão e ficou mundialmente conhecido como *just-in-time* (no tempo justo, na hora certa), totalmente adaptado às necessidades do mercado. Esse sistema de produção é conhecido como toyotismo.

No interior da fábrica, as diferentes etapas de produção, desde a entrada das matérias-primas até a saída do produto, são realizadas de forma combinada entre fornecedores, produtores e compradores. A quantidade de matérias-primas que entram na fábrica corresponde exatamente à exigida para a fabricação de produtos. As mercadorias são feitas dentro do prazo estipulado e de acordo com a exigência dos compradores.

Além da eficiência, o sistema *just-in-time* permite a diminuição do custo de estocagem, e o volume da produção fica diretamente relacionado à capacidade de mercado, evitando-se perdas de estoque ou diminuição do preço caso ocorra uma defasagem tecnológica do produto.

As indústrias automobilísticas passaram a utilizar intensamente esse sistema, cuja eficiência depende da instalação dos fornecedores de autopeças ao lado da própria fábrica de automóveis — são as empresas subcontratadas. Junto com a empresa principal, no caso da indústria automobilística, a montadora, as subcontratadas formam uma rede de produção, como veremos também a seguir, neste capítulo.

O Complexo Industrial Automotivo da GM em Gravataí, na Grande Porto Alegre, no Rio Grande do Sul, está estruturado dentro dos padrões do sistema *just-in-time*. Os fornecedores da GM estão ao redor da fábrica de automóveis. A aplicação desse sistema pela montadora exigiu a construção de um complexo industrial totalmente novo, que abrange uma área total de 1.299.269,55 m² e a opção pelo estado do Rio Grande do Sul é estratégica no território brasileiro, pois fica mais próximo de outros centros consumidores importantes da América do Sul — Argentina e Uruguai.

Entre os diversos processos de automação industrial, a robotização é o mais avançado. Os países que mais a utilizam são, respectivamente, o Japão e os Estados Unidos. O setor automobilístico apresenta o maior número de robôs da indústria em geral. Nesse setor, no trabalho de solda, atinge-se um grau de robotização da ordem de 95% nas fábricas mais modernas do mundo. Na Alemanha e na Itália, por exemplo, há um robô para cada dez trabalhadores na indústria automobilística.

2 Sistema de produção

Para o assunto ***Produção fordista e just-in-time/toyotismo***, acesse e explore este OED.

Robô abastece automóvel no Reino Unido. O desemprego também pode ser causado pela introdução de novas tecnologias na produção industrial, nos serviços, no comércio, no extrativismo e na agricultura. No entanto, as novas tecnologias também possibilitam a criação de vagas em outros setores que, muitas vezes, não absorvem toda mão de obra que fica desempregada. É imprescindível que os governos e as empresas criem condições para que os desempregados possam fazer cursos de aprimoramento ou reciclagem profissional para se recolocarem no mercado de trabalho, em setores que exigem mais qualificação.

Polos mundiais de alta tecnologia

Os polos de alta tecnologia (tecnopolos) concentram, num mesmo local, atividades ligadas ao desenvolvimento de novas tecnologias, como empresas, centros de pesquisa e universidades. Esse novo conceito de produção e desenvolvimento surgiu nos laboratórios da Universidade de Stanford, o Stanford Research Park, que deu origem ao Vale do Silício, na Califórnia. Várias empresas do ramo da informática conhecidas mundialmente surgiram nessa região, como a Hewlett-Packard, a Intel, a Oracle e a Apple.

A partir da década de 1970, diversos tecnopolos foram criados dentro e fora da fronteira dos Estados Unidos. Ainda neste país destaca-se o da Route 128, na região de Boston; na França, o de Sophia-Antipolis, em Nice, e o de Meylan-Zirst, em Grenoble; no Japão, o de Tsukuba; e mais duas dezenas espalhadas pelos países desenvolvidos. A partir dos anos 1990, ocorreu uma multiplicação desses polos tecnológicos, inclusive nos países subdesenvolvidos. No final da década de 2000, já havia mais de 800 tecnopolos em todo o planeta.

Tecnopolo na Califórnia, EUA. Instalações da Intel na cidade de Santa Clara (2010).

Tecnopolo em São José dos Campos, SP (2010).

As redes geográficas

As **redes** são sistemas que **interligam e estruturam relações** entre diversos pontos dos territórios dos países e entre os países, portanto, em nível mundial. Elas contribuem para a **circulação** ou **fluxo** de **mercadorias**, **capitais**, **informações** e **pessoas**, ou seja, as redes permitem que esses elementos e os seres humanos possam ir de um local para outro.

No caso das informações e capitais, podemos considerar que o fluxo é virtual, ou seja, não vemos a informação; por exemplo, a voz de uma pessoa que fala ao celular, e o capital circulando de um lugar para outro.

Vale do Silício (Silicon Valley)

É a região da Califórnia, nos Estados Unidos, onde se instalou um conjunto de empresas científica e tecnologicamente inovadoras, destacando-se na produção de *chips* para computadores. Um *chip* é um circuito integrado, fabricado com uma pequena lâmina em miniatura (em geral, de silício), capaz de realizar diversas funções em equipamentos de informática.

Virtual

Palavra usada para designar o que diz respeito às comunicações via internet. Informações, dados etc., transmitidos pelos computadores, fazem parte do "ambiente virtual", ou seja, são reais, mas não têm existência física para que se possa ver ou pegar.

PARA COMPREENDER Fotografias e mapa

Observe as fotografias e o mapa a seguir.

Clientes utilizam caixas eletrônicos em São Paulo, SP (2010).

Instalação de cabos de fibra óptica em avenida de São Paulo, SP (2011).

Mundo – Principais portos e aeroportos

Nota[1]: um TEU (*twenty-foot equivalent unit*) corresponde a um contêiner padrão de 20 pés.
Nota[2]: incluídos os 20 aeroportos com maior movimento de passageiros no mundo e os sete maiores da América Latina.

Fonte: *Atlas Nacional do Brasil Milton Santos*. Rio de Janeiro: IBGE, 2010. p. 27 (adaptado).

1. A partir do momento em que as redes são estruturadas, formam-se o que se denomina **nós** e **linhas**. Considerando que estas últimas são responsáveis pelos fluxos, identifique e perceba nas duas fotografias e no mapa quais são os **nós** e quais são as **linhas**.
2. Quais redes estão presentes no mapa?
3. Quando um cliente de um banco realiza um serviço, por exemplo, uma retirada de dinheiro, numa agência bancária que não é a sua, imediatamente o saldo de sua conta bancária fica menor. Que tipo de fluxo ocorre? Explique.
4. De acordo com o mapa, procure indicar uma região de intensos fluxos de linhas aéreas e de navegação marítima, argumentando a sua escolha.

Em cada etapa do desenvolvimento industrial, e mesmo antes, estruturaram-se diferentes redes, que foram sendo incorporadas ao espaço geográfico e que provocaram diversos tipos de alterações nas paisagens dos territórios dos países e nas relações entre a sociedade e a natureza.

Assim, no mundo atual, temos diversas redes: **redes viárias** ou de transportes de vários tipos (aéreas; rodoviárias; ferroviárias; metrôs e trens urbanos; rodoviária municipal; navegação marítima, fluvial e lacustre); **elétricas**, de **comunicação** por **satélite artificial**; de **cabos de fibra óptica**; de **antenas para celulares**; de **produção de empresas multinacionais**; de **circulação de capitais** entre **bolsas de valores**; de **telefonia móvel**; de **telefonia fixa**. Umas dependem do suporte material (antenas, satélites, cabos) que outras proporcionam.

Nessas estruturas em redes geográficas, temos os nós e as linhas, como você pode constatar nas atividades do boxe **Para Compreender: fotografias e mapas**, da página 34.

Nesse contexto em que a produção e a distribuição de mercadorias se estruturam em redes, são implantados **sistemas de produção que interligam países**. Os diversos componentes de uma mercadoria podem ser fabricados, cada qual num determinado país e, depois, remetidos para outro, onde será feita a montagem da mercadoria. Também são estruturadas redes de produção em determinados pontos dos territórios dos países, para viabilizar estruturas como as do sistema *just-in-time*, no qual, como visto anteriormente, ao analisarmos o toyotismo, as empresas subcontratadas se concentram no entorno das instalações industriais da empresa principal, como no caso de uma indústria automobilística.

Ao implantarem sistemas de produção que interligam países, as empresas multinacionais buscam ampliar seus lucros, procurando locais onde, por exemplo, a mão de obra é mais adequada para a produção de determinada mercadoria, seja pela qualificação, seja pelo custo (valor dos salários), onde a energia elétrica é mais barata, onde há pesquisadores qualificados para desenvolvimento de novos produtos e de novas tecnologias.

Fábrica da Volkswagem em Puebla, México (2010).

O processo de globalização é caracterizado pela intensificação nos fluxos de mercadorias, de pessoas, informações, como veremos no próximo capítulo de forma mais aprofundada. Em decorrência disso, ao mesmo tempo em que mais redes são estruturadas, aumenta a importância de cada uma delas para as atividades econômicas e para a sociedade.

Nesse contexto, a necessidade de infraestrutura em termos de transportes, de comunicações, de saneamento básico (coleta de lixo, rede de esgoto e água encanada) e de energia torna-se cada vez maior para a estruturação de diversas atividades econômicas e para a melhoria das condições de vida da população. No entanto, são muitos os países do globo, denominados de subdesenvolvidos, que apresentam graves deficiências em termos de infraestrutura.

Mesmo em muitos países chamados de "em desenvolvimento" ou "emergentes", nos quais há diversificação da atividade industrial, grande mercado consumidor, crescimento econômico e ingresso de investimentos de outros países, há regiões onde a infraestrutura, de modo geral, é ruim, ou, em muitos casos, o transporte urbano e outras redes de infraestrutura no espaço das cidades atendem precariamente a população mais pobre.

Estação de trem superlotada em São Paulo, SP (2011).

Alguns sistemas estruturados em redes

A seguir, apresentamos sistemas que estão estruturados em redes. Pensemos nas seguintes situações:

- A possibilidade de instalação, em diferentes lugares, de um caixa eletrônico onde podem ser realizadas várias operações bancárias;
- A comunicação instantânea, via internet, entre funcionários de uma empresa multinacional, separados por milhares de quilômetros;
- A compra, num supermercado, de uma mercadoria que é registrada por um equipamento que permite a leitura de um código de barras e aciona uma cadeia de operações totalmente informatizadas, que vão desde a baixa no estoque da empresa até o lançamento, no setor fiscal, da quantia de impostos que a empresa deverá recolher;
- O investimento em ações de empresas em todas as bolsas de valores do mundo por um funcionário de um banco de investimentos;
- O rastreamento da Amazônia — controle dos espaços aéreo e terrestre para verificação de áreas de queimadas, desmatamento, tráfico de drogas, mapeamento de recursos minerais, a partir da obtenção de informações por meio de radares, satélites artificiais e computadores do projeto Sivam (Sistema de Vigilância da Amazônia). A análise e o controle das informações obtidas e processadas são feitos em Brasília, Manaus, Belém e Porto Velho. Trata-se de um importante sistema para minimizar os efeitos negativos da relação entre a sociedade e a natureza.

Esses são apenas alguns exemplos do processamento e da circulação de informações por meio de sistemas que operam com computadores, cabos de fibra óptica, antenas, satélites e linhas telefônicas, formando **redes de comunicação**. Nessas situações, a facilidade com que a informação parte de um lugar para outro possibilita às empresas economia de tempo e de recursos financeiros, proporcionando-lhes maior lucro.

Telecomunicações, redes e internet

As telecomunicações tiveram avanço decisivo com a utilização de satélites artificiais, dos cabos de fibra óptica e a larga aplicação que essas duas tecnologias permitem: os telefones celulares, a televisão e a internet, entre outros.

A rede mundial de computadores, internet, foi criada nos Estados Unidos da América, inicialmente com objetivos militares. Informações estratégicas e científicas armazenadas em computadores eram distribuídas numa rede de comunicações, para evitar que fossem destruídas por um ataque inimigo caso estivessem localizadas apenas em determinado local. Posteriormente, passou a ser usada pelas universidades com o objetivo de promover a troca de informações entre pesquisadores e estudantes e estimular a pesquisa científica.

A partir da década de 1990, a sociedade passou a ter acesso à rede. Foi criada uma infinidade de *sites* e o uso do correio eletrônico tornou-se comum. Novos recursos incorporados possibilitaram a transmissão de sons, imagens, vídeos, jogos, entre outros. Isso permitiu a diversificação do uso da internet em atividades cotidianas, de pesquisa e de entretenimento.

As redes sociais são um exemplo significativo do uso da internet no mundo atual. A influência dessas redes tem sido relevante na comunicação entre as pessoas, que trocam informações, postam fotos e comentários. Isso traz mudanças abrangentes nos modos de se comunicar, mas também de se divertir, de empregar o tempo nos momentos de lazer. Empresas, antes de contratar funcionários, têm feito pesquisas nas redes sociais, utilizando as informações encontradas para avaliar candidatos.

Adolescente lê sua página em uma rede social na Inglaterra (2010).

- Em grupo, faça uma lista com as vantagens e outra com as desvantagens em relação à utilização das redes sociais, considerando a perspectiva do indivíduo que está nessas redes. Depois, apresente as suas listas para a classe.

A internet ou *web* é um bom exemplo do uso dos recursos da telemática. Essa **rede** interliga mais de 2,8 bilhões de internautas espalhados por diversos países do globo. Os usuários da *web* enviam e recebem textos e imagens; podem conversar em tempo real, fazer compras, pagar contas, assistir a filmes, ouvir músicas etc. No entanto, o acesso acaba sendo restrito a uma parcela reduzida da população mundial.

Telemática
É um conjunto de serviços de informática fornecidos via rede de telecomunicações.

Charge e mapa

Observe as imagens e depois converse com seus colegas e com seu professor.

1. O que o chargista quis representar?
2. Quais recursos tecnológicos podemos identificar na charge?
3. Esse é um exemplo de sistema de ensino em que as pessoas não estão presentes fisicamente. Você acha essa situação possível? Conhece exemplos de ensino em que as pessoas não mantêm um contato físico direto por não estarem no mesmo local?

Internet no mundo (2009)

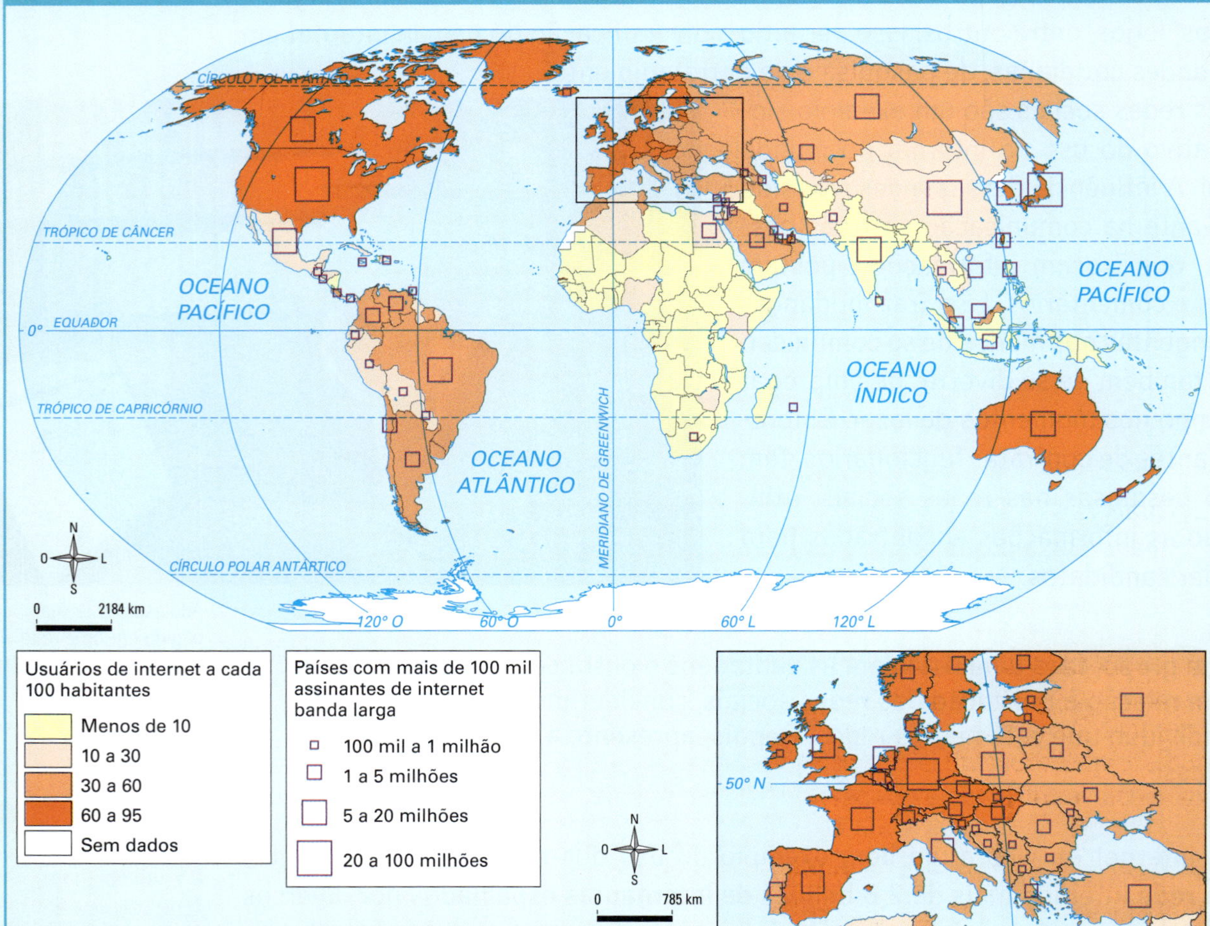

Fonte: *Atlas Nacional do Brasil Milton Santos*. Rio de Janeiro: IBGE, 2010. p. 27 (adaptado).

4. Há um equilíbrio em relação ao acesso à rede nos continentes? Explique.

Atividades

RETOME SEUS CONHECIMENTOS

1. Responda.
   a) Por que a Terceira Revolução Industrial corresponde a uma revolução técnico-científica?
   b) Quais as principais tecnologias que caracterizam a atual revolução técnico-científica?
   c) Quais são os principais impactos da Terceira Revolução Industrial na vida profissional?

EXERCITE SEUS CONHECIMENTOS

2. Leia o texto e responda às questões a seguir.

A velocidade das mudanças

"Como eram as tecnologias das comunicações e da informação em 1970? É mais fácil dizer o que não tínhamos, em relação ao que conhecemos hoje. Não havia computadores pessoais, videocassete, fax, CDs, DVDs, satélites domésticos de telecomunicações, telefonia digital, celular, fibra óptica, nem, muito menos, internet. Alguns amigos meus, jornalistas, contemporâneos, costumam fazer uma pergunta curiosa quando relembram aquele cenário tecnológico: 'Como podíamos viver sem PCs, celulares, câmeras fotográficas digitais, *e-mails* e internet?'".

SIQUEIRA, Ethevaldo. 2015: como viveremos. São Paulo: Saraiva, 2004. p. 34.

   a) Segundo o texto, que tecnologias não existiam em 1970?
   b) Em sua opinião, como seria a nossa vida se não existisse o celular? Cite exemplos de situações do dia a dia sem a utilização deste recurso.

3. Observe a fotografia ao lado.
   a) As pessoas da fotografia fazem uma compra via internet. Quais são as redes utilizadas na compra e na entrega?
   b) Quais são os três tipos de fluxo que passam a existir quando uma pessoa realiza uma compra via internet?

4. Pesquise e faça uma relação:
   - de todos os equipamentos tecnológicos que você e sua família utilizam em casa, na escola e no trabalho;
   - da utilidade de cada um deles.

   Converse com uma pessoa idosa de sua família. Apresente-lhe a lista de equipamentos e pergunte-lhe quais deles ela não conhecia ou não possuía quando era jovem. Apresente o resultado da conversa para a classe.

5. Converse com os seus colegas e com o professor sobre as situações em que as tecnologias de informação e outros avanços eletrônicos influenciam em suas vidas cotidianas ou de suas famílias. Ao mesmo tempo, reflitam sobre como seria a vida caso não contassem com esses recursos tecnológicos.

3 A globalização

PARA CONTEXTUALIZAR

Leia as informações do mapa e observe a fotografia.

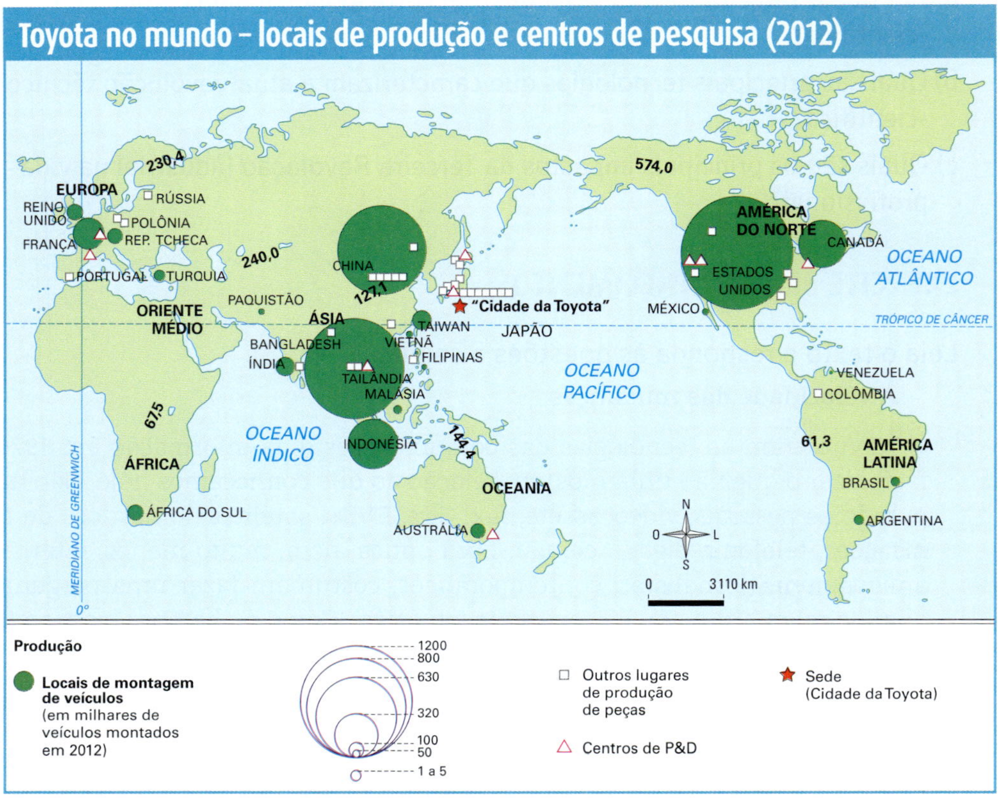

Fontes: *Atlas da mundialização*. São Paulo: Saraiva, 2009. p. 62; Toyota: Toyota in the world 2012. Disponível em: <http://www.toyota-global.com/company/profile/overview/in_the_world/pdf/databook_en_2012.pdf>. Acesso em: 2 jan. 2014.

Canal de TV americano exibe as cotações das ações de empresas de internet, de programas de informática, de produção de equipamentos de alta tecnologia, entre outras cotações negociadas em bolsas de valores, além dos índices de algumas bolsas dos EUA (2010).

ATIVIDADES

Converse com seus colegas e com seu professor.

1. Pelas informações do mapa, o que é possível perceber em relação à empresa Toyota?
2. Quais informações a fotografia e a legenda trazem? O que elas têm a ver com o título do capítulo?

A globalização

Atualmente, consumimos produtos provenientes de vários países. Também convivemos com fatos que ocorrem em todo o mundo. Notícias veiculadas pela televisão vêm da América do Norte, da África, da Ásia ou da Europa quase instantaneamente (em tempo real). Muitos dos problemas econômicos de outros países podem influenciar a economia do Brasil e até mesmo a nossa vida cotidiana.

A economia atual é globalizada porque as atividades produtivas, o consumo de mercadorias e serviços e, portanto, os fluxos de informações, capitais e mercadorias ocorrem em escala global. É essa interligação entre pessoas, empresas e países que, entre outros aspectos, caracteriza a globalização, processo que está também associado a uma intensa expansão da economia capitalista: de 1980 a 2012, o PIB mundial saltou de US$ 10 trilhões para cerca de US$ 71 trilhões.

As bases tecnológicas da globalização foram criadas pela Terceira Revolução Industrial ou revolução técnico-científica, que, como visto no capítulo anterior, ampliou e modernizou a rede de telecomunicações, que conecta todo o planeta, possibilitando a transmissão de imagens e informações em tempo real para praticamente todos os lugares. O desenvolvimento de meios de transporte cada vez mais eficientes promoveu a circulação de mercadorias e pessoas em tempo recorde.

Controladores de tráfego aéreo no Aeroporto Internacional Charlotte Douglas, em Charlotte, EUA (2008).

- Responda: Qual é a relação entre os meios de transporte, como o mostrado na fotografia, e a revolução técnico-científica?

As corporações multinacionais

A principal força da globalização são as empresas multinacionais. Elas controlam boa parte da produção, são responsáveis pela maior fatia do comércio internacional e, sobretudo, pelo desenvolvimento das novas tecnologias. A capacidade financeira dessas empresas é superior aos recursos de diversos países, e seus investimentos podem afetar favorável ou negativamente a economia e a sociedade de diferentes lugares do mundo.

Na fase atual da globalização, as multinacionais também ampliaram seus mercados com a negociação de produtos em praticamente todos os países; aumentaram o número de filiais em todo o planeta e compraram muitas empresas em vários países, principalmente nos subdesenvolvidos. Essas empresas assumiram papel de comando na economia mundial. Algumas delas têm forte poder de decisão sobre alguns aspectos das políticas econômicas dos países onde estão instaladas.

Anúncio de empresa transnacional que produz refrigerante na China (2011).

Mas, como se sabe, o destino de boa parte dos lucros transferidos pelas filiais, as grandes decisões sobre investimentos e os centros de pesquisas para desenvolvimento de tecnologia, por exemplo, permanecem concentrados nas sedes dessas empresas, ou seja, em seus países de origem. A maioria dessas sedes está situada nos países desenvolvidos.

PARA COMPREENDER Tabela

As 10 maiores empresas do mundo, por valor de mercado (2012)

Posição	Empresa	País sede	Setor	Valor de mercado (bilhões de US$)
1	Exxon Mobil	Estados Unidos	Petróleo e gás	400,4
2	PetroChina	China	Petróleo e gás	261,2
3	Berkshire Hathaway	Estados Unidos	Financeiro	252,8
4	General Electric (GE)	Estados Unidos	Conglomerado*	243,7
5	ICBC	China	Financeiro	237,3
6	Shell	Países Baixos	Petróleo e gás	213,1
7	China Construction Bank	China	Financeiro	202,0
8	HSBC	Reino Unido	Financeiro	201,3
9	JPMorgan Chase	Estados Unidos	Financeiro	191,4
10	Agricultural Bank of China	China	Financeiro	150,8

Fonte: *Forbes. Disponível em: <www.forbes.com/global2000>. Acesso em: 30 dez. 2013.*

*Conglomerados são grandes grupos de empresas que atuam, geralmente, em diferentes setores. No caso da GE, existem empresas dos setores elétrico, de eletrodomésticos, equipamentos hospitalares, serviços, pesquisas, entre outros.

Resolva.

Agrupe as empresas apresentadas na tabela de acordo com os setores de atuação. Comente a distribuição que você encontrou.

As empresas multinacionais estruturam **redes de produção e de distribuição de mercadorias, de circulação de informações, capitais, serviços e pessoas** ao redor do mundo. Para isso, utilizam infraestrutura técnica formada por cabos de fibra óptica, antenas, satélites artificiais, portos, aeroportos, rodovias, ferrovias.

No entanto, como visto anteriormente, toda a infraestrutura que torna possível esses fluxos está desigualmente distribuída no espaço geográfico. Enquanto nos países desenvolvidos a quantidade desses equipamentos é muito grande, nos países emergentes eles aparecem em menor intensidade que nos desenvolvidos e nos subdesenvolvidos estão distribuídos apenas em alguns poucos pontos estratégicos de determinados territórios. Na maior parte dos países do continente africano e em diversos países da Ásia e América Latina, essa infraestrutura é pouco existente ou muito mal-aparelhada.

Estudantes protestam contra o preço alto e o serviço ruim oferecido pelo sistema de transporte público em Bogotá, Colômbia (2012).

Boa infraestrutura de transporte público em Seattle, Washington, EUA (2009).

MAIS INFORMAÇÃO

Destino dos investimentos estrangeiros

Quando as empresas de um país aplicam recursos financeiros em outro, essas aplicações são chamadas **investimentos estrangeiros**. Eles são formados basicamente pelos investimentos financeiros (compra de ações de empresas ou de moedas — mercado de câmbio) e pelos investimentos na atividade produtiva (compra, instalação ou ampliação de empresas). Esses investimentos são feitos, também, em títulos públicos, emitidos pelo governo para captar os recursos destinados a financiar atividades como educação, saúde e infraestrutura, ou simplesmente saldar dívidas.

Veja na tabela ao lado os países que mais receberam investimentos estrangeiros em 2012.

País	Em bilhões de dólares
China	253,5
Estados Unidos	203,8
Brasil	76,1
Hong Kong*	74,6
Austrália	56,6
Cingapura	56,6
Reino Unido	56,1
Rússia	50,6
Canadá	43,1
Espanha	36,2
Chile	30,3

* Região Administrativa Especial da China.

Fonte dos dados da tabela: *World Bank*. Disponível em: <http://data.worldbank.org/indicator/BX.KLT.DINV.CD.WD?order=wbapi_data_value_2012+wbapi_data_value+wbapi_data_value-last&sort=asc>. Acesso em: 6 mai. 2014.

Globalização e concentração de capital

Outra tendência provocada pela globalização é a realização de fusões (uniões) e aquisições (compras) entre grandes empresas. O objetivo das empresas com esse processo é disputar mercados com maior poder de competitividade e aumentar a capacidade de investir em novas tecnologias. O processo de fusão sempre fez parte da evolução do sistema capitalista, mas, a partir da década de 1980 e principalmente da década de 1990, ele se acelerou. Observe na tabela as grandes quantias envolvidas nessas transações.

Algumas das maiores fusões e aquisições do mundo (final do séc. XX e início do séc. XXI)

Empresa	Setor	Valor (em bilhões de US$)
1. Warner-Lambert Co./ Pfizer	Químico-farmacêutico	90
2. Exxon Corp/ Mobil Corp	Petrolífero	82,8
3. Time Warner/ AOL	Comunicação/entretenimento	82
4. SmithKline Beecham/ Glaxo Wellcome	Químico-farmacêutico	78,4
5. Citicorp/ Travelers	Financeiro	72,6
6. Ameritech/ SBC	Telecomunicações	72,4
7. GTE Corp/ Bell Atlantic	Telecomunicações	70,9
8. Tele-Comm/ AT&T	Telecomunicações	70
9. Aventis S.A./ Sanofi Synthelabo	Biotecnologia/farmacêutico	65
10. BankAmerica/ NationsBank	Financeiro	61,6
11. Comcast/ AT&T Broadband	Telecomunicações	57,7
12. Procter&Gamble Co./ Gillete Co.	Varejo/bens de consumo	57
13. Amoco/ BP	Petrolífero	54
14. Qwest Communications/ U.S. West	Telecomunicações	51,3
15. Nextel Communications Inc./ Sprint Corp.	Telecomunicações	46
16. AT&T Wireless Service Inc./ Cingular Wireless	Telecomunicações	41
17. ConocoPhillips Co./ Burlington Resources	Energia/petróleo/mineração/ gás	35
18. Telefonia AS/ O2 plc	Telecomunicações	31
19. UFJ Holdings Inc./ Mitsubishi Tokyo Financial Group Inc.	Financeiro	29
20. Telecom Itália Mobile SPA/ Telecom Itália SPA	Telecomunicações	27

Fonte: Reuters/Securities Data Corp. *Folha de S.Paulo*. 2 dez. 1998 e 8 fev. 2000. Dealogic. 2003, Global Finance, 2003., Análises Dealmaker 2004 e 2005.

Globalização e neoliberalismo

Neoliberalismo é o conjunto de ideias econômicas surgidas na década de 1980, nos Estados Unidos e Reino Unido. De acordo com a concepção neoliberal, o livre-comércio e a livre circulação de capitais são fundamentais ao desenvolvimento econômico e estimulam o desenvolvimento tecnológico. Com essa finalidade, o Estado deve promover a abertura do mercado e deixá-lo agir livremente.

A aplicação das ideias neoliberais delegou ao mercado e, portanto, às empresas privadas parte das atribuições do Estado. Dessa forma, promoveu-se a privatização de inúmeras empresas estatais, como as de produção e distribuição de energia, as indústrias de base, as de construção de estradas e até de parte de setores de fundamental interesse público, como saúde e educação. A ideia central é: o livre funcionamento do mercado, sem controles inibidores do Estado, é o caminho para elevar a produção, que gera emprego e renda. Dessa forma, o mercado por si mesmo teria efeitos sociais positivos.

Essa concepção favoreceu principalmente as grandes empresas multinacionais que, com melhor capacidade produtiva, conseguem competir com eficiência, sobretudo quando disputam o mercado nos países subdesenvolvidos. Boa parte das empresas privatizadas dos países subdesenvolvidos foi comprada por elas ou por investidores estrangeiros.

O aumento das fusões entre as empresas, a expansão das multinacionais e o aumento nos fluxos de investimentos e de mercadorias entre países (características da globalização econômica) fazem parte de um contexto que tomou forma com a aplicação das ideias neoliberais.

A redução dos impostos de importação barateou o preço das mercadorias importadas. No entanto, muitas indústrias nacionais, que não tinham condições de fixar os preços de suas mercadorias num valor mais baixo do que os das estrangeiras, tiveram queda acentuada em suas vendas. A queda na produção gerou desemprego e falência de muitas empresas nacionais, agravando os problemas sociais nos países subdesenvolvidos.

Essa é uma das razões pelas quais a globalização neoliberal acentua as desigualdades sociais no interior dos países, gerando, em muitos casos, o desemprego e aumentando a pobreza.

A crise financeira e econômica do final da década de 2000 e início da década de 2010

No início do segundo semestre de 2008, o mundo capitalista conheceu uma séria crise financeira e econômica, iniciada, na verdade, nos Estados Unidos, em 2007. Os analistas econômicos, tanto do setor privado como de governos de países e de organismos internacionais, classificavam a crise como a de maior gravidade desde a intensificação do processo de globalização, a partir dos anos 1970.

As causas da crise estão relacionadas à expressiva expansão dos financiamentos para compra de imóveis nos Estados Unidos, em razão dos juros baixos, que o governo norte-americano vinha mantendo desde o início deste século. Isso gerou uma forte valorização no preço dos imóveis que inclusive estimulava as pessoas que haviam contraído financiamentos (mutuários) a refinanciar suas dívidas.

Nesse refinanciamento, os mutuários recebiam uma diferença em dinheiro, em geral utilizada para consumo. Diversos bancos criaram títulos que tinham como garantia os financiamentos para compra de imóveis (títulos garantidos com hipotecas). Investidores que adquiriram esses títulos emitiram, por sua vez, outros títulos que tinham como garantia os títulos anteriores. Isso se espalhou por todo o sistema financeiro.

No entanto, com o consumo em alta, a inflação aumentou. Para frear esse aumento, o governo dos Estados Unidos elevou os juros, o que afetou também as mensalidades dos financiamentos dos imóveis, que ficaram mais caros. Como consequência, centenas de milhares de proprietários deixaram de pagar os financiamentos, os preços dos imóveis despencaram e os títulos se desvalorizaram acentuadamente.

Em decorrência, houve quebra de bancos, de empresas e cortes de empregos. Os bancos reduziram a oferta de crédito e muitos consumidores ficaram sem recursos para comprar mercadorias. As demissões reduziram o mercado de consumo, e os que não perderam o emprego preferiram poupar. Com isso, a crise se intensificou. Os governos dos países desenvolvidos, sobretudo dos EUA, injetaram recursos financeiros em empresas e bancos, procurando amenizar os efeitos da crise, também na tentativa de evitar uma quebradeira geral no sistema financeiro.

Em razão da forte integração entre as economias nacionais no contexto da globalização, e pelo fato de a crise ter surgido nos Estados Unidos e ter afetado sua economia — país que gera 1/5 do PIB mundial —, seus efeitos rapidamente foram sentidos em todo o mundo, em maior ou menor grau.

Entre 2010 e 2012, houve uma intensificação da crise e dos seus desdobramentos, com a ampliação significativa das dívidas públicas dos países desenvolvidos, como dos EUA, da Grécia, da Irlanda, da Espanha, de Portugal e da Itália, sendo o caso mais grave o da Grécia, país que em 2013 enfrentava crescimento econômico negativo e dívida do Estado correspondendo a 176% do valor do PIB.

Com a intensificação dos problemas relacionados à crise, como redução do consumo e consequentemente da produção, o aumento do desemprego, os investimentos privados foram reduzidos e os bancos passaram a segurar os empréstimos. Os governos, por sua vez, tiveram uma diminuição na arrecadação de impostos.

Em Atenas (2010), cerca de 3 mil pessoas protestam contra as medidas austeras do governo grego para reduzir a dívida pública: os cortes no orçamento atingiram setores sociais.

Com a crise, a desregulamentação do sistema financeiro internacional, um dos pilares do neoliberalismo, passou a ser fortemente questionada. A necessidade de fiscalização, de controle mais rigoroso da economia por parte do Estado no sistema financeiro nacional e também no internacional, inibindo a especulação, passou a ser apontada como algo extremamente necessário por diversos economistas respeitados. Além disso, a necessidade de se direcionar mais investimentos públicos em saúde, educação, infraestrutura e saneamento básico, entre outros setores, passaram a ser novamente discutidos. Tudo isso, com o objetivo de definir quais as melhores políticas econômicas a serem adotadas dentro do sistema capitalista.

Com efeito, é cada vez maior o volume de dinheiro aplicado nos bancos e nas bolsas de valores, sendo que boa parte dele circula em busca de melhores ganhos e lucros. Se em 1980, o PIB mundial era de US$ 10 trilhões, o volume aplicado no mercado financeiro e de ações era de US$ 12 trilhões. Já em 2012, enquanto o PIB era de aproximadamente US$ 70 trilhões, os investimentos em títulos e ações atingiam mais de US$ 600 trilhões. Com isso, as possibilidades de intensa especulação, de riscos e de crises são maiores.

A Organização Mundial do Comércio

Nesse novo contexto de maior integração comercial entre os países, a Organização Mundial do Comércio (OMC) passou a ter papel relevante na regulamentação das novas regras econômicas mundiais. Ela estabelece as normas para o comércio internacional de 153 países que a integram. Na OMC, cada país tem direito a um voto e nenhum dos membros tem poder de veto. Em dezembro de 2011, a 8ª conferência ministerial da OMC havia aprovado o protocolo de adesão da Rússia, única grande economia mundial que não pertencia à organização. A adesão definitiva ocorreu com a aprovação oficial do parlamento Russo, em 2012.

De qualquer forma, a direção dos grandes investimentos e as oscilações da economia mundial continuaram dependentes das determinações que partem do grupo dos sete países mais ricos do mundo, formado por: Estados Unidos, Japão, Alemanha, França, Itália, Reino Unido e Canadá, com destaque para os três primeiros. Muitos estudos sobre o poder mundial faziam referência a esses países utilizando a expressão Tríade. Como visto anteriormente, com a ascensão da China a grande potência, uma nova e importante fonte de poder mundial passa a existir, sem contar o refortalecimento do poder da própria Rússia, neste início de século XXI.

Conferência Ministerial da OMC, em Genebra, Suíça, (2011).

O Japão e a Alemanha apresentaram um ritmo de crescimento econômico extraordinário após a Segunda Guerra Mundial. Atualmente, esses dois países superam os Estados Unidos em tecnologia e produção/exportação, na microeletrônica e na robótica (Japão) e na indústria química (Alemanha).

Reunião de líderes do G-8 em Deauville, França (2011).

G-8

Os sete países mais ricos do mundo formavam um grupo denominado G-7. Desde meados dos anos 1990, quando a Rússia foi convidada a participar das reuniões desse grupo em razão de sua importância político-militar no contexto internacional, o grupo passou a ser chamado de G-8. A partir de meados de 2002, a Rússia passou de observadora a membro pleno do grupo, oficializando-se assim a transformação do G-7 em G-8.

Os blocos econômicos regionais

Outra tendência importante verificada na fase atual do sistema capitalista é a formação dos blocos econômicos regionais. Nesses blocos, os países buscam, em geral, maior integração econômica negociando maior liberdade comercial entre os associados. São exemplos de blocos econômicos regionais: a União Europeia, o Mercosul, o Nafta e outros. Cada um deles tem suas particularidades e formas de integração, com o objetivo de se inserir no mundo globalizado de forma mais competitiva.

A globalização e a intensificação das disputas no mercado mundial, entre empresas e países, impulsionaram a formação dessas alianças de integração econômica regional.

Os primeiros blocos surgiram na Europa logo após a Segunda Guerra Mundial, com a formação da Comunidade Econômica Europeia (CEE), transformada, em 1993, em União Europeia (UE).

Dessa forma, a liberalização comercial pode ocorrer tanto em âmbito mundial, por intermédio da OMC, como em âmbito regional, com os acordos comerciais definidos em cada bloco econômico ao qual o país pertence. Cerca de 60% a 70% do comércio mundial ocorre dentro dos acordos de livre-comércio ou de outras formas de integração comercial (outros tipos de blocos comerciais).

As modalidades de blocos econômicos existentes nas diversas regiões do mundo são:

- Zona ou acordo de livre-comércio — pressupõe acordos comerciais que visam exclusivamente à redução ou eliminação de tarifas aduaneiras (impostos de importação) entre os países-membros do bloco. Exemplo: Nafta.
- União aduaneira — além de reduzir ou eliminar as tarifas aduaneiras entre os países do bloco, estabelece as mesmas tarifas de exportação e importação para o comércio com países fora do bloco, com a implantação da TEC (Tarifa Externa Comum). É o caso, atualmente, do Mercosul.
- Mercado comum — visa à livre circulação de pessoas, mercadorias, capitais e serviços. O único bloco que atingiu essa etapa é a União Europeia, que também constituiu uma união econômica e monetária com a adoção de uma moeda única. Até o início de 2014, o euro havia sido adotado por 18 países do bloco.

Os blocos econômicos regionais no mundo (final de 2013)

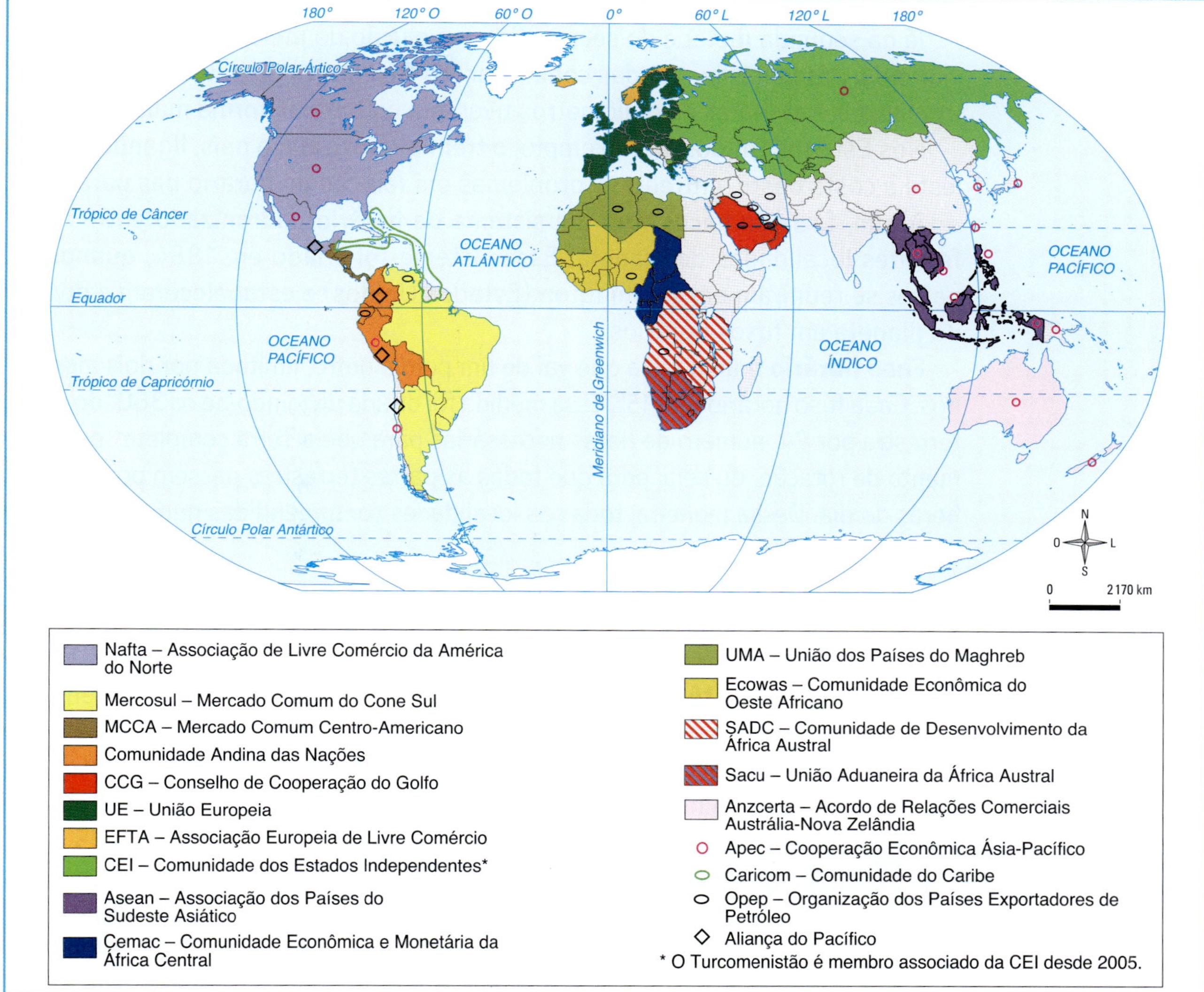

Fonte: ÍSOLA, Leda; CALDINI, Vera. *Atlas geográfico Saraiva*. São Paulo: Saraiva, 2009. p. 183. Atualizado pelos autores.

Os movimentos contra a globalização neoliberal

A nova organização do sistema econômico internacional, apoiada no neoliberalismo, também gerou formas de resistência. Vários movimentos da sociedade passaram a se posicionar contra essa nova realidade da economia internacional e a denunciar os problemas dela decorrentes.

Em geral, esses movimentos estão ligados a ONGs (Organizações Não Governamentais). Essas manifestações vêm mostrando a necessidade de reestruturar as políticas de organismos internacionais, que contribuem para acentuar as desigualdades entre os países ricos e pobres.

É interessante notar que esses movimentos, e as ONGs, são estruturados por pessoas de diferentes países, formando redes internacionais. Eles se articulam com o apoio de recursos tecnológicos, que são, por sua vez, marca do processo de globalização, como a internet. Sem a rede mundial de computadores seria difícil mobilizar tantas pessoas, difundir ideias para diferentes lugares do mundo e organizar protestos e manifestações contrários à globalização.

Os fusos horários e a globalização

Já na segunda metade do século XIX, a evolução do meio de transporte ferroviário e o desenvolvimento das comunicações (telégrafo) permitiram que cidades localizadas a milhares de quilômetros tivessem contato de forma mais rápida.

Nos Estados Unidos, por exemplo, o trem que cruzava o país, ligando a costa leste à costa oeste, enfrentava problemas em relação ao horário nas paradas.

Assim, fazia-se necessário um sistema de horário padronizado entre as diferentes localidades do planeta. Esse sistema foi criado em 1884, quando 25 países se reuniram em Washington (Estados Unidos) e estabeleceram a divisão do planeta em fusos horários.

Fuso horário é uma faixa que vai de um polo a outro, limitada por dois meridianos. Cada fuso horário tem 15°. Essa medida foi obtida dividindo-se os 360° do globo terrestre por 24, número de horas necessárias para que a Terra complete seu movimento de rotação, ou seja, para que todas as partes terrestres passem por todas as horas do dia. Dessa maneira, todas as localidades compreendidas num mesmo fuso apresentam a mesma hora.

O fuso em que se situa o meridiano de Greenwich é o referencial para a determinação das horas. Como a Terra gira de oeste para leste, os fusos a leste de Greenwich têm as horas adiantadas (+) em relação à hora do fuso inicial. Os fusos situados a oeste têm as horas atrasadas (–) em relação à hora de Greenwich.

Por possuir uma grande extensão territorial no sentido leste-oeste, o território brasileiro é cortado por quatro fusos horários. Em razão disso, no país vigoram quatro horários diferentes. A hora oficial do país, porém, é a de Brasília. Observe o mapa.

Brasil – Fusos horários

Fonte: *Atlas geográfico escolar*: ensino fundamental do 6º ao 9º ano. Rio de Janeiro: IBGE, 2010. p. 8. Atualizado pelos autores.

- Responda: se em Brasília for meio-dia, que horas serão:
  a) no estado onde você mora?
  b) em Fernando de Noronha?

No decorrer do século XX, tanto os transportes como as comunicações desenvolveram-se muito rápido. Atualmente, o contato telefônico ou via computadores conectados à internet é instantâneo mesmo entre localidades situadas a muitos milhares de quilômetros de distância. As redes de televisão transmitem ao vivo fatos ocorridos em qualquer lugar do planeta.

Em vista dessa interligação, o sistema de fusos horários é de extrema importância. Para grandes empresas e instituições financeiras, por exemplo, conhecer esse sistema facilita o contato diário entre seus escritórios instalados em diversos países.

Nesse contexto de intensos fluxos financeiros em âmbito internacional, as diferenças de fuso horário tornam possível a realização de investimentos em qualquer período do dia e da noite, pois sempre há uma bolsa de valores operando em algum lugar do mundo.

Observe o mapa.

Planisfério – Fusos horários

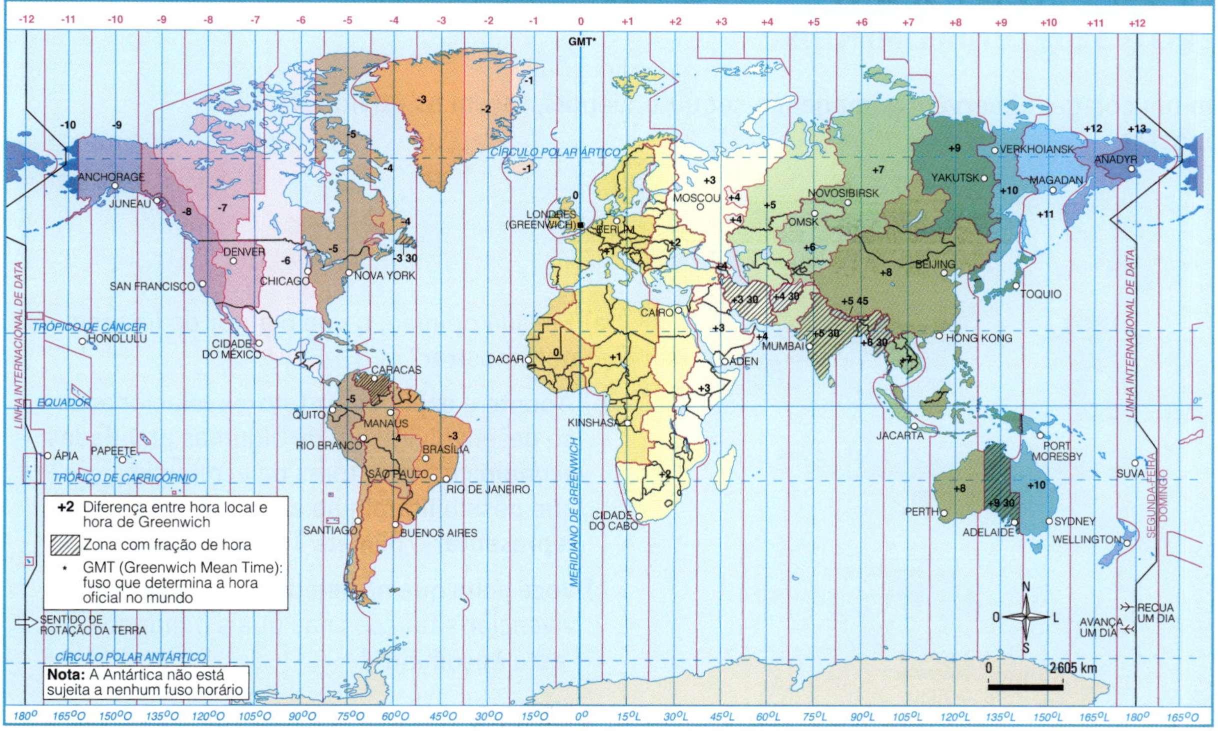

Fonte: ÍSOLA, Leda; CALDINI, Vera. *Atlas geográfico Saraiva*. São Paulo: Saraiva, 2009. p. 187.

- Um investidor de Minas Gerais costuma consultar as bolsas de valores do mundo às 15 horas. Considere as bolsas de Londres, Nova York e Buenos Aires e indique o horário em que ele se conecta a cada uma delas. (Desconsidere horários de verão e inverno.)

O horário de determinadas áreas de alguns países não corresponde ao horário do fuso em que elas estão localizadas. Com o objetivo de facilitar as comunicações, existe um limite prático entre os fusos horários. A Argentina, por exemplo, apesar de possuir a maior parte de seu território situada na faixa do fuso –4 horas, pelo limite prático tem seu horário atrasado três horas em relação a Greenwich.

Atividades

RETOME SEUS CONHECIMENTOS

1. Quais são as principais características da globalização?
2. Qual é a importância das empresas multinacionais na atual fase da economia mundial?
3. O neoliberalismo é a política econômica dominante no mundo atual, que propõe a eliminação dos obstáculos à globalização da economia.
   a) Quais são as principais características da concepção neoliberal?
   b) Cite duas consequências da implantação das ideias neoliberais.
4. Para funcionários de empresas mundiais, e também para investidores que aplicam em bolsas de valores e compram títulos de vários países, qual a importância de conhecer o sistema de fusos horários?

EXERCITE SEUS CONHECIMENTOS

5. Com um colega, observem a imagem a seguir e, depois, façam as atividades propostas.

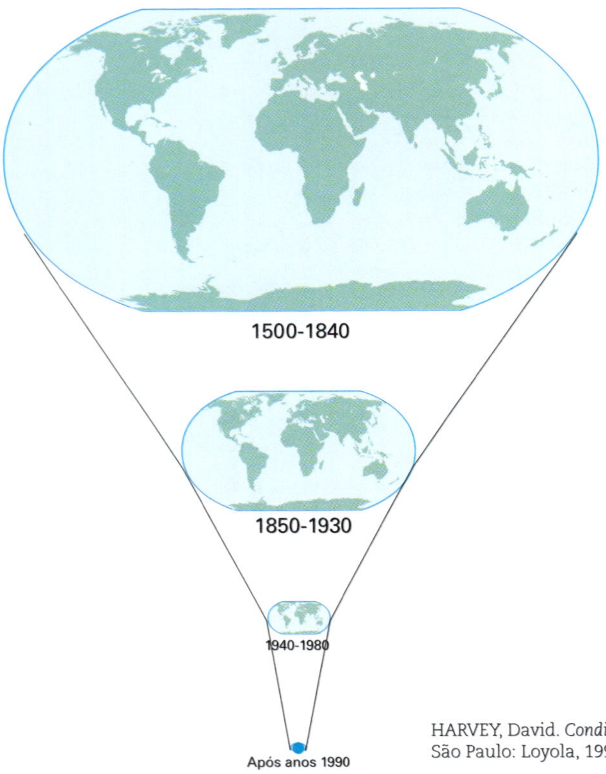

HARVEY, David. *Condição pós-moderna*. São Paulo: Loyola, 1992. p. 220.

   a) Em sua opinião, o que o autor da imagem quis mostrar?
   b) Aponte e explique os fatores relacionados ao desenvolvimento de algumas atividades econômicas ou setores da economia que possibilitaram ao autor da imagem representar o planeta Terra dessa forma.
   c) Você acha que no seu dia a dia é possível vivenciar situações nas quais o mundo "está encolhido"?

6. Em grupos, selecionem textos de jornais e revistas, ou mesmo imagens, que apresentem algumas características marcantes da sociedade capitalista dos dias atuais. Marquem nos textos escolhidos os trechos que fazem referência a essas características e escrevam um pequeno comentário. Comentem também as imagens. Depois, apresentem o resultado do trabalho para os seus colegas e para o professor. Por último, montem um mural para a exposição do resultado do trabalho dos diferentes grupos.

LIVROS

A volta ao mundo em oitenta dias

Júlio Verne.
São Paulo: FTD, 2007.

Com um enredo rico em aventuras, o autor apresenta a sua visão dos costumes de várias regiões do mundo. O centro do desfecho da trama principal é a questão do fuso horário.

Indústria: um só mundo

Pierre Beckouche.
São Paulo: Ática, 1998.

Aborda a fase atual de industrialização mundial e as estratégias de localização industrial nas diversas regiões do planeta.

Multinacionais: desenvolvimento ou exploração?

Pablo Martinez.
São Paulo: Moderna, 1995.

Aborda as políticas de relacionamento das empresas multinacionais nos países onde possuem sede e atuam.

Globalização a olho nu

Clóvis Brigagão e Gilberto Rodrigues.
São Paulo: Moderna, 2004.

Retrata de uma forma ampla e aprofundada temas relacionados à globalização, como seus antecedentes históricos e raízes econômicas, abordando também a questão de direitos humanos em um mundo conectado.

FILMES

Tempos modernos

Direção: Charles Chaplin.
Inglaterra, 1936.

Longa-metragem de Charles Chaplin que aborda a vida de um operário, vítima do intenso ritmo de trabalho braçal na fábrica onde posteriormente será demitido e viverá cômicas aventuras e confusões.

Globalização, violência ou diálogo?

Direção: Patrice Barrat.
França, 2002.

Retrata uma profunda reflexão sobre o início do século XXI, relatando com isso confrontos que se enquadram no âmbito da globalização.

PROJETO ESPECIAL

A cultura digital invade a nossa vida

Leia o texto.

"A cultura da atualidade está intimamente ligada à ideia de interatividade, de interconexão, de inter-relação entre homens, informações e imagens dos mais variados gêneros. Essa interconexão diversa e crescente é devida, sobretudo, à enorme expansão das tecnologias digitais na última década. Com o forte crescimento da oferta e consumo de produtos ditos de última geração, já não se pode mais falar do futuro que bate às nossas portas, mas simplesmente de alguns novos hábitos disseminados entre milhões de pessoas por todo o mundo.

Consumidores testam *tablets* em loja de Shangai, China (2012).

Homem manuseia *smartphone* em Londres, Reino Unido (2011).

Isso tem alimentado muitas fantasias e gerado grandes expectativas sobre a cultura digital nascente. São visíveis as inúmeras modificações presenciadas na esfera do trabalho, que tem seu dia a dia marcado cada vez mais pela forte presença dos computadores, da internet e dos telefones celulares. No âmbito da educação, milhares de pesquisadores, professores e estudantes de todo o planeta apostam na internet, enxergando-a como fator tecnológico principal na evolução do ensino a distância e presencial.

As profundas transformações no setor de entretenimento e comunicação também não passam despercebidas. Neste início de século 21, surge uma televisão digital interativa, que pode muito bem tornar-se o símbolo do que se espera, para os próximos anos, em termos de interação com imagens e dados. Além dela, uma epidemia de sem-fio nos aguarda na esquina, pronta para espalhar inteligência entre os aparelhos que nos cercam."

COSTA, Rogério da. *A cultura digital*. São Paulo: PubliFolha, 2002.

Evento de lançamento de empresa que oferece serviço global pago, com tarifa mensal, para *downloads* de filmes e programas de TV. Londres, janeiro de 2012.

ATIVIDADES

1. Procure no dicionário o significado das palavras:
   a) digital;
   b) tecnologia;
   c) interatividade;
   d) interconexão.
2. Cite exemplos dos aparelhos tecnológicos (frutos da cultura digital) que estão provocando modificações na esfera de trabalho.
3. E na educação, qual é o produto da tecnologia considerado pelos pesquisadores, professores e estudantes de todo o planeta como importante na evolução do ensino a distância?
4. Cite exemplos de produtos da tecnologia que são importantes no seu dia a dia.
5. As mercadorias e as tecnologias que são resultado dos recentes avanços tecnológicos são acessíveis a todos? Explique.
6. Vamos conhecer hábitos de consumo e pesquisar que produtos da tecnologia são utilizados pelas pessoas que você conhece.

   Selecione dez pessoas do seu convívio diário de diferentes idades. Podem ser pessoas da família ou seus amigos. Pergunte:
   a) Qual é o seu nome?
   b) Qual é a sua idade?
   c) Em que cidade você/o senhor/a senhora mora?
   d) Que produtos ou serviços tecnológicos você/o senhor/a senhora utiliza no seu dia a dia?
   e) Você/O senhor/A senhora consegue imaginar a sua vida sem esses produtos? Explique sua resposta.
   f) Que produtos ou serviços tecnológicos de última geração você/o senhor/a senhora conhece e gostaria de utilizar no seu dia a dia?

   Obs.: Caso os seus entrevistados tenham dúvidas sobre o que são produtos ou serviços tecnológicos, explique que podem ser televisão digital, telefones celulares, *smartphones*, câmeras digitais de última geração, computadores ultramodernos, internet e outros.
7. Leia com atenção as informações obtidas nas suas entrevistas e organize um painel com as respostas mais significativas. Inclua também fotografias ou ilustrações dos produtos ou serviços tecnológicos mais citados pelos seus entrevistados.

O desenvolvimento e a questão ambiental

Parque municipal em Belo Horizonte, MG (2011).

Coleta seletiva de lixo em São Paulo, SP (2011).

UNIDADE II

Ciclovia em Nova York, EUA (2009).

O sistema capitalista introduziu novas tecnologias na produção e na vida das pessoas e promoveu um crescimento econômico sem precedentes até então.

Esse crescimento era visto como sinônimo de desenvolvimento. Hoje a avaliação do nível de desenvolvimento de um país não está relacionada apenas às questões econômicas, mas também a aspectos sociais. Com base nesses aspectos é que se classificam os países em desenvolvidos e subdesenvolvidos.

No entanto, para que a noção de desenvolvimento seja completa, deve haver conciliação entre crescimento econômico, conquistas sociais e conservação do meio ambiente, já que ele interfere diretamente nas condições de vida das pessoas.

Esse importante tema será tratado nesta unidade.

- As imagens destas páginas vão ao encontro dessa conciliação? Explique.
- Quais ideias você tem em relação a novas possibilidades para conciliar crescimento econômico, conquistas sociais e conservação do meio ambiente?

4 Desenvolvimento econômico e social

PARA CONTEXTUALIZAR

Interprete o mapa e o cartum a seguir.

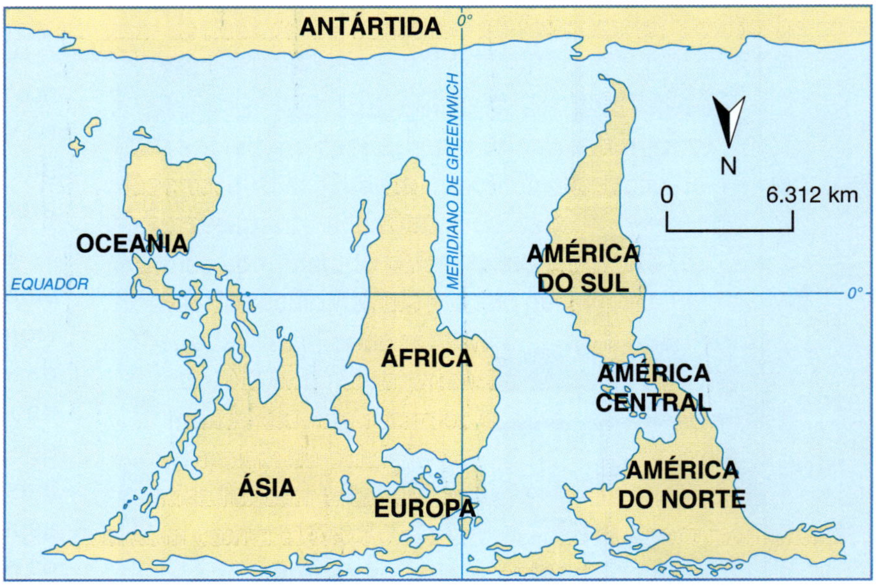

Fonte: *Atlas geográfico escolar.* Rio de Janeiro: IBGE, 2009.

Plantu.

ATIVIDADES

Converse com seus colegas e com seu professor.

1. Considerando os países do mundo, o que significa ser desenvolvido? E ser subdesenvolvido?
2. O que o cartunista quis representar? Você concorda com a sua visão? Explique.
3. Relacione o mapa ao cartum. Em sua opinião, o que o autor do mapa quis valorizar ao dispô-lo dessa forma, utilizando esse tipo de representação?

Mudanças decorrentes do sistema capitalista

O sistema capitalista, desde o início de sua formação, provocou profundas alterações no modo de vida das pessoas, nas relações econômicas e na organização do espaço geográfico. Ocasionou também transformações na relação entre as diversas regiões do mundo. Nesse contexto, os países que, em seu processo de desenvolvimento, realizaram a Revolução Industrial até o século XIX formaram um vasto império colonial, como visto na unidade anterior.

Eles mantiveram, mesmo após a descolonização, o domínio sobre os antigos povos colonizados, além de terem estruturado os organismos internacionais que influenciam as relações entre os países, como constatamos na análise inicial do capítulo 3.

Muitas colônias, mesmo após a sua independência política, permaneceram como produtores e exportadores de matérias-primas. Após a Segunda Guerra Mundial (1939-1945), vários países conquistaram grande desenvolvimento industrial e modernizaram diversos setores de sua atividade produtiva. É o caso de Brasil, México, Argentina e África do Sul.

Numa etapa seguinte, diversos países da Ásia também conheceram um impressionante crescimento da atividade industrial e uma modernização na economia, tais como Coreia do Sul, Taiwan, Cingapura, Hong Kong (atual Região Administrativa Especial da China), além da própria China. Mais recentemente, a partir dos anos 1990, diversos outros países da Ásia também ingressaram num processo de modernização, como Indonésia, Malásia e Vietnã, cada um, como no caso dos anteriores, com as suas particularidades.

Reservas internacionais
São reservas que um país tem em moeda forte, como o dólar. Elas são formadas por aquilo que o país de fato tem em caixa e também pelos créditos que tem com outros países. Esses créditos decorrem de aplicações (compra de títulos, por exemplo) e de empréstimos concedidos. Quando um país tem reservas internacionais superiores à sua dívida externa, afirma-se que a sua situação financeira é boa.

A Coreia do Sul apresenta bons indicadores sociais e grandes corporações multinacionais; o Estado investe maciçamente em educação e apoia fortemente o desenvolvimento tecnológico, além de ter estabelecido políticas que possibilitaram a formação de grandes grupos empresariais nacionais. Fotografia da estação de trem de Seul (2010).

As desigualdades sociais ainda são marcantes em muitos países que se modernizaram após a Segunda Guerra Mundial. Na fotografia, paisagem de bairro pobre na Cidade do México, México (2008).

Alguns desses países que se modernizaram a partir da segunda metade do século XX atingiram um maior protagonismo no cenário político-econômico internacional, em razão de sua capacidade para geração de serviços, produção de bens e acúmulo de reservas internacionais. É o caso, por exemplo, da China, da Índia, do Brasil e da Coreia do Sul.

Esses países, e diversos outros que não têm o mesmo nível de desenvolvimento social e econômico dos chamados desenvolvidos (ver explicação adiante, neste capítulo) como México, Argentina, Indonésia, África do Sul, Egito, Turquia, Filipinas, Malásia e Irã, são chamados **países emergentes**.

A China, em termos de capacidade produtiva, consumo de recursos minerais e acúmulo de reservas internacionais, é o país que mais se sobressai dentre os emergentes e vem alcançando grande projeção no cenário econômico mundial. Esse país tem, atualmente, um papel determinante no desempenho da economia global.

A influência financeira e econômica chinesa vem crescendo em todos os continentes. Atualmente, a China é a segunda maior economia do mundo, compondo o **G2** — grupo formado pelos dois maiores PIBs mundiais — ao lado dos Estados Unidos.

Em 2009, a China tornou-se o maior parceiro comercial do Brasil, superando os EUA. Fotografia de Shangai (2010).

Entretanto, apesar da modernização na economia, do vigoroso crescimento econômico de alguns e do maior protagonismo no cenário global dos emergentes, os países que se industrializaram a partir da segunda metade do século XX não resolveram diversos de seus problemas sociais. Muitos ainda mantêm forte dependência cultural e tecnológica em relação ao mundo desenvolvido. Por outro lado, alguns países, graças a programas de transferência de renda, ganhos reais no salário mínimo e aumento no valor das aposentadorias, vêm conhecendo melhorias em termos de distribuição de renda, como no caso do Brasil.

Atualmente, a maior parte dos países da América Latina, da Ásia e quase todos os países da África encontram-se numa situação marcada pelo subdesenvolvimento, com dependência econômica, financeira, tecnológica e cultural, seja dos países desenvolvidos, seja dos principais emergentes.

Divisão Norte-Sul e emergentes

Essa divisão vem passando por modificações, expressas pela própria presença do grupo dos países emergentes. No mapa destacam-se os emergentes: China, Índia, Brasil, África do Sul, Turquia, México, Argentina, Indonésia, Coreia do Sul, Taiwan, Malásia, Cingapura, Rússia e Arábia Saudita.

Fonte: *Atlas geográfico escolar*. Rio de Janeiro: IBGE, 2009. p. 32 (adaptado).

- Compare as informações do mapa com o que você considerou na atividade 2 da seção **Para contextualizar**. A quais conclusões é possível chegar? Converse com seus colegas e com o professor.

Os emergentes na economia global

Os emergentes apresentam grandes mercados consumidores, exportações em crescimento, aplicação de recursos em infraestrutura e relativo aumento no ingresso de investimentos estrangeiros, são industrializados ou em fase de industrialização avançada. Nesse grupo, China, Rússia, Brasil, Índia, Coreia do Sul e México têm as economias mais dinâmicas.

São países que, embora não tenham um papel de plena liderança nas decisões tomadas no sistema capitalista (exceto, de certa forma, a China e a Rússia), estão entre os de maiores PIBs do mundo, vêm participando cada vez mais, de forma representativa, de conferências que discutem os rumos da economia global, como mostram as reuniões do G20. Ou seja, os emergentes vêm determinando, gradativamente, uma nova estrutura de poder no âmbito das relações internacionais. Entre eles, procuram estabelecer relações cooperativas, como demonstram várias iniciativas, entre elas, o anúncio para uma aliança para negócios conjuntos, no âmbito das Bolsas de Valores (neste caso, a China não entra, mas entra a Bolsa de Hong Kong). Isso demonstra, por outro lado, como o mundo subdesenvolvido é diverso e bastante heterogêneo.

G20
Grupo formado por ministros de finanças e chefes dos bancos centrais das 20 maiores economias do mundo, criado em 1999 como um fórum de cooperação e consulta, para encaminhamento de soluções e propostas relativas ao sistema financeiro internacional e à economia global.

Países do G20

Fonte: <http://www.g20.org>. Acesso em: 14 out. 2011./ *Atlas geográfico escolar*. Rio de Janeiro: IBGE, 2009. p. 32.

MAIS INFORMAÇÃO

O outro G20

Outro grupo, também chamado G20, compreende 23 países subdesenvolvidos (ou em desenvolvimento), do qual fazem parte os emergentes. Esse grupo formou-se em 2003, durante uma reunião ministerial da OMC, a fim de defender os interesses desses países, sobretudo nas negociações de mercadorias agrícolas, das quais são grandes produtores e exportadores. Desde então, diversas reuniões foram organizadas pelo grupo.

BRICS

Brasil, Rússia, Índia, China e África do Sul formam um grupo que tem mais expressão entre os emergentes, denominado **BRICS** (sigla formada com a letra inicial do nome de cada país, em inglês). Na crise econômico-financeira iniciada em 2008, os países do BRICS, sobretudo os quatro primeiros, encontravam-se em situação privilegiada para enfrentar crises econômicas, em razão, principalmente, de suas elevadas reservas internacionais, de tal modo que havia um fluxo de investimentos de alguns países do BRICS e de outros emergentes para alguns países desenvolvidos. Por conta disso, os países emergentes, desde 2011, vêm cobrando uma participação mais ativa nos organismos financeiros internacionais, como no FMI, e atrelam um aumento nas contribuições ao Fundo a essa maior participação.

As origens da dependência

A origem do processo de formação dos países desenvolvidos e subdesenvolvidos remonta às grandes navegações empreendidas pelos Estados Nacionais da Europa a partir do século XV. Nessa época, os europeus expandiram o comércio explorando os produtos e recursos do novo continente (América) e dos continentes que já conheciam (África e Ásia).

Os países europeus passaram a exercer forte domínio sobre os povos desses continentes, controlando a extração e a produção neles realizadas.

As novas terras conquistadas (colônias) não possuíam autonomia administrativa, e seus recursos e riquezas eram explorados intensamente, em benefício de alguns países europeus, como Portugal, Espanha, Holanda, França e Inglaterra.

A exploração dos recursos das colônias, como metais preciosos, minérios e produtos agrícolas, proporcionou de fato um grande enriquecimento às metrópoles. Poucas foram as exceções a essa forma de colonialismo. Podemos citar Austrália, Nova Zelândia, Canadá e Estados Unidos.

MAIS INFORMAÇÃO

Expressões para designar os grupos de países

O termo **subdesenvolvimento** surgiu após a Segunda Guerra Mundial, quando a Organização das Nações Unidas (ONU) publicou uma série de dados estatísticos sobre a situação socioeconômica de vários países do mundo. A partir desse momento, as diferenças de qualidade de vida e de desenvolvimento econômico entre os países passaram a ser quantificadas.

Foi o demógrafo Alfred Sauvy quem utilizou pela primeira vez a expressão **Terceiro Mundo** para designar a parte mais pobre do planeta, isto é, os países subdesenvolvidos. A partir de então, muitos trabalhos foram publicados para explicar as razões do subdesenvolvimento.

Demógrafo
Estudioso dos fenômenos populacionais, da demografia.

Alguns organismos, principalmente os da ONU, utilizam o termo **países em desenvolvimento** para designar os países subdesenvolvidos, ressaltando sua potencialidade para atingir um nível maior de desenvolvimento e tornar-se desenvolvidos.

O uso da expressão "em desenvolvimento" para se referir a todos os países subdesenvolvidos é bastante discutido, pois, considerando-se as relações atuais de dependência (tecnológica, cultural e econômica) que se estruturam entre os dois grupos de países, fica difícil acreditar que níveis elevados de desenvolvimento econômico e social sejam atingidos por todos. Isso, sobretudo, se avaliarmos o modelo de desenvolvimento dos países desenvolvidos, caracterizado por um intenso consumo de mercadorias e serviços, o que, por sua vez, exige a retirada de grandes quantidades de recursos naturais e gera enormes volumes de poluentes.

Há ainda as denominações **centro**, para designar os países desenvolvidos que têm papel de comando na economia mundial, chamados de países do Norte (a maioria localizada nesse hemisfério), e **periferia**, para designar os países subdesenvolvidos (países do Sul). Os países do centro controlam a maior parte dos investimentos em pesquisas e desenvolvimento de novas tecnologias e detêm a maior parte das universidades e as melhores instituições de ensino.

É comum, também, alguns economistas e outros especialistas utilizarem a expressão **semiperiferia** para se referirem a países de periferia que atingiram um nível de industrialização maior que os demais, o que os coloca no grupo dos países industrializados, e que apresentam valores expressivos de PIB; são os chamados emergentes.

Investimento em pesquisa e desenvolvimento no mundo (2004-2007)

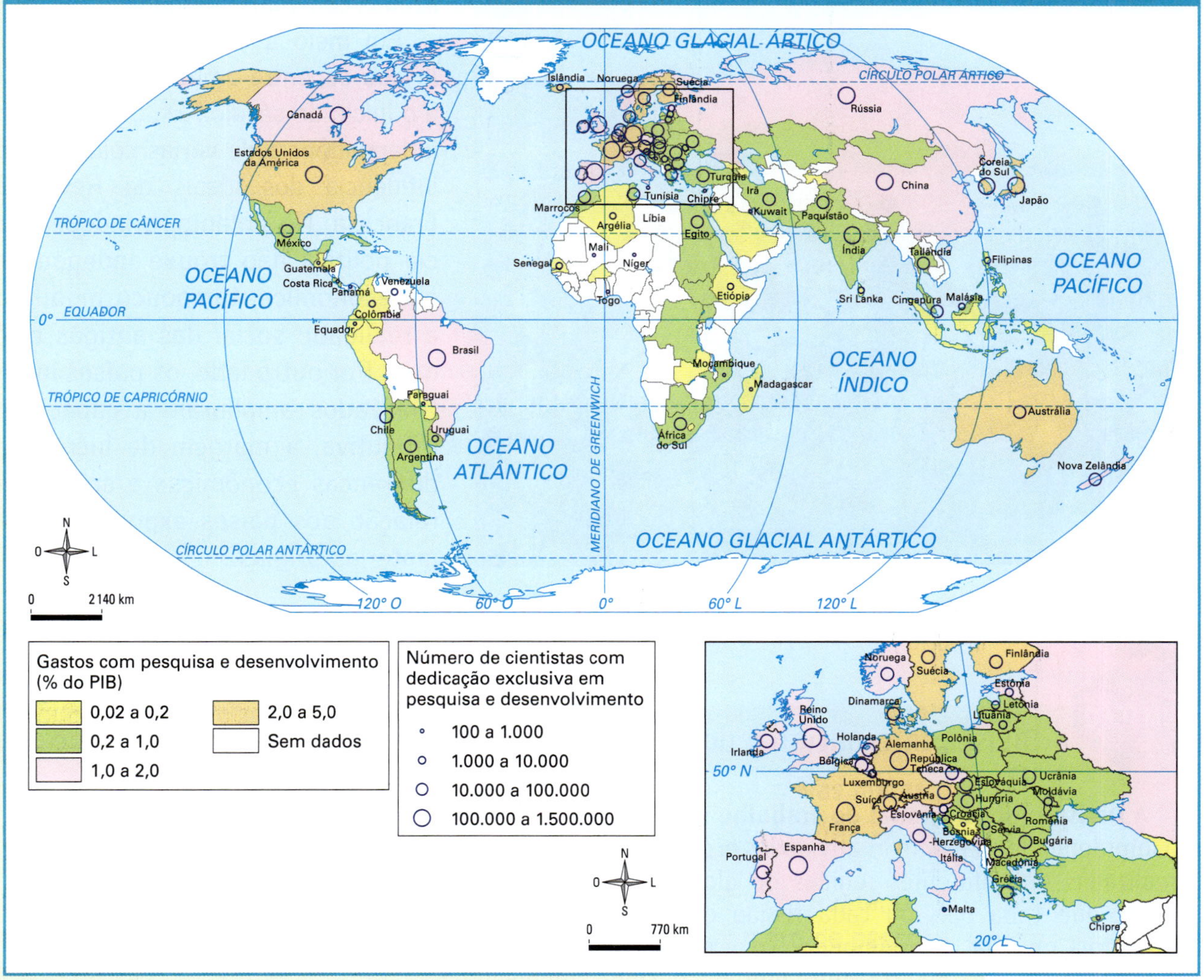

Fonte: *Atlas nacional do Brasil Milton Santos*. Rio de Janeiro: IBGE, 2010. p. 24.

A Divisão Internacional do Trabalho

A Divisão Internacional do Trabalho (DIT), iniciada nos séculos XV e XVI, correspondeu inicialmente à delineação do papel das metrópoles e das colônias no contexto da produção e do comércio internacional. Coube às colônias o fornecimento de produtos agrícolas (cana-de-açúcar, tabaco, algodão etc.), especiarias e metais preciosos, comercializados pelas metrópoles, na Europa, com grandes lucros.

A América, a África e a Ásia (com exceção do Japão, que se fechou à penetração estrangeira) passaram a organizar suas economias segundo as necessidades de suas metrópoles, em prejuízo dos interesses da maior parte de suas populações.

No final do século XVIII, a Revolução Industrial desencadeou a desestruturação do sistema colonial, ou seja, da exclusividade de comércio imposta pelas metrópoles às suas colônias. A industrialização exigia maiores quantidades de matérias-primas e mais consumidores para as mercadorias, que passavam a ser produzidas em larga escala.

Nesse contexto, o sistema colonial dificultava as novas relações comerciais. Gradativamente os interesses comerciais de algumas metrópoles (como Inglaterra e Holanda) passaram a exigir que as trocas ou as transações econômicas fossem realizadas com mais liberdade.

Colheita de algodão do Sudão, no continente africano, no século XIX. Essa matéria-prima era enviada para a Europa, onde seriam produzidos fios, tecidos e roupas. Quadro de Edward Barnard Lintott (1875-1951).

Em meio a esses acontecimentos, iniciou-se, entre o final do século XVIII e o início do século XIX, o processo de independência de várias colônias, sob influência dos ideais da Revolução Francesa. No entanto, a independência política não trouxe independência econômica, tampouco modificou a realidade social das antigas colônias. Por outro lado, os países industrializados ampliaram a capacidade produtiva, a margem de lucro e as diferenças econômicas e sociais em relação aos países exportadores de matérias-primas.

MAIS INFORMAÇÃO

Divisão Internacional do Trabalho

A **Divisão Internacional do Trabalho** refere-se à interdependência entre as atividades econômicas realizadas em diferentes regiões do globo e ao papel que cada país ou cada região ocupa na economia mundial, considerando o que produz, o que exporta, o que importa, entre outros aspectos. Essa divisão do trabalho em âmbito internacional só ocorreu com a consolidação do sistema capitalista, que integrou a economia mundial e estabeleceu, em cada uma das suas fases de evolução, o papel que cada região ou país ocupava na economia mundial.

A nova Divisão Internacional do Trabalho

Como visto anteriormente, no século XX, principalmente a partir de 1950, alguns países da América Latina, da África e da Ásia se industrializaram. Esse processo ocorreu com a expansão das linhas de produção dos países desenvolvidos aos subdesenvolvidos por meio das multinacionais. Nele, foi significativa a participação do Estado, que construiu uma infraestrutura energética, de sistemas de telecomunicações e de redes de transporte, entre outras.

Essa industrialização tardia, como é chamada, caracterizou-se pela concentração industrial em alguns países do mundo. Foi o caso do Brasil, do México e da Argentina, na América Latina; da África do Sul, no continente africano; e, a partir da década de 1960, da Coreia do Sul, de Taiwan, Cingapura e outros países da Ásia.

Assim, de modo geral, a industrialização desses países acabou atendendo a interesses específicos das indústrias multinacionais, com algumas exceções, como em Taiwan e, sobretudo, na Coreia do Sul, onde, com o apoio estatal se formaram grandes corporações, como Samsung, LG, Hyundai e Kia.

As empresas multinacionais instalaram filiais em diversas partes do mundo, particularmente nos países subdesenvolvidos, em virtude de algumas vantagens especiais: matérias-primas, mercado consumidor, mão de obra e baixos impostos.

Essa situação criou uma nova Divisão Internacional do Trabalho, na qual alguns países subdesenvolvidos, além de produzir e exportar matérias-primas agrícolas e minerais, transformaram-se em produtores e exportadores de produtos industrializados.

Como visto no capítulo anterior, o desenvolvimento dos meios de transporte e das telecomunicações acrescentou novas características à nova Divisão Internacional do Trabalho. Ela está organizada em redes de produção, pela qual uma empresa multinacional contrata empresas em outras partes do mundo para realizar a atividade produtiva ou a distribuição e comercialização de seus produtos. Os países centrais concentram a fabricação de produtos de tecnologias mais sofisticadas, o desenvolvimento de novos produtos, o setor de *marketing*, os serviços financeiros e a gerência administrativa das grandes empresas.

Características do desenvolvimento e do subdesenvolvimento

Na seção **Para contextualizar**, você refletiu sobre o que significaria ser desenvolvido e subdesenvolvido, considerando os países do mundo. Até aqui, neste capítulo, apresentaram-se algumas características desses dois grupos. A partir deste momento, essas características serão estudadas considerando os aspectos econômicos e sociais.

Os países desenvolvidos ou do centro são grandes polos financeiros e tecnológicos mundiais e dominam as grandes decisões políticas e econômicas internacionais. Mas, como visto anteriormente, gradativamente os emergentes vêm também influenciando as decisões tomadas no âmbito financeiro e econômico internacional.

Nos países desenvolvidos predominam as atividades econômicas industriais, de serviços e comerciais. A agricultura é praticada com o auxílio de técnicas modernas e com elevado índice de mecanização, diminuindo a necessidade de mão de obra. Pequena parcela da população dedica-se ao setor primário.

Em muitos países desenvolvidos esse percentual não chega a 5% da População Economicamente Ativa, como no caso dos EUA, do Canadá e da Austrália, por exemplo.

O G8 no mundo (2012)

Países	Valores em bilhões de dólares – PIB cambial
Estados Unidos	16.430
Japão	6.107
Alemanha	3.624
França	2.742
Reino Unido	2.444
Itália	2.062
Rússia	1.822
Canadá	1.777
Total G8	37.008
Mundo	71.438

Observação: valores arredondados.

Fonte: World Bank. Disponível em: <http://datos.bancomundial.org/indicador/NY.GNP.ATLS.CD/countries?order=wbapi_data_value_2012%20wbapi_data_value%20wbapi_data_value-last&sort=asc&display=default>. Acesso em: 6 mai. 2014.

- Resolva com base na tabela.

1. Compare os dados dos países do G8 com os dos demais países do mundo e converse com seus colegas e com seu professor sobre os contrastes existentes.
2. Calcule os percentuais de participação dos EUA em relação ao G8 e em relação ao mundo todo.

Expectativa de vida
Ou esperança de vida, numa dada população, é o número médio de anos que um indivíduo pode viver.

Mortalidade infantil
É o número de crianças mortas durante seu primeiro ano de vida.

A população desses países, exceto da Rússia, apresenta, em geral, boas condições de vida, saúde, educação, moradia, alimentação e elevada expectativa de vida, normalmente em torno de 80 anos (83 anos no Japão e 82 anos na França — dados de 2012). Os índices de mortalidade infantil são muito reduzidos — sempre inferiores a 10% — e o analfabetismo praticamente inexiste.

Apesar das diferenças sociais, há nesses países uma melhor distribuição de renda. Esse fato, além de melhorar a qualidade de vida, eleva o poder de compra de uma camada mais ampla da população e dinamiza o mercado interno.

Nos países subdesenvolvidos a situação é bem diferente, apesar da diversidade de condições socioeconômicas entre eles. A agropecuária e o extrativismo são as principais atividades praticadas nos países subdesenvolvidos. De modo geral, sobretudo na África e em alguns países da Ásia, essas atividades são praticadas de forma rudimentar, apresentando baixa produtividade.

Distribuição de renda – Países selecionados (meados da década de 2000)		
Países do centro		
País	**% renda nacional entre os 40% mais pobres**	**% renda nacional entre os 10% mais ricos**
Estados Unidos	16,1	29,9
Nova Zelândia	17,8	27,8
Reino Unido	17,5	28,5
Canadá	19,7	25,0
França	19,8	25,0
Holanda	20,0	25,1
Espanha	20,1	25,2
Suécia	23,1	22,2
Japão	24,8	21,7
Dinamarca	23,0	21,3
Países da periferia		
País	**% renda nacional entre os 40% mais pobres**	**% renda nacional entre os 10% mais ricos**
África do Sul	6,3	46,9
Brasil	7,7	46,7
Chile	9,9	47,0
México	10,3	43,1
Argentina	10,3	38,9
Peru	11,2	37,2
Venezuela	11,4	36,3
Costa Rica	13,1	34,8
Bolívia	13,2	32,0
China	13,7	33,1
Tailândia	15,6	33,8

Fonte: Adaptado de DIEESE. Nota técnica 6 (out. 2005), sobre indicadores diversos e World Bank — World Development Indicators.

A presença de uma atividade industrial amplamente diversificada, com alguns setores de tecnologia mais avançada, embora dependente dos países desenvolvidos, é restrita a poucos países que se industrializaram na segunda metade do século XX. Muitos países desse grupo com economia mais diversificada têm dificuldade para realizar investimentos em infraestrutura (estradas, portos, usinas de energia etc.) para a manutenção das taxas de crescimento econômico. Muitos Estados se endividaram para atrair e manter esses investimentos.

Nos países subdesenvolvidos, uma minoria dos habitantes desfruta boas condições de vida (semelhantes às da população dos países desenvolvidos), enquanto parte da população se alimenta de forma insuficiente, há milhões de pessoas morando em habitações precárias e não dispondo de condições adequadas de saúde, o que justifica, entre outros indicadores negativos, a baixa expectativa de vida em boa parte desse grupo de países.

O analfabetismo apresenta índices mais elevados que os dos países desenvolvidos e a escolarização de grande parte da população é deficiente para a formação de profissionais qualificados, comprometendo o desenvolvimento socioeconômico futuro, na maior parte dos países desse grupo. O índice de mortalidade infantil elevado, comparativamente ao dos países desenvolvidos, ocorre em função de desnutrição das mães e dos recém-nascidos e péssimas condições de saúde e higiene de boa parte da população.

Taxa de alfabetização no mundo (2012)

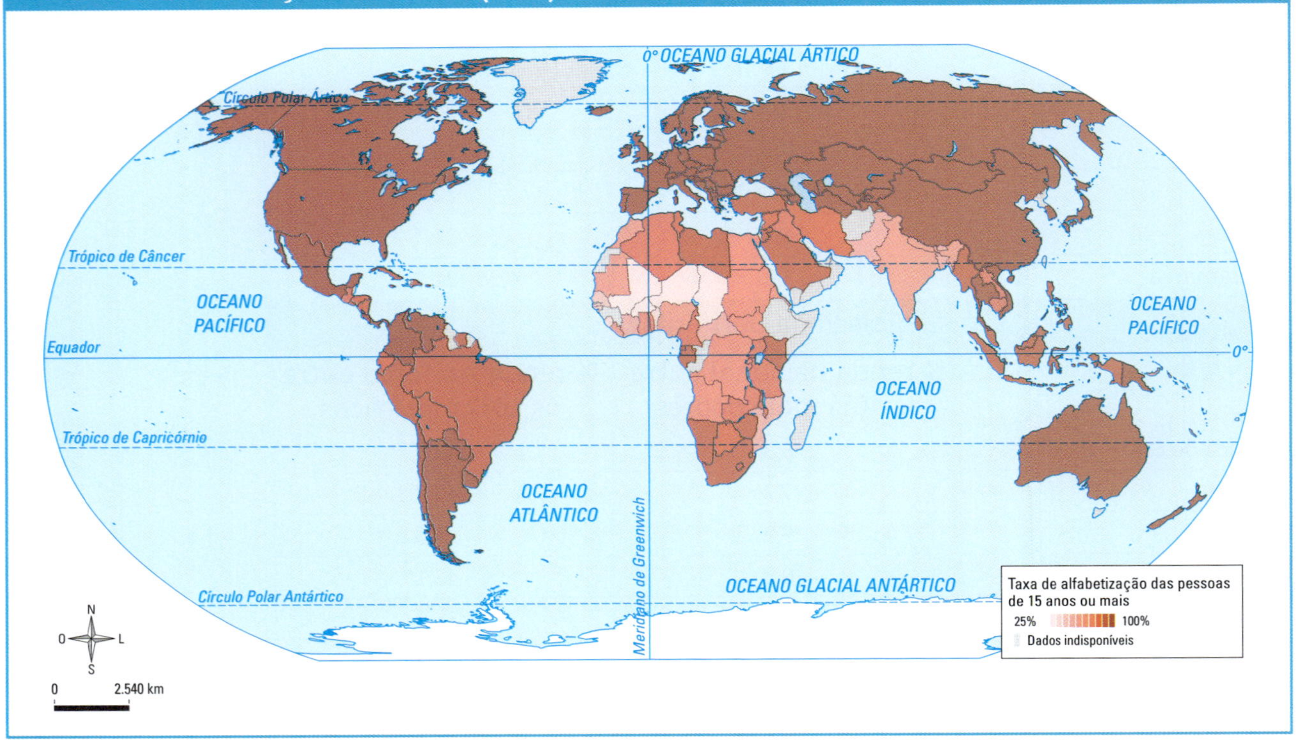

Fonte: World Bank. Disponível em: <http://datos.bancomundial.org/indicador/SE.ADT.LITR.ZS/countries?display=map>. Acesso em: 8 mai. 2014.

O Índice de Desenvolvimento Humano (IDH)

O IDH, critério estabelecido pela ONU para avaliar o nível de desenvolvimento econômico e social dos países, foi criado por um grupo de especialistas para o Programa das Nações Unidas para o Desenvolvimento (PNUD). O primeiro Relatório do Desenvolvimento Humano foi publicado em 1990 e desde então é atualizado anualmente. Ele classifica os países do globo de acordo com seu nível de desenvolvimento econômico e social, ressaltando que a geração de um volume cada vez maior de riquezas (bens e serviços) não garante necessariamente melhoria das condições de vida da maioria dos habitantes dos países. O fundamental é que essa riqueza seja mais bem distribuída, garantindo possibilidades e oportunidades a toda a população do país.

Há diversos casos de países que tiveram crescimento econômico, mas não um desenvolvimento social efetivo, com melhorias estendidas a toda a população nas áreas de saúde, educação, habitação, saneamento básico, transporte etc.

Por isso mesmo, em razão das más condições de vida de parte de suas populações, e também das fortes desigualdades sociais, países como Brasil, México e Argentina são classificados como emergentes, mesmo tendo atingido um crescimento econômico expressivo na segunda metade do século XX e, em parte, neste início de século.

Para classificar os países, o IDH leva em consideração três dimensões do processo de desenvolvimento humano:

- a **longevidade**, medida pela expectativa ou esperança de vida ao nascer, considerando as condições de moradia, saúde e alimentação;
- o **conhecimento**, que considera a média de anos de escolaridade dos habitantes com 25 anos ou mais e os anos de escolaridade esperados, que é o número de anos que uma criança em idade de ingresso na escola pode esperar receber;
- o **Rendimento Nacional Bruto (RNB) *per capita*** (por indivíduo) ajustado, que é a renda nacional bruta dividida pelo número de habitantes do país, expressa em dólares, considerando o poder de compra da população.

MAIS INFORMAÇÃO

IDH

Os valores do IDH situam-se entre 0, o mais baixo, e 1, o mais alto. Os países são agrupados em: IDH muito elevado ou muito alto; IDH elevado ou alto; IDH médio; e IDH baixo. Para calcular esses quatro grupos, o *ranking* dos países (187, em 2011) é dividido por quatro; mas como estão presentes 187 países, o PNUD (Programa das Nações Unidas para o Desenvolvimento) deixou dois grupos com 46 (muito elevado e baixo), um com 47 (elevado) e um com 48 (médio).

Classificação de alguns países de acordo com o IDH 2012

Posição	Países	IDH muito elevado
1	Noruega	0,955
2	Austrália	0,938
3	Estados Unidos	0,937
4	Países Baixos	0,921
5	Alemanha	0,920
6	Nova Zelândia	0,919
7	Irlanda	0,916
8	Suécia	0,916
9	Suíça	0,913
10	Japão	0,912
40	Chile	0,819
45	Argentina	0,811

Posição	Países	IDH elevado
51	Uruguai	0,792
52	Montenegro	0,791
57	Bulgária	0,782
66	Sérvia	0,769
69	Cazaquistão	0,754
71	Venezuela	0,748
77	Peru	0,741
85	Brasil	0,730
90	Turquia	0,722
91	Colômbia	0,719
94	Tunísia	0,712

Posição	Países	IDH médio
96	Belize	0,702
101	China	0,699
105	Suriname	0,684
108	Bolívia	0,675
111	Paraguai	0,669
123	África do Sul	0,629
131	Iraque	0,590
137	Índia	0,554

Posição	Países	IDH baixo
142	Congo	0,534
145	Quênia	0,519
161	Haiti	0,456
167	Ruanda	0,434
173	Etiópia	0,396
185	Moçambique	0,327
186	República Democrática do Congo	0,304
187	Níger	0,304

Fonte: Pnud. *Relatório do Desenvolvimento Humano 2013*.

Apesar de o IDH não ser um indicador ideal, apresenta a vantagem de considerar o desenvolvimento de forma mais abrangente, avaliando, até certo ponto, o acesso da população aos benefícios do crescimento econômico. Os indicadores mais gerais de desenvolvimento sempre estiveram limitados ao desempenho econômico como o PIB ou o PIB *per capita*.

A regionalização do espaço mundial

Já vimos algumas características dos países desenvolvidos e subdesenvolvidos. Por meio das análises feitas, foi possível compreender, em linhas gerais, os processos que desencadearam as relações de dependência entre os países e que levaram à formação de um mundo que vem conhecendo grandes mudanças, mas que apresenta países com bom **nível de desenvolvimento socioeconômico**, países com sérios problemas sociais e econômicos, além de diversos países emergentes. Além disso, analisamos a estruturação de uma **Divisão Internacional do Trabalho (DIT)**.

A análise das relações entre os países, dos diferentes níveis de desenvolvimento socioeconômico, considerando o **Índice de Desenvolvimento Humano (IDH)**, e do papel de cada país na DIT pode ser realizada com base em um estudo regional. Neste livro, esse tipo de estudo é realizado na abordagem do continente americano. Em um momento posterior, no 9º ano, o mesmo será feito em relação a Europa, Ásia, África e Oceania.

O ponto de partida para o estudo regional dos continentes é o papel que cada país tem na DIT e seu nível de desenvolvimento socioeconômico, considerando as diversidades mundiais estudadas até aqui. Existem outras propostas para o entendimento do mundo em que vivemos. No entanto, a opção por uma divisão regional em continentes tem a vantagem de facilitar o estudo de aspectos naturais, políticos, socioeconômicos, entre outros, dentro de um mesmo bloco territorial.

Vale lembrar que os continentes apresentam suas próprias regionalizações, sendo possível analisar os contrastes e as relações numa dimensão espacial mais restrita, num primeiro momento, e depois partir para o âmbito mundial.

Na América, a regionalização agrupa de um lado os países desenvolvidos — América Anglo-Saxônica (Estados Unidos e Canadá) — e de outro os países subdesenvolvidos, que compreendem a América Latina, onde os IDHs são bem mais baixos que na América Anglo-Saxônica. Esse último grupo, no entanto, não forma um conjunto homogêneo, como veremos neste volume.

Na Europa, os países da parte ocidental, mais desenvolvidos, formam um bloco diferenciado em relação aos países da parte oriental do continente, onde os IDHs são comparativamente mais baixos. A Rússia, situada nos continentes europeu e asiático, apresenta particularidades e certa influência no mundo que permitem uma regionalização isolada.

Na África foi estabelecido um estudo regionalizado, subdividindo o continente em África do Norte — de influência árabe e islâmica, que apresenta, em linhas gerais, IDHs superiores à grande porção ao sul do deserto do Saara — e em África Subsaariana — uma das regiões mais pobres do mundo, com população predominantemente negra e grupos étnicos bastante diferenciados, nos quais os IDHs são muitíssimo baixos. A África do Sul, pelo nível de industrialização e por outras características socioeconômicas, merece uma abordagem específica.

A Ásia é um continente com grandes contrastes sociais, culturais e econômicos. A bacia do Pacífico, sob a liderança do Japão, agrupa países com os melhores índices de crescimento econômico do continente, como a China e os Tigres Asiáticos. O Oriente Médio forma outro bloco, marcado por questões econômicas, religiosas e estratégicas comuns, com grandes repercussões no mundo atual.

Atividades

RETOME SEUS CONHECIMENTOS

1. Observe e leia novamente as tiras da seção **Para contextualizar**, no início deste capítulo, e faça o que se pede:
   a) Considerando a tira A, sabemos que a proposta de Liberdade não mudaria a situação dos países subdesenvolvidos. Em sua opinião, quais os principais problemas que os países subdesenvolvidos precisariam resolver para, de fato, modificarem a situação de subdesenvolvimento?
   b) Por que, no caso da tira B, ao justificar a prosperidade do armazém do pai do Manolito, a Mafalda cita a Espanha?
   c) Apresente quatro características dos países desenvolvidos.
2. O que significa Divisão Internacional do Trabalho? Quais as características da atual Divisão Internacional do Trabalho?
3. O que é IDH e qual a sua vantagem entre outros indicadores de desenvolvimento?

EXERCITE SEUS CONHECIMENTOS

4. Leia o texto.

> "Em 2000, a ONU — Organização das Nações Unidas, ao analisar os maiores problemas mundiais, estabeleceu 8 Objetivos do Milênio, que são 8 Jeitos de Mudar o Mundo. Juntos nós podemos mudar a nossa rua, a nossa comunidade, a nossa cidade, o nosso país."
>
> Disponível em: <http://www.objetivosdomilenio.org.br/>. Acesso em: 2 mai. 2014.

Os Objetivos do Milênio são considerados pela ONU um pacto e um compromisso de todos os seus países-membros para a eliminação da fome e da extrema pobreza. Esses 8 objetivos estão listados nas representações. Os objetivos 3, 4, 6 e 8 estão explicitados em forma de texto. Descubra quais são os outros a partir da leitura das ilustrações.

5 Sociedade de consumo e desenvolvimento sustentável

Energia eólica
3 Para o assunto ***Desenvolvimento sustentável***, acesse e explore este OED.

PARA CONTEXTUALIZAR

Observe as fotografias a seguir.

A utilização da energia eólica vem apresentando grande expansão em todo o mundo. Na China, os parques eólicos vêm crescendo em ritmo bastante acelerado — o maior do mundo. Em 2010, havia cerca de 80 centrais eólicas de grande porte instaladas no país. No Brasil, em 2011, o custo de geração de energia eólica vinha caindo e já se apresentava como uma fonte mais barata que aquela gerada em termelétricas.

Parque eólico em Rio do Fogo, RN.

Usina termelétrica em Suihua, China.

Lixo tecnológico na Holanda.

ATIVIDADES

Converse com seus colegas e com seu professor.

1. Quais fotografias apresentam problemas ambientais e qual delas mostra uma solução dentro da perspectiva do desenvolvimento sustentável? Explique.
2. Que problema ambiental a usina da fotografia 2 tende a agravar?
3. Por que a fotografia 1 se relaciona com a 2?
4. Que fotografia pode ser relacionada ao consumismo? Explique.

A sociedade de consumo

A economia capitalista depende da permanente elevação da produção, da criação de novos produtos, da renovação constante de hábitos e da criação de novas necessidades de consumo. Vivemos numa sociedade em que o prestígio social é, muitas vezes, definido pelo tipo de produto que as pessoas têm condições de adquirir. Participamos também de uma economia que para crescer depende da diminuição da vida útil dos produtos e da valorização dos produtos descartáveis. O próprio desenvolvimento tecnológico colabora para que as mercadorias sejam menos duráveis ao tornar os produtos obsoletos num curto espaço de tempo.

Obsoleto
Ultrapassado.

A existência de uma sociedade de consumo só foi possível devido às conquistas tecnológicas. Consequentemente a tecnologia possibilitou a ampliação da produção de mercadorias em escala superior às necessidades básicas e naturais do ser humano. Foi a sociedade capitalista a principal responsável pela ampliação dessa capacidade produtiva. Quanto maior é a produção de mercadorias e de serviços, maior é o crescimento econômico do país.

O crescimento econômico conquistado pelos países do Norte (do centro) passou a ser, a partir de meados do século XX, um modelo perseguido pela maior parte dos países do Sul (da periferia), ampliando numericamente a quantidade de consumidores em todo o mundo. No entanto, a extensão do estilo de vida dos países do Norte ao restante do mundo exigiria recursos que não poderiam ser supridos por apenas um planeta Terra, além da poluição que tornaria a vida insustentável.

Sendo uma característica fundamental do capitalismo, a sociedade de consumo só existe e se mantém com a elevação e a exploração dos recursos naturais do planeta, para a obtenção de matérias-primas e fontes de energia. Isso acarreta o agravamento da poluição do ar, das águas, do solo etc. Nesse sentido, como já apontado na introdução desta unidade e no capítulo anterior, é imprescindível que o desenvolvimento de um país seja avaliado não só pela produção de mercadorias e geração de serviços, mas também pelo que ele preserva ou conserva de seus ecossistemas, além de considerar outros aspectos como: a existência de áreas verdes e de ciclovias em cidades, e de transporte coletivo não poluente; a qualidade dos cursos d'água, dos aquíferos e das suas águas marinhas. Enfim, trata-se de contemplar tudo aquilo que leve à manutenção da biodiversidade e que melhore a qualidade de vida tanto no espaço urbano como no rural.

MAIS INFORMAÇÃO

Mensagens publicitárias

A propaganda e os meios de comunicação são os principais instrumentos de estímulo ao consumo. A propaganda baseia-se na análise do consumidor e na pesquisa de mercado destinada a determinada classe social. A criatividade publicitária dedica-se posteriormente a associar os produtos ao seu público-alvo e criar-lhe o desejo de adquiri-los. Os meios de comunicação divulgam os produtos e suas marcas, a partir das mensagens publicitárias, e os tornam conhecidos a uma infinidade de pessoas.

PARA COMPREENDER **Texto**

Leia o trecho a seguir.

A sociologia vai ao *shopping center*

"O estímulo ao consumo, presente nos *shopping centers* e na publicidade dos dias atuais, originou-se nessa fase do desenvolvimento do capitalismo em que se combinam produção industrial em massa e crescimento do mercado urbano com lojas de departamentos e galerias. O consumo de mercadorias começou, então, a significar um mergulho em fantasia e *status* social, uma vez que os objetos passaram a ser adquiridos não pela sua utilidade imediata, mas pelo significado social de sua posse. A utilidade dos produtos passa a se submeter ao valor monetário e social que eles adquirem na complexa engrenagem da produção e circulação dos bens do capitalismo. Assim, a aparência das mercadorias passa a ser de fundamental importância para a sua venda.

Nas sociedades capitalistas, o homem não produz mais apenas para satisfazer suas necessidades originais. Existem outras necessidades em jogo que são as necessidades de valorização do capital. A produção de mercadorias converteu-se em uma fonte de lucro, dado que cada trabalhador produz, para os donos das empresas, muito mais do que precisaria para a satisfação de suas próprias necessidades. A produção capitalista gera excedentes que não são calculados com base nas necessidades naturais do homem, e sim nas do capital, o qual, por sua vez, precisa criar novas necessidades para estimular a demanda e o consumo. Assim, a produção deve visar a um consumo descartável, uma cultura do desperdício, o que reflete o princípio da "obsolescência planejada" (os objetos são feitos para serem obsoletos). Esse sistema precisa sempre aumentar a produção de mercadorias em quantidade e variedade, mas não em qualidade e durabilidade."

PADILHA, Valquíria. A sociologia vai ao *shopping center*. *Ciência Hoje*. Rio de Janeiro: Instituto Ciência Hoje, mai. 2007, n. 237, p. 32.

Obsolescência
Processo de tornar-se obsoleto — fora de moda, ultrapassado, antigo.

■ Cite alguns aspectos existentes nos *shopping centers* que seduzem o consumidor.

O meio ambiente e o modelo de desenvolvimento

O meio ambiente passou a sofrer maiores impactos da ação humana a partir da Revolução Industrial. Os novos processos de produção de mercadorias e as novas fontes de energia intensificaram a exploração dos recursos naturais em escala nunca vista até então.

O uso do carvão mineral e, posteriormente, o do petróleo como fontes principais de energia, ao mesmo tempo que aceleraram a capacidade produtiva e a exploração de outros recursos naturais, transformaram a questão ambiental numa das principais preocupações do mundo atual.

No entanto, somente a partir da década de 1960 os questionamentos sobre os problemas ambientais passaram a ganhar força na opinião pública de alguns países do mundo.

Diversos acontecimentos, durante esse período, contribuíram para despertar a consciência ecológica e mobilizar a sociedade, cientistas e governos de diversos países do mundo.

Em 1969, o rio Cuyahoga, em Cleveland, Ohio (Estados Unidos), carregado de dejetos industriais e óleo, incendiou-se atingindo o lago Erie, situado na fronteira dos Estados Unidos e Canadá e pertencente ao maior sistema de lagos do mundo, os Grandes Lagos. Nessa mesma época, o lago Michigan, também pertencente aos Grandes Lagos, sofria a contaminação industrial da cidade de Detroit (centro da indústria automobilística dos Estados Unidos) e do esgoto despejado das grandes aglomerações urbanas que o circundam. Inúmeros foram os casos de contaminação da água e de poluição registrados no mundo. Dezenas de cidades foram afetadas pelo *smog*, poluição formada por fuligem e enxofre causada pela descarga de escapamentos de veículos, que acarretou a morte de centenas de pessoas.

Como se pôde constatar na seção **Para contextualizar**, esse modelo de desenvolvimento apoiado em boa parte no consumo de combustíveis fósseis continua sendo utilizado e expandido a outros países, particularmente na China.

As principais conferências internacionais

Nesse contexto de agravamento dos problemas ambientais, cientistas, sociedade e governos de diversos países, através da ONU, inseriram o meio ambiente na pauta das discussões internacionais. Nessas discussões, teve início a revisão das tradicionais ideias sobre desenvolvimento. Em 1972, a ONU promoveu a primeira discussão internacional sobre o tema em Estocolmo, Suécia: a Conferência das Nações Unidas sobre o Meio Ambiente Humano.

A defesa do ambiente ganhou adeptos em todo o mundo ao pôr em destaque a sobrevivência humana e apontar a necessidade de transformar os nossos valores sociais e culturais, assim como o modelo de desenvolvimento e a sociedade de consumo.

Na Conferência de Estocolmo foi elaborado o conceito de ecodesenvolvimento, que valorizava as possibilidades de um desenvolvimento capaz de criar um bem-estar social a partir das particularidades e dos anseios das populações locais. Na fotografia, Maurice Strong, secretário da conferência, circula pelas ruas de Estocolmo.

PARA COMPREENDER Texto

Leia o fragmento a seguir.

Ecologistas na história: fontes da sobrevivência

"A ecologia só ganhou mesmo a boca do povo a partir da década de 1960. O livro que estava na cabeceira dessa nova geração era *Primavera silenciosa*, lançado em 1962 por uma norte-americana, a bióloga marinha Rachel Carson. Nele, ela provava que pesticidas e inseticidas, antes considerados uma solução milagrosa para a agricultura, estavam envenenando todo o meio ambiente, solo, águas e animais. Com um texto apaixonado, ela argumentava que, com a morte dos insetos por causa da intoxicação da água, aves não teriam mais alimentos e também morreriam. O presidente John F. Kennedy mandou investigar as acusações de Rachel e, em 1972, vários produtos químicos usados nos inseticidas, como o DDT, foram banidos. Sucesso de vendas, *Primavera silenciosa* ensinou às pessoas comuns que o ser humano é capaz de provocar sérios danos ao ambiente. A partir do livro de Rachel, ficou impossível ignorar o problema da preservação do planeta.

Em 1971, surgiram os dois primeiros grandes grupos ambientalistas civis, o Greenpeace e o Friends of Earth. No ano seguinte, a Organização das Nações Unidas realizou, em Estocolmo, na Suécia, a primeira grande reunião intergovernamental para discutir o assunto [...], e 113 nações se comprometeram a resolver os problemas locais — a Suécia, por exemplo, começou a agir contra a chuva ácida e o Japão iniciou um programa de despoluição de sua costa. [...]

Nos anos [19]80, a ecologia entrou de vez para a política. Surgiram os principais partidos verdes do mundo. O primeiro deles foi o alemão, criado em 1980, que ficou famoso por sua luta contra as usinas nucleares. Foi também nessa década que os grupos civis começaram a ganhar estrutura de grandes empresas multinacionais. Nos Estados Unidos, as doações para entidades em defesa do verde e dos animais alcançaram 6,4 bilhões de dólares em 2001."

CORDEIRO, Thiago. Ecologistas na história: fontes da sobrevivência. *Aventuras na História*. São Paulo: Abril, jun. 2007, edição 46, p. 42 e 43.

■ O artigo mostra a evolução da luta pela preservação do ambiente nos últimos anos. Cite as organizações ambientalistas que você conhece e quais são seus objetivos.

Em 1983 foi criada a Comissão Mundial sobre Meio Ambiente e Desenvolvimento, presidida pela primeira-ministra norueguesa, Gro Harlem Brundtland. Essa comissão foi responsável pela elaboração de um relatório, publicado em 1987, com mais de uma centena de recomendações sobre as questões ambientais discutidas desde a Conferência de Estocolmo, intitulado "Nosso futuro comum" (Relatório Brundtland). A publicação do relatório revigorou a discussão ambiental e consolidou o conceito de desenvolvimento sustentável. Essa nova visão do desenvolvimento possibilitaria um caminho possível, apoiado numa política de conservação ambiental: a busca de uma convivência entre a sociedade humana e os recursos do planeta, sem comprometer a qualidade de vida e sem destruir os recursos necessários às gerações futuras. A sua implantação depende da redução do uso de matérias-primas originadas de recursos não renováveis para a produção de mercadorias; da utilização e do desenvolvimento de outras fontes de energias renováveis; da reciclagem de produtos descartados após seu uso, e da modificação dos valores e padrões sociais de consumo.

PARA COMPREENDER Texto

Leia o texto e responda à questão a seguir.

O que é desenvolvimento sustentável

"Desenvolvimento sustentável é aquele que 'satisfaz as necessidades presentes, sem comprometer a capacidade das gerações futuras de suprir suas próprias necessidades'. Ou seja, é o desenvolvimento econômico, social, científico e cultural das sociedades, garantindo mais saúde, conforto e conhecimento, mas sem exaurir os recursos naturais do planeta.

Para isso, todas as formas de relação do homem com a natureza devem ocorrer com o menor dano possível ao ambiente. As políticas, os sistemas de produção, transformação, comércio e serviço — agricultura, indústria, turismo, serviços básicos, mineração etc. — e o consumo têm de existir preservando a biodiversidade e as próprias pessoas, enfim, protegendo a vida no planeta.

Assim, sob a perspectiva do desenvolvimento sustentável, as indústrias devem controlar a emissão de gases poluentes na atmosfera e evitar lançar resíduos tóxicos no solo e rios; a agricultura deve buscar reduzir o uso de agrotóxicos e o desmatamento de áreas naturais — matas, cerrados etc.; as cidades devem respeitar as áreas de florestas e os rios que protegem seus mananciais e reduzir o volume de resíduo inaproveitado.

De modo geral, as pessoas devem tomar atitudes como não desperdiçar água, destinar corretamente seu lixo, consumir alimentos mais saudáveis, preservar bosques e todo tipo de área verde".

Cesto de coleta de lixo tecnológico.

HAMMES, Valéria Sucena. O que é desenvolvimento sustentável. *O Estado de S. Paulo*, 28 jul. 2004.

■ Você acha possível a conciliação de uma política de desenvolvimento sustentável com o sistema econômico capitalista?

A Rio-92

A mais importante conferência internacional sobre meio ambiente foi realizada 30 anos depois do encontro de Estocolmo. Sediada no Rio de Janeiro, com o nome de Conferência das Nações Unidas sobre o Ambiente e o Desenvolvimento, ficou conhecida como Rio-92 ou Eco-92.

A Rio-92 elaborou a Agenda 21, um conjunto de recomendações para a conquista do desenvolvimento sustentável, e três importantes documentos:

- **Convenção da Biodiversidade**, que estabeleceu a necessidade de preservação da diversidade biológica e fez recomendações para que a exploração não comprometa o patrimônio genético.
- **Convenção sobre as Alterações Climáticas**, que traçou estratégias para combater o efeito estufa e deu origem, em 1997, ao Protocolo de Kyoto, pelo qual foram estabelecidas metas em que as nações signatárias deveriam reduzir as emissões de gases responsáveis pelo aquecimento anormal da Terra.

- **Declaração sobre Florestas**, que reconheceu o direito dos Estados de aproveitar economicamente suas florestas, contanto que tal aproveitamento seja realizado de forma sustentável.

Protocolo de Kyoto e pós-Kyoto

4 Para o assunto ***Aquecimento global***, acesse e explore este OED.

Plenário na Eco-92, no Rio de Janeiro, RJ (1992).

MAIS INFORMAÇÃO

O Protocolo de Kyoto

O Protocolo de Kyoto é um acordo internacional sobre metas a serem seguidas para controlar as emissões de gases causadores do efeito estufa, aprovado em 1997 no Japão. Trata-se de um avanço das discussões internacionais para a elaboração de propostas concretas à Convenção sobre as Alterações Climáticas, aprovada na Rio-92.

Pelo protocolo, os países industrializados desenvolvidos deveriam reduzir em 5,2% suas emissões de gases de efeito estufa (dióxido de carbono, clorofluorcarbono, metano e óxido de nitrogênio) até 2012, em relação aos níveis de emissão de 1990.

Para que o Protocolo de Kyoto pudesse entrar em vigor, era necessário que determinado número de países responsáveis por pelo menos 55% das emissões de poluentes o ratificassem. No entanto, em 2001, o governo dos Estados Unidos — país responsável por cerca de 25% das emissões de gases de efeito estufa —, por entender que essa meta de redução afetaria o ritmo de crescimento da economia norte-americana, abandonou as negociações do Protocolo de Kyoto.

No início de 2004, o protocolo contava com a adesão de 97 países, incluindo Japão e todos os da União Europeia, os quais respondem por 40,07% das emissões de gases de efeito estufa. A entrada em vigor do protocolo dependia da adesão da Rússia, que responde por cerca de 15% dessas emissões. No final de 2004, a Rússia ratificou o acordo, que entrou em vigor no início de 2005.

Nesta primeira etapa (2008-2012), as metas estabelecidas deveriam ser cumpridas apenas pelos países centrais signatários do protocolo. Os países periféricos de economia agrária ou classificados como emergentes não tinham metas a cumprir. Em 2011, na Conferência Climática de Durban (COP-17), na África do Sul, os países decidiram estender o Protocolo de Kyoto até 2020. Entretanto, Japão, Rússia, Canadá e Nova Zelândia não assinaram essa renovação, alegando que os emergentes, como Brasil, China e Índia, deveriam assumir compromissos na redução também. Estados Unidos e China comprometeram-se apenas em assumir metas voluntárias.

A Rio +10

Em 2002, em Johannesburgo, África do Sul, ocorreu a Conferência das Nações Unidas sobre Ambiente e Desenvolvimento Sustentável ou Rio +10. Foi o terceiro encontro internacional sobre questões ambientais.

Poucos compromissos futuros ficaram definidos. Realizada dez anos depois da Rio-92, a Cúpula Mundial avaliou os avanços e as dificuldades em torno da questão ambiental no planeta, bem como acrescentou algumas novas metas à Agenda 21, mas em nada avançou em relação à Rio-92. O fracasso da conferência deveu-se, sobretudo, à resistência dos Estados Unidos em assumirem compromissos concretos. Diversas metas foram estabelecidas vagamente. Uma delas previa, até 2015, a redução, em pelo menos 50%, do número de pessoas sem acesso ao saneamento básico, sem que ficasse estabelecido um plano de alocação de recursos para a concretização dessa proposta pelos países.

A Rio+20

Em 2012, ocorreu no Rio de Janeiro a Conferência da ONU sobre Desenvolvimento Sustentável, também chamada Rio+20. O documento final, intitulado **"O futuro que queremos"**, reafirmou compromissos e princípios das conferências anteriores, introduziu outros, mas não definiu os meios e as metas para a implantação. As decisões mais importantes, que figuraram como propostas, foram:

- a criação de um Fórum de Alto Nível para o Desenvolvimento Sustentável, com o objetivo de fiscalizar o cumprimento de compromissos para o desenvolvimento sustentável firmados desde a Rio-92;
- a criação de um grupo de trabalho para definir os Objetivos de Desenvolvimento Sustentável (ODS), que irão substituir os Objetivos de Desenvolvimento do Milênio a partir de 2015;
- um consenso sobre a necessidade de fortalecer o poder de atuação e decisão do Pnuma (Programa das Nações Unidas para o Meio Ambiente).

Em relação aos compromissos e consensos a serem perseguidos nos próximos anos, destacam-se:

- a busca para a construção de políticas econômicas que visem à transição para uma economia verde, estruturada no contexto da conservação ambiental e da biodiversidade, isto é, do desenvolvimento sustentável;
- a perspectiva da erradicação da pobreza e das desigualdades;
- o estabelecimento de leis internacionais para conservação e uso sustentável dos oceanos para manter e proteger a biodiversidade dos ecossistemas marinhos, fundamentais para a erradicação da pobreza e a segurança alimentar;
- o incentivo à eficiência energética e ao uso de fontes de energias renováveis;
- a reafirmação de compromissos que visem à eliminação dos subsídios aos combustíveis fósseis, prejudiciais ao desenvolvimento sustentável.

Impactos do desenvolvimento

Entramos no século XXI com uma grande quantidade de problemas ambientais a serem equacionados: escassez e poluição das águas; destino do lixo industrial e doméstico; saneamento básico; devastação e degradação das paisagens; buraco na camada de ozônio; extinção de espécies animais e vegetais; aquecimento global devido ao agravamento do efeito estufa, entre outros.

Embora todos esses problemas apontem graves consequências e coloquem em risco o planeta, o aquecimento global e as mudanças climáticas têm sido vistos pela comunidade internacional como a questão ambiental que exige ações mais urgentes.

É consenso entre os cientistas que a atmosfera terrestre está aquecendo e para parte da comunidade científica é a espécie humana a responsável por esse aquecimento. Para esse grupo de cientistas, são os combustíveis fósseis, como o carvão e o petróleo, matrizes energéticas que acompanharam a Revolução Industrial em todas as suas etapas, os maiores geradores da excessiva emissão de dióxido de carbono (CO_2). Como se sabe, os gases de efeito estufa, sobretudo o CO_2, aprisionam a radiação solar, aumentando o aquecimento na atmosfera e provocando profundas alterações climáticas. Isso acontece porque a quantidade de gases acumulados na atmosfera é muitas vezes superior à capacidade de absorção das florestas e dos oceanos.

Depois da produção de energia por combustíveis fósseis, as queimadas constituem a maior fonte geradora de gases de efeito estufa. Calcula-se que elas possam lançar até 25% do CO_2 que se acumula anualmente no planeta. No Brasil, o CO_2 é a fonte principal, atingindo até 70% de todas as emissões.

Aquecimento e mudanças climáticas

Como discutido na seção **Para contextualizar**, a emissão de gases de efeito estufa ocasiona a intensificação do efeito estufa. Estima-se que a temperatura média da Terra aumentou por volta de 0,7 °C no último século. Caso as emissões de gases de efeito estufa mantenham-se nos níveis atuais, situação improvável, a temperatura deverá aumentar mais 0,5 °C até o ano 2040. Parece pouco, mas é necessário considerar que esse dado médio esconde mudanças locais que manifestam alterações mais acentuadas.

Em 1988, o Programa das Nações Unidas para o Meio Ambiente (Pnuma) e a Organização Meteorológica Mundial (OMM) criaram o Painel Intergovernamental sobre Mudança do Clima (IPCC). O IPCC estuda as razões do aquecimento global e as consequentes mudanças climáticas dele decorrentes, assim como propõe soluções para o problema.

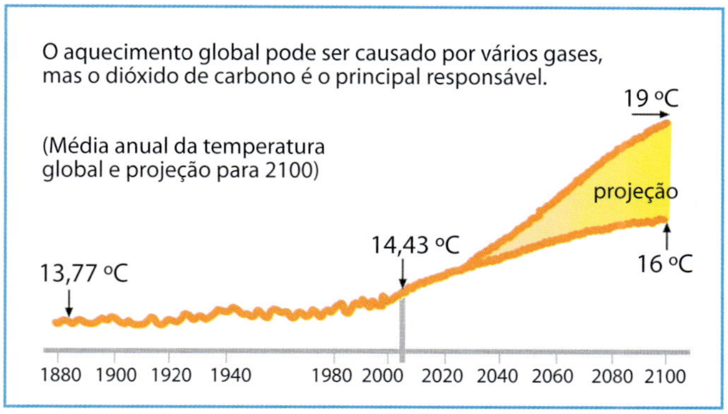

Fonte: *Veja on-line*. Disponível em: <http://veja.abril.com.br/230205/popup_kioto.html>. Acesso em: 2 mai. 2014.

Em 2007, o relatório do IPCC foi pouco animador. Cerca de 2.500 cientistas, dos 130 países que participaram do painel, constataram que:

- Dos últimos doze anos (1995-2006), onze estão entre os anos mais quentes desde que são feitos registros na temperatura da superfície global (1850).
- A temperatura do Ártico aumentou quase duas vezes mais que a elevação da taxa média de temperatura global nos últimos 100 anos.
- A temperatura das camadas permanentemente congeladas no Ártico subiu 3 graus Celsius.
- A área total coberta pelo congelamento do solo, no inverno, diminuiu cerca de 7% no hemisfério Norte desde 1900.
- Um aumento significativo de precipitação tem sido observado no leste e no norte da América do Sul, no norte da Europa e na região da Ásia Central.
- Secas mais longas e mais intensas têm sido observadas em áreas cada vez maiores desde a década de 1970, principalmente em regiões tropicais e subtropicais: Sahel, no Mediterrâneo, sul da África e partes do sul da Ásia.
- Dias frios, noites frias e geadas estão se tornando menos frequentes, enquanto as ondas de calor têm se tornado mais frequentes nos últimos 50 anos.
- Há uma evidente intensificação dos ciclones tropicais no Atlântico norte desde a década de 1970. Isso está relacionado ao aumento da temperatura da superfície do mar tropical.

De acordo com o IPCC, as influências humanas no aquecimento global são inegáveis e provocam alterações em outros aspectos do clima: aquecimento da água oceânica e modificações no padrão e na intensidade dos ventos. Com base nessas constatações, e a partir de modelos simulados em computador, foram possíveis algumas projeções. Mesmo diante de um cenário otimista, as pesquisas e as interpretações do IPCC apontam que as medidas devem ser tomadas agora para minimizar os efeitos do aquecimento global no futuro. Caso contrário, o desastre será de grande proporção e inevitável.

Ficou estabelecida uma meta de controle das emissões, de forma que o aumento da temperatura no século XXI não ultrapasse o limite de 2 graus Celsius. Para que essa meta seja atingida, o IPCC ressalta alguns caminhos possíveis:

- Devem ser priorizadas e desenvolvidas, por todos os países do mundo, fontes de energia renováveis, limpas ou de baixa emissão de gases de efeito estufa: energia solar, energia dos ventos (eólica), biocombustíveis, por exemplo. (Lembre-se do que você discutiu na seção **Para contextualizar**.)
- Devem ser discutidas pelos países formas de taxar as emissões de gases de efeito estufa para desestimular o uso de combustíveis fósseis.
- É necessária a mudança no estilo de vida e no padrão de consumo.
- Deve-se combater o desmatamento e incentivar o reflorestamento, pois a vegetação sequestra o carbono presente na atmosfera.

Representantes de países insulares protestam contra aquecimento global, durante a Conferência de Cancún, no México, a COP-16, em dezembro de 2010.

MAIS INFORMAÇÃO

COP-19

O texto a seguir analisa os resultados da 19ª Conferência das Partes (COP-19), realizada em Varsóvia, na Polônia, em 2013.

COP-19 aprova acordo sobre florestas para amenizar fracassos de Varsóvia

"Ano após ano o filme se repete. Diante da falta de resultados das Conferências das Partes das Nações Unidas sobre Mudanças Climáticas [as COPs], os negociadores e chefes de Estado dos países aprovam, aos '45 do segundo tempo', algum acordo para minimizar as pressões da comunidade internacional.

Na conturbada COP-19, em Varsóvia (Polônia), o tratado diz respeito a normas sobre financiamento de projetos para florestas em nações em desenvolvimento, abrindo caminho para investimentos multibilionários de governos, órgãos de fomento e empresas privadas em esquemas para deter o desmatamento.

O acordo com 'base em resultados' para financiamento da Redução de Emissões por Desmatamento e Degradação de Florestas (Redd) foi um raro avanço nas conversações sobre o clima em Varsóvia, onde negociadores enfrentaram dificuldades para obter algum progresso nas discussões sobre cortes de emissões e concessão de ajuda relacionada às mudanças climáticas. [...]

Pelas novas regras, o incipiente Fundo Verde para o Clima terá papel fundamental na canalização de recursos para projetos a governos, que, por sua vez, terão de criar agências nacionais para supervisionar o uso do dinheiro.

19ª Conferência das Partes (COP-19), realizada em Varsóvia, Polônia, 2013.

Destinação dos fundos

Os fundos irão para os países recebedores quando eles puderem provar ter reduzido emissões de carbono sem prejudicar comunidades locais ou a biodiversidade. Os negociadores também concordaram com normas sobre como medir e verificar os cortes de emissões de projetos florestais.

O desmatamento desempenha crescente papel nas negociações sobre o clima porque a perda de florestas representa aproximadamente um quinto das emissões de gases do efeito estufa, que os cientistas responsabilizam pelo aquecimento global.

O governo norueguês já pagou 1,4 bilhão de dólares em acordos bilaterais com alguns países, como Brasil, República Democrática do Congo, Guiana e Indonésia. O Banco Mundial, o Global Environment Facility e um crescente número de empresas do setor privado também lançaram projetos.

A COP-19, que ficou marcada pelo boicote das organizações não governamentais ao último dia de evento, terminou na sexta-feira, 22 de novembro, na capital da Polônia."

EcoD. Disponível em: <www.ecodesenvolvimento.org/posts/2013/novembro/cop-19-aprova-acordo-sobre-florestas-para-amenizar>. Acesso em: 6 mai. 2014.

Atividades

RETOME SEUS CONHECIMENTOS

1. Por que os maiores impactos das atividades humanas no ambiente ocorreram a partir da Revolução Industrial?
2. Por que a consciência da sociedade sobre os problemas ambientais tornou-se mais ampla a partir da segunda metade do século XX?
3. O que é desenvolvimento sustentável?

EXERCITE SEUS CONHECIMENTOS

4. Uma pesquisa apresentada pela revista *Veja São Paulo*, de 27 de julho de 2011, mostrava os vilões da poluição na capital paulista e o percentual com que cada um participa na qualidade ruim do ar.

Leia abaixo.

Veículos de passeio	58,1%	Postos de combustível (durante o abastecimento)	4,2%
Motocicletas	18,0%	Indústrias	3,0%
Caminhões e ônibus a diesel	16,4%	Táxis	0,3%

Apoiado nos dados expostos, apresente ao menos três soluções para a redução da poluição do ar no município de São Paulo.

5. Leia o quadro.

Consuma menos, conserve mais		
Consuma menos	**Compre produtos duráveis**	**Reduza os desperdícios na compra**
Consome-se energia na fabricação e no transporte de tudo o que compramos — ou seja, há emissões de combustíveis fósseis a cada etapa da produção. Uma boa maneira de reduzir a quantidade de energia utilizada é simplesmente comprar menos. Antes de comprar algo, pergunte-se se você realmente precisa daquilo. Seria possível usar o que você já tem? Talvez alugar ou pedir emprestado? Pode se encontrar esse produto de segunda mão?	"Reduzir, reutilizar, reciclar" tornou-se o lema de um movimento que vem ganhando força, dedicado a reduzir o desperdício e as emissões. A ideia é comprar menos, escolher itens duráveis e não descartáveis, consertar em vez de jogar fora e doar objetos que não são mais necessários para quem possa utilizá-los.	As embalagens descartadas constituem cerca de 1/3 do refugo que enche nossos aterros e lixões. Vastas quantidades de recursos naturais e combustíveis fósseis são consumidas a cada ano para produzir o papel, plástico, alumínio, vidro e isopor que embalam nossas compras [...]. Sempre que possível, compre a granel e prefira líquidos que vêm em garrafas reutilizáveis.

GORE, Albert. *Uma verdade inconveniente*: o que devemos saber (e fazer) sobre o aquecimento global. Barueri: Manole, 2006. p. 314 (adaptado).

As propostas sugeridas no quadro associam as questões principais discutidas neste capítulo.

- Quais são essas questões e de que forma elas estão associadas?

LIVROS

O desafio do desenvolvimento sustentável

Roberto Giansanti.
São Paulo: Atual, 1998.

Livro que analisa o conceito de desenvolvimento sustentável a partir de uma perspectiva histórica, as dificuldades da aplicação das práticas baseadas nesse conceito e as vertentes do movimento ambientalista.

O mundo não é plano: a tragédia silenciosa de 1 bilhão de famintos

Jamil Chade.
São Paulo: Saraiva, 2009.

Aborda o tema do desenvolvimento econômico e social, em um mundo onde, apesar de ser possível alimentar toda a população, muitas pessoas ainda hoje morrem de fome.

FILMES

Robôs

Direção: Chris Wedge.
EUA, 2005.

Por meio de divertidos personagens robôs, esta animação aborda o tema da cultura consumista, enquanto relata as aventuras de Rodney, robô que desde pequeno sonha em ser um grande inventor.

Ilha das flores

Direção: Jorge Furtado.
Brasil, 1989.

Documentário que relata, de forma apelativa, como a economia pode produzir desigualdade nas relações entre os seres humanos, colocando em pauta a discussão acerca da pobreza, da fome e da exclusão social.

SITES

Banco Nacional de Desenvolvimento Econômico e Social (BNDES)

<http://www.bndes.gov.br/SiteBNDES/bndes/bndes_pt/>.

Apresenta dados sobre investimentos em diferentes segmentos econômicos.

Greenpeace

<http://www.greenpeace.org/brasil/pt/>.

Site da organização global e independente Greenpeace, que atua para defender o meio ambiente através de soluções economicamente e socialmente viáveis.

Instituto Socioambiental

<http://www.isa.org.br/>.

Site do Instituto Socioambiental (ISA), associação sem fins lucrativos, qualificada como Organização da Sociedade Civil de Interesse Público (Oscip), que aborda temas atuais socioambientais.

WWF (World Wildlife Fund for Nature)

<http://www.wwf.org.br>.

O *site* da WWF (Fundo Mundial para Natureza) traz informações relacionadas à conservação da diversidade biológica mundial, à sustentabilidade de recursos renováveis e à promoção da redução da poluição e desperdício.

GEOGRAFIA & ARTE

Sociedade, consumo e questões ambientais

Para a realização das atividades desta seção, a classe precisará ser organizada em grupos, de acordo com o interesse em cada uma das quatro manifestações artísticas: música, poema, cartum e fotografia. Leia com o professor todas as propostas em cada item e apresente também as suas sugestões para enriquecer as atividades.

Música

Leia um trecho da letra da canção "Crazy" ("Loucos"), da banda canadense Simple Plan, e em seguida faça o que se pede.

Crazy	**Loucos**
"No one cares, no one's there	Ninguém se preocupa, ninguém está aqui
I guess we're all just too damn busy	Eu acho que todos nós estamos muito ocupados
Money's our first priority	Dinheiro é a nossa prioridade
It doesn't make sense to me	Isso não faz sentido pra mim
Is everybody going crazy?	Todos estão ficando loucos?
Is anybody gonna save me?	Alguém vai me salvar?
Can anybody tell me what's going on?	Alguém pode me dizer o que está acontecendo?
Tell me what's going on	Me diga o que está acontecendo
If you open your eyes	Se você abrir seus olhos você verá que
You'll see that something is wrong	Alguma coisa está errada
[...]	[...]
When everywhere I look I see	Quando em todos lugares que eu olho eu vejo
Rich guys driving big SUV's	Garotos ricos dirigindo grandes carros
While kids are starving in the streets	Enquanto crianças estão passando fome nas ruas
No one cares	Ninguém se preocupa
No one likes to share	Ninguém gosta de dividir
I guess life's unfair"	Eu acho a vida injusta

Simple Plan. "Crazy". In: Still *not getting any*... Warner, 2004. (Tradução de Tereza Cristina de Freitas.)

1. Qual é a relação entre nossa sociedade capitalista e estas frases da música: "Dinheiro é a nossa prioridade" e "Eu acho que todos nós estamos muito ocupados"? Você concorda com o que dizem esses trechos da letra? Dê exemplos que confirmem sua opinião.
2. Quais características negativas do capitalismo são citadas na letra da música? Como elas poderiam ser modificadas?
3. Agora, o grupo que ficou encarregado do item **música** irá pesquisar três letras de músicas brasileiras que tratem de algum problema ambiental ou façam referência a situações que contribuíram para a conservação da natureza. Além de trazer as letras das músicas, o grupo pode também, se for possível, apresentar clipes disponíveis na internet. Se o grupo quiser cantar alguma música escolhida, a atividade ficará mais enriquecida.

Poema

Leia o poema a seguir.

Pantanal Mato-grossense

"[...] Para, contempla, observa: não são miragens
De um mundo perdido no tempo ou no sonho, em que a vida
Brincasse de fazer coisas imensas e pequenas coisas misteriosas.
Não é uma terra fora da Terra e do presente,
Visão, alegoria, fábula.
É o aqui e o agora de um Brasil que é teu e desconheces.
São árvores,
Os bichos,
As águas,
Os crepúsculos
Do Pantanal Mato-grossense. Todo um mundo natural
Que pede para ser compreendido, amado, respeitado.
Olha bem, olha mais. Cada imagem é uma história
E cada história um aviso, um anúncio, uma anunciação."

ANDRADE, Carlos Drummond de. Pantanal. In: *Poesia errante*. Rio de Janeiro: Record, 1988. © Graña Drummond. www.carlosdrummond.com.br

1. Converse com os colegas do grupo e, juntos, elaborem um pequeno texto sobre o verso: "Que pede para ser compreendido, amado, respeitado".
2. Pesquisem quatro poemas que tenham como temática a questão ambiental. Depois, declamem para a turma. Vocês podem fazer um jogral.

Cartum

O grupo deve pesquisar três cartuns ou charges que tenham a temática ambiental, elaborar um cartaz com esses recursos visuais e apresentar para a turma, com um comentário anexo a cada um. Entre eles podem ser apresentadas cartuns ou charges animados disponíveis na internet. Além disso, devem elaborar duas charges ou cartuns, que serão apresentados num cartaz à parte.

Fotografia

O grupo deve fazer um levantamento dos problemas ambientais existentes no bairro da escola (ou no município) e pesquisar em revistas e jornais fotografias que retratem esses tipos de problema. Numa outra etapa, deverá montar um painel com as fotografias. Depois, redigir um texto breve com as possíveis soluções para cada um dos problemas levantados e registrados nas imagens, apontando, inclusive, a quem (governo, sociedade civil, empresa, indivíduos) cabe a responsabilidade por encaminhar essas soluções e explicar por quê. Os textos devem também compor o painel.

América — Colonização, regionalização e sociedade

Mulheres quíchuas vendem tecidos no Vale Sagrado, próximo a Cuzco, Peru (2010).

Ruínas incas no Peru (2009).

UNIDADE III

Instalações da Agência Espacial Norte-Americana (NASA) para lançamento de missões tripuladas. Cabo Canaveral, Flórida, EUA (2011).

O processo histórico de ocupação das terras americanas criou duas unidades territoriais — a América Anglo-Saxônica e a América Latina — e modelos de crescimento econômico distintos, que explicam, em parte, as diferenças atuais de desenvolvimento entre elas. Essa não é a única forma de regionalizar o continente. Outras incluem critérios socioeconômicos, por exemplo.

Esse processo também foi marcado pela acentuada redução populacional dos povos indígenas e pela incorporação de outras etnias na formação das sociedades atuais dos países americanos.

Esses são os assuntos desta unidade.

- Cite quais foram os povos responsáveis pela colonização do continente americano.
- Cite exemplos de países que fazem parte da América Anglo-Saxônica e da América Latina.
- Os povos pré-colombianos foram dizimados pelos colonizadores europeus. Quais outras consequências esses povos sofreram após a chegada dos europeus? Que aspecto de descendentes desses povos está presente nas fotografias?
- A fotografia da Nasa pode ser representativa em relação ao nível de desenvolvimento de um país? Explique.

6 A colonização e a regionalização da América

PARA CONTEXTUALIZAR

Leia as informações do mapa a seguir.

Fonte: ÍSOLA, Leda; CALDINI, Vera. *Atlas geográfico Saraiva*. São Paulo: Saraiva, 2009. p. 96 (adaptado).

ATIVIDADES

Converse com seus colegas e com seu professor.

1. Que divisão o continente americano apresenta?
2. Você acha que existem diferenças entre a América do Norte e as demais porções do continente americano assinaladas no mapa? Quais? Pense no que você aprendeu na unidade anterior.
3. Considerando os aspectos históricos, sociais e econômicos, quais diferenças você apontaria entre os países que fazem parte da América do Sul?

O continente americano

O continente americano, o segundo mais extenso do mundo, apresenta cerca de 42 milhões de quilômetros quadrados. Ele se estende no sentido latitudinal desde o oceano Glacial Ártico, ao norte, até quase cerca de mil quilômetros da Antártida, no extremo sul da Terra.

A distância em linha reta entre os dois pontos extremos do continente americano é superior a 15 mil quilômetros. Trata-se do continente de maior extensão territorial ao longo dos meridianos.

Esse continente é separado dos demais pelos dois grandes oceanos que o circundam: o Atlântico (a leste) e o Pacífico (a oeste).

Cidade de Ushuaia, Argentina, no extremo sul do continente (2009).

Do ponto de vista físico ou natural, a América é constituída por duas grandes porções continentais: uma ao norte, a **América do Norte**, e outra ao sul, a **América do Sul**.

Entre essas duas porções continentais, existe uma estreita faixa de terra, denominada istmo, que, juntamente com as Antilhas, forma a **América Central**, constituída por uma parte continental e uma parte insular.

Observe o mapa.

A América no mundo

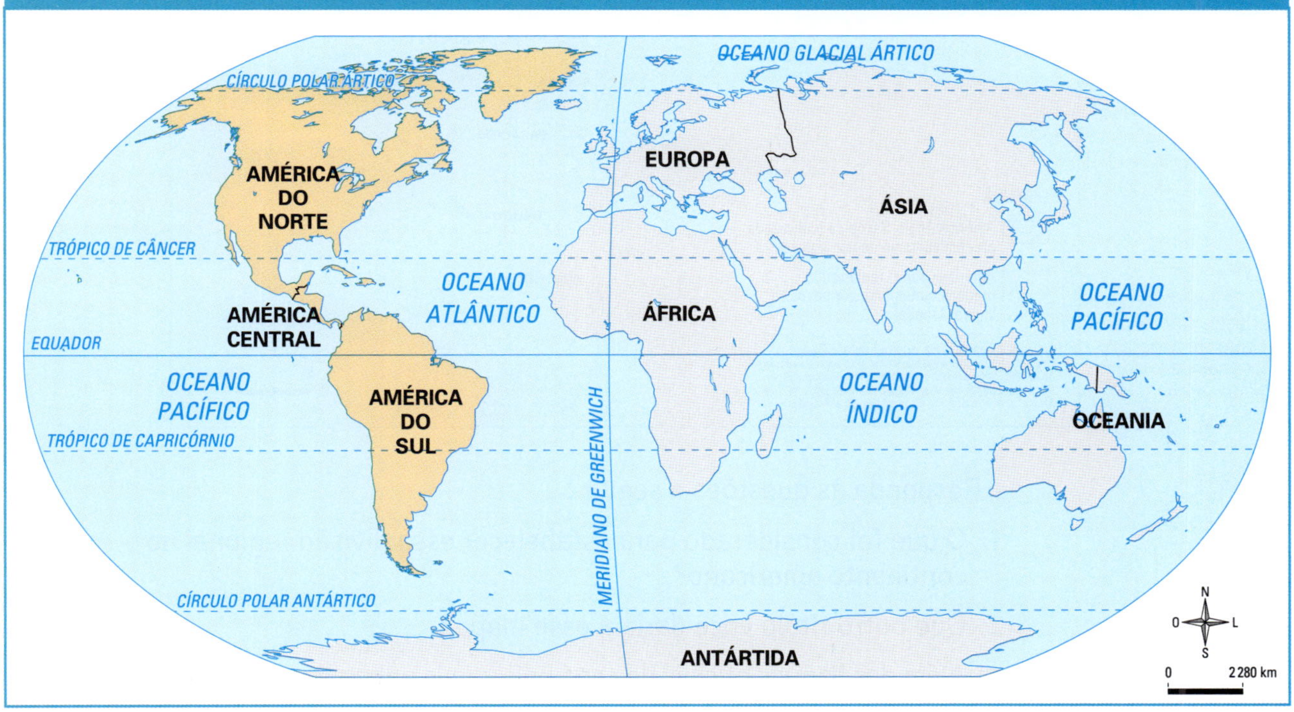

Fonte: *Atlas geográfico escolar*. Rio de Janeiro: IBGE, 2009. p. 34.

Antilhas
Conjunto de ilhas situado no mar do Caribe, entre a América do Sul e a América do Norte.

Insular
Que é uma ilha ou formado por ilhas.

América Latina e América Anglo-Saxônica

Observe o mapa.

América Anglo-Saxônica e América Latina

Fonte: Elaborado pelos autores com base em *Atlas 2000. La France et le monde*. Paris: Nathan, 1999. p. 134.

- Responda às questões a seguir.

1. O que foi considerado para estabelecer essa divisão regional no continente americano?
2. Que outro título você daria a esse mapa?
3. Além das línguas oficiais de cada país, quais outras são faladas na América?
4. Em sua opinião, se fôssemos estabelecer uma divisão regional de acordo com o nível de desenvolvimento socioeconômico, ela seria igual à do mapa? Por quê?
5. É correto afirmar que a América Latina corresponde à América Central e à do Sul? Por quê?

Os anglo-saxões e os latinos

Os europeus que se dirigiram ao continente americano pertenciam a dois diferentes grupos linguístico-culturais: os **anglo-saxões**, ingleses na sua maioria, e os **latinos**, majoritariamente portugueses e espanhóis.

Se considerarmos a língua falada e os traços culturais impostos pelos colonizadores, a América também pode ser subdividida em:

- **América Anglo-Saxônica**, constituída pelo **Canadá** e pelos **Estados Unidos**. Corresponde à parte colonizada principalmente pelos ingleses, cujo legado foram a língua (o inglês) e a religião (o protestantismo).
- **América Latina**, constituída pelo **México**, pela **América Central** (parte continental e parte insular) e pela **América do Sul**, cujos colonizadores foram predominantemente portugueses e espanhóis, que deixaram como legado a religião católica e as línguas mais faladas nessa porção continental — o espanhol e o português.

Apesar de muito comum, essa subdivisão contém certa imprecisão. No bloco da América Latina existem países que foram colonizados por ingleses e cuja língua oficial é o inglês, como Granada e Belize, entre outros; e por holandeses (Suriname, Antilhas Holandesas). Na América Anglo-Saxônica, uma parcela considerável da população canadense fala o francês (língua de origem latina) em áreas de colonização francesa.

Placa de sinalização em inglês, em Belize (à esquerda) e de campanha contra a cólera em espanhol, no Peru.

O critério mais importante para essa subdivisão, que enquadra países de línguas não latinas no bloco dos países latino-americanos, é a situação de subdesenvolvimento em que se encontram esses países. Os países da América Anglo-Saxônica apresentam alto nível de desenvolvimento, propiciando boas condições de vida à maior parte de suas populações.

A colonização de exploração

No capítulo 1, você estudou que o continente americano e outras regiões da Terra foram incorporados às relações econômicas do capitalismo comercial, período em que a intervenção na natureza foi gradativamente se intensificando nesses territórios dominados e explorados pelos europeus.

O continente americano foi a primeira área da superfície terrestre colonizada e organizada para atender às exigências e aos interesses comerciais do capitalismo que nascia nos diversos Estados-nação europeus.

A partir dos séculos XV e XVI, esses Estados-nação começaram a retirar de suas colônias tudo de valioso que podiam, considerando-as uma fonte de riquezas.

Orientados por essa concepção, eles extraíram das terras da América uma enorme quantidade de metais preciosos (ouro e prata) e matérias-primas (madeira e peles). Além disso, introduziram o cultivo de vários produtos de alto valor no mercado europeu, como a cana-de-açúcar, o algodão e o tabaco.

Para isso, os colonizadores utilizaram inicialmente a mão de obra escrava dos nativos — os indígenas — e, posteriormente, a dos africanos escravizados.

Esse tipo de colonização era, portanto, baseado na retirada de recursos e riquezas naturais das colônias com o uso de mão de obra escrava.

A exploração de recursos naturais de forma intensiva na América Latina, após a chegada dos colonizadores europeus, estabeleceu uma nova relação entre a sociedade e a natureza e deixou marcas significativas nas paisagens do território dos países dessa região. Neste quadro está representada a cidade de Potosí aos pés do Cerro Rico (montanha rica), na Bolívia (1584). Da montanha se extraiu prata da metade do século XVI até o final do século XVIII, quando a região era dominada por espanhóis.

5 As etapas da formação territorial dos EUA

Para o assunto ***Formação territorial dos EUA***, acesse e explore este OED.

Portugueses, espanhóis, ingleses, franceses e holandeses estabeleceram suas colônias de exploração na área que abrangia desde a porção meridional do continente americano até a área que corresponde ao sul dos Estados Unidos. Portugal e Espanha foram detentores das maiores áreas colonizadas sob a forma de exploração.

A colonização de povoamento

Nos Estados Unidos e no Canadá, diferentemente do que ocorreu na maior parte do continente, predominou a **colonização de povoamento**.

Os territórios que hoje correspondem a esses países começaram a ser colonizados entre o final do século XVI e o início do século XVII.

Os franceses estabeleceram-se no sudeste do atual território canadense, junto ao rio São Lourenço, região que passou a ser chamada de Nova França. Por longo tempo, as atividades mais importantes desenvolvidas nessa área foram a caça de animais de peles raras, a pesca e a comercialização desses produtos.

Os ingleses fixaram-se entre os montes Apalaches e a costa atlântica, organizando treze colônias.

As colônias do norte, região que era chamada de Nova Inglaterra, possuíam clima temperado, como o da Inglaterra e o da maioria dos países europeus. Seus habitantes dedicaram-se à agropecuária, praticada em pequenas propriedades, e ao desenvolvimento de atividades artesanais, para atender às necessidades do local. Elaboraram um modelo de colonização baseado no trabalho livre e voltado para a criação de um mercado interno. Isso permitiu a essas colônias uma autonomia maior em relação à Inglaterra e possibilitou a criação das bases do desenvolvimento que vieram a conquistar em pouco mais de um século (a partir do século XVIII).

O mesmo não aconteceu com as colônias do sul. O clima subtropical dessa região favorecia o desenvolvimento de culturas agrícolas, como a do algodão, do tabaco e outras. Essas atividades, por sua vez, atendiam aos interesses do mercado europeu. De certa forma, no sul, o modelo de colonização não se diferenciou daquele que havia sido implantado na América Latina: atividade monocultora, praticada em grandes propriedades, com a utilização do trabalho escravo e voltada para a exportação.

No entanto, com o crescimento da atividade artesanal (mesmo que proibida pela Inglaterra), vários produtos passaram a ser comercializados entre as colônias, criando um forte mercado interno nessa região.

Assim, nessas duas regiões desenvolveram-se as colônias de povoamento.

As treze colônias da América do Norte (século XVIII)

Fonte: ALBUQUERQUE, Manoel Maurício de; e outros. *Atlas histórico escolar*. Rio de Janeiro: MEC, 1983. p. 62 (adaptado).

WALKER, William Aiken (1838-1921). *Picking cotton* (Colheita de algodão). Óleo sobre tela.

As relações de dependência na América

Não são apenas os processos de colonização que explicam as diferenças de nível de desenvolvimento entre os países da América. Para isso, é preciso considerar também o que aconteceu após os processos de independência política dos países da América, entre a segunda metade do século XVIII e a primeira metade do século XIX. Além disso, é necessário levar em conta que, no capitalismo mundial, as relações entre os países, em parte, foram pautadas pela exploração.

Mesmo tendo obtido a independência política, muitos países da América se submeteram à dominação financeira e econômica das potências mundiais, que contavam com o apoio das classes dirigentes dos países latino-americanos. Também a política de influência dos EUA na América, a partir da década de 1820, é um fator que deve ser considerado, com veremos na Unidade V, no capítulo 11 deste livro. No subcontinente latino-americano, o território dos países foi reorganizado, em boa parte, de acordo com os interesses dos países centrais do sistema capitalista.

Por outro lado, não se pode deixar de destacar os fatores internos que contribuíram para a manutenção das fortes desigualdades sociais, da pobreza e da miséria nos países latino-americanos: investimentos insuficientes em educação e saúde; dependência tecnológica; valorização, pela elite política e econômica, de um modelo de desenvolvimento pautado na intensiva exploração de recursos naturais, no acúmulo de produção de bens e de reprodução dos padrões dos países centrais.

PARA COMPREENDER — Mapa e texto

O texto a seguir trata da tentativa de criação de um fundo, formado com doações de países, para manter intacta uma região do Equador — o Parque Nacional Yasuní —, que concentra uma das maiores biodiversidades do mundo, considerando principalmente árvores, répteis e anfíbios. Com esse fundo, o Equador se comprometeria a manter intacto o Parque Yasuní e o dinheiro arrecadado seria aplicado em projetos de desenvolvimento de energia renovável e de reflorestamento, programas sociais e de pesquisas. Se a iniciativa (que fracassou) tivesse recebido doações e fosse realizada, seria evitado o lançamento de 407 milhões de toneladas de CO_2 na atmosfera, em decorrência da queima de 846 milhões de barris de petróleo. Observe os mapas da página ao lado e veja onde o parque se localiza.

Equador anuncia exploração de petróleo no Parque Nacional de Yasuní

"O Equador decidiu seguir em frente com a iniciativa de explorar petróleo no Parque Nacional Yasuní, um dos mais ricos em biodiversidade do mundo. O anúncio foi feito na quinta-feira 15 pelo [então] presidente Rafael Correa. Para manter a área intacta, o país queria 3,6 bilhões de doláres de doações internacionais. Esse valor corresponde à metade do lucro estimado com a exploração do petróleo ao longo de 10 anos.

Da quantia estipulada por Correa, o país teria conseguido apenas 13 milhões de dólares. A soma teria sido doada, em grande parte, por países europeus e organizações de proteção ao meio ambiente. A proposta da contrapartida monetária em troca da preservação da área de floresta havia sido feita em 2007.

'Nós não estávamos buscando caridade da comunidade internacional, mas corresponsabilidade diante das mudanças climáticas, afirmou o presidente, em um discurso televisionado. 'Esta decisão representa uma decepção para todos nós, mas é necessária. Não tomá-la prejudicaria o nosso povo'.

Floresta sobre o petróleo

Com 982 mil hectares, o Parque Nacional Yasuní foi designado pela Unesco como reserva mundial da bioesfera em 1989. Estima-se que o território contenha o equivalente a cerca de 846 milhões de barris de petróleo. O presidente equatoriano assegura que poços serão perfurados em apenas 1% da área de Yasuní. 'O parque vai continuar existindo, mas a pobreza irá diminuir e, com sorte e decisões adequadas, a venceremos definitivamente', alegou Correa.

O presidente equatoriano afirmou ainda que estudos técnicos, econômicos e jurídicos foram encomendados para fundamentar a decisão da Assembleia Nacional, que vai discutir a autorização de petróleo no parque, e onde os apoiadores de Correa são a maioria. A constituição do país proíbe a exploração de fontes não renováveis em áreas de proteção ambiental, mas permite que o presidente solicite o fim da proibição em nome dos interesses nacionais.

Grupos ambientalistas e comunidades indígenas criticaram a decisão, afirmando que o destino de Yasuní deveria ser votado em um referendo nacional. Evitar a exploração do parque significa impedir a liberação de mais de 400 milhões de metros cúbicos de CO_2 na atmosfera. O Yasuní não é a única área de floresta a ser visada para exploração de petróleo. Correa também busca leiloar 13 blocos de 770m² cada um, ao sul de Yasuní."

Deutsche Welle. In: *Carta Capital*. Disponível em: <www.cartacapital.com.br/sustentabilidade/equador-anuncia-exploracao-de-petroleo-no-parque-nacional-de-yasuni-4422.html>. Acesso em: 2 jan. 2014.

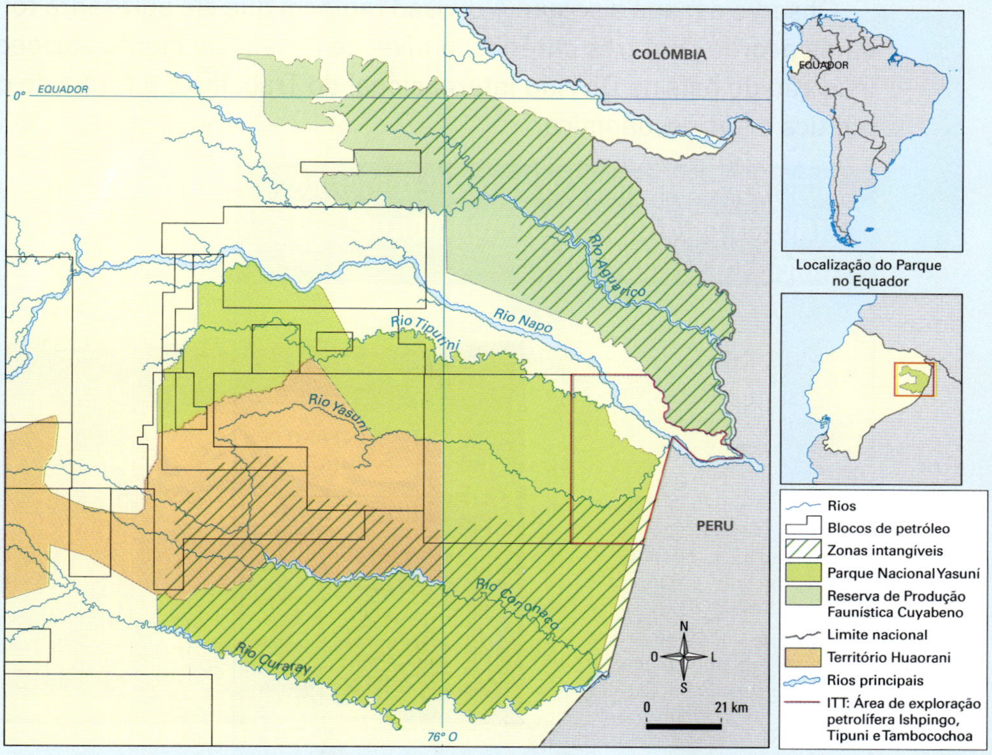

Fonte: Parque Nacional de Yasuní. Disponível em: <http://yasuni-itt.gob.ec/%c2%bfque-es-la-iniciativa-yasuni-itt/ubicacion-yasuni-%e2%80%93-itt/>. Acesso em: 4 mai. 2014.

Responda às questões a seguir.

1. **Considerando os pontos de vista social, econômico e ambiental, qual a importância do projeto?**

2. **Faça uma comparação entre o modelo ou padrão de desenvolvimento aplicado de forma predominante nos países latino-americanos desde o período colonial e as ideias propostas no projeto de criação do fundo de manutenção do Parque.**

3. **De que maneira você avalia o projeto apresentado no texto, considerando a noção de desenvolvimento sustentável?**

4. **Considerando o município ou o estado onde você vive, é possível aplicar ideias ou propostas presentes no projeto de preservação do Parque Nacional de Yasuní?**

Como visto anteriormente, no capítulo 4, alguns países sul-americanos que formam o grupo dos emergentes, como Argentina e, sobretudo, o Brasil, passaram a ter um desenvolvimento econômico que, no final da década de 2000, vinha repercutindo em melhorias nas condições de vida de suas populações.

No entanto, são muitos os países que em maior ou menor intensidade continuam dependentes, do ponto de vista militar, econômico e cultural, sobretudo, dos EUA. Os valores culturais estadunidenses estão presentes em várias partes do mundo, expressos na forma de vestir, na música e na alimentação, por exemplo.

O Canadá, apesar de ser um país desenvolvido, também tem uma economia muito integrada à economia dos EUA. Empresários norte-americanos possuem investimentos e um grande número de empresas em território canadense. Entretanto, a população desse país tem alto padrão de vida, desfrutando de boas condições de saúde, alimentação, habitação, educação etc.

Observe o mapa a seguir. A divisão regional que ele apresenta foi estabelecida de acordo com três critérios: o nível de desenvolvimento socioeconômico, a inserção do país na Divisão Internacional do Trabalho e a forma de organização política e socioeconômica.

América – Organização espacial conforme critérios políticos e socioeconômicos (início do século XXI)

Fonte: *Géographie second.* Paris: Nathan, 2001. p. 49 (adaptado) / Cepal, Estudo econômico da América Latina e Caribe 2010-2011, p. 34 a 38.

*Nesse grupo, comparativamente aos demais da América Latina, as exportações de bens industrializados são significativamente mais diversificadas.

**Na maioria desses países, há uma grande dependência de exportações de produtos primários (agrícolas e minerais) e as exportações de bens industrializados são pouco diversificadas.

• Responda de acordo com o mapa da página anterior.

1. Quais informações o mapa apresenta?
2. Quais são os países desenvolvidos? Em que parte do continente americano eles estão situados?
3. Os países subdesenvolvidos estão classificados em dois grupos. Qual é a diferença entre um grupo e outro?
4. Um único país americano apresenta organização político-econômica e social diferente da dos demais. Que país é esse e qual é seu modelo de organização?
5. O mapa mostra que o continente americano é, em sua maior parte, desenvolvido ou subdesenvolvido?

Ao observar o mapa, você pôde verificar que a América Latina não é um conjunto homogêneo de países subdesenvolvidos. Alguns fatores, como o tempo de duração do processo de colonização, a maneira como se desenvolveu esse processo, a forma de integração no mercado internacional após a independência política, as formas de aproveitamento dos recursos naturais, a maneira como as riquezas foram distribuídas, o volume de dinheiro investido em educação e saúde, entre outros aspectos, acabaram provocando uma diferenciação de ordem econômica e social entre os países latino-americanos.

De acordo com esses fatores, os países da América Latina podem ser agrupados em:

- países capitalistas com atividade industrial diversificada (exportadores de produtos primários e industrializados). São países que apresentam produção industrial relativamente elevada em diversos setores e uma pauta de exportações industriais também relativamente diversificada; o México e a Argentina, por exemplo, exportam diversos modelos de automóveis, produtos químicos, siderúrgicos, metalúrgicos; o Brasil, além desses, exporta aviões comerciais de pequeno e médio portes.
- países capitalistas com atividade industrial pouco ou relativamente diversificada, sendo que a maioria é grande dependente de exportações de produtos primários (agrícolas e/ou minerais);
- país socialista: Cuba.

Existem também diferenças em relação às condições de vida da população entre os países capitalistas subdesenvolvidos latino-americanos. Assim, por exemplo, Chile, Uruguai, Costa Rica e Argentina têm indicadores sociais bem superiores aos de Bolívia, Paraguai e Haiti. Você compreenderá e analisará melhor isso na Unidade VI deste livro. Recorde-se também das conversas que você, seus colegas e o professor tiveram na seção **Para contextualizar**.

Instalações da Embraer, empresa brasileira fabricante de aviões de médio e pequeno porte, em São José dos Campos, SP (2010).

América Latina – o subdesenvolvimento no continente americano

A divisa entre os Estados Unidos e o México não é apenas a área limítrofe entre esses dois países. É também a divisa entre a América desenvolvida (Anglo-Saxônica), ao norte, e a América subdesenvolvida (Latina), ao sul.

Limítrofe
Que se situa nos limites de uma região.

Alguns dos indicadores da diferença entre essas duas Américas são a taxa de mortalidade infantil e a esperança de vida.

Observe a tabela a seguir.

População, mortalidade infantil e esperança de vida nas duas Américas

	América Anglo-Saxônica	América Latina
População total — 2013 (milhões de habitantes)	351,5	606
Mortalidade infantil — 2012 (‰)	6	19
Esperança de vida — 2012 (anos)	79	75

Fonte: Population Reference Bureau, 2013. Disponível em: <www.prb.org>. Acesso em: 4 mai. 2014.

A maior parte dos países da América Latina está subordinada aos interesses das potências econômicas mundiais — o centro do sistema capitalista —, dependendo fundamentalmente das exportações de matérias-primas agrícolas e minerais, cujos preços no mercado internacional acabam oscilando de acordo com a maior procura dessas mercadorias, além de serem produtos, de modo geral, com baixo valor se comparados aos das mercadorias industriais, sobretudo aquelas que têm maior conteúdo tecnológico.

Vários desses países, como Bolívia, Haiti, Peru, Nicarágua, El Salvador, Suriname, entre outros, não têm recursos financeiros suficientes para realizar os investimentos necessários nas atividades produtivas e em setores sociais (educação e saúde). Em função disso, dependem de modo expressivo de investimentos externos.

Os países latino-americanos com indústria diversificada apresentam, comparativamente, uma dependência menor em relação aos países centrais do capitalismo. O Brasil se destaca, em termos tecnológicos, em setores como o aeronáutico, o agropecuário e o de extração de petróleo. Além disso, entre a primeira e a segunda metade do século XX, com o acúmulo expressivo de reservas internacionais, entre outros fatores, vinha tendo maior protagonismo nas reuniões para encaminhamento da crise econômica que atingia sobretudo a Europa, além de poder oferecer auxílio a economias centrais em dificuldades.

No entanto, é preciso considerar que a maior parte das exportações industriais de Brasil, Argentina e México, ao final da primeira década do século XXI, ainda era composta de bens de baixo e médio conteúdo tecnológico.

Observe o mapa.

As principais indústrias de ponta no mundo (início do século XXI)

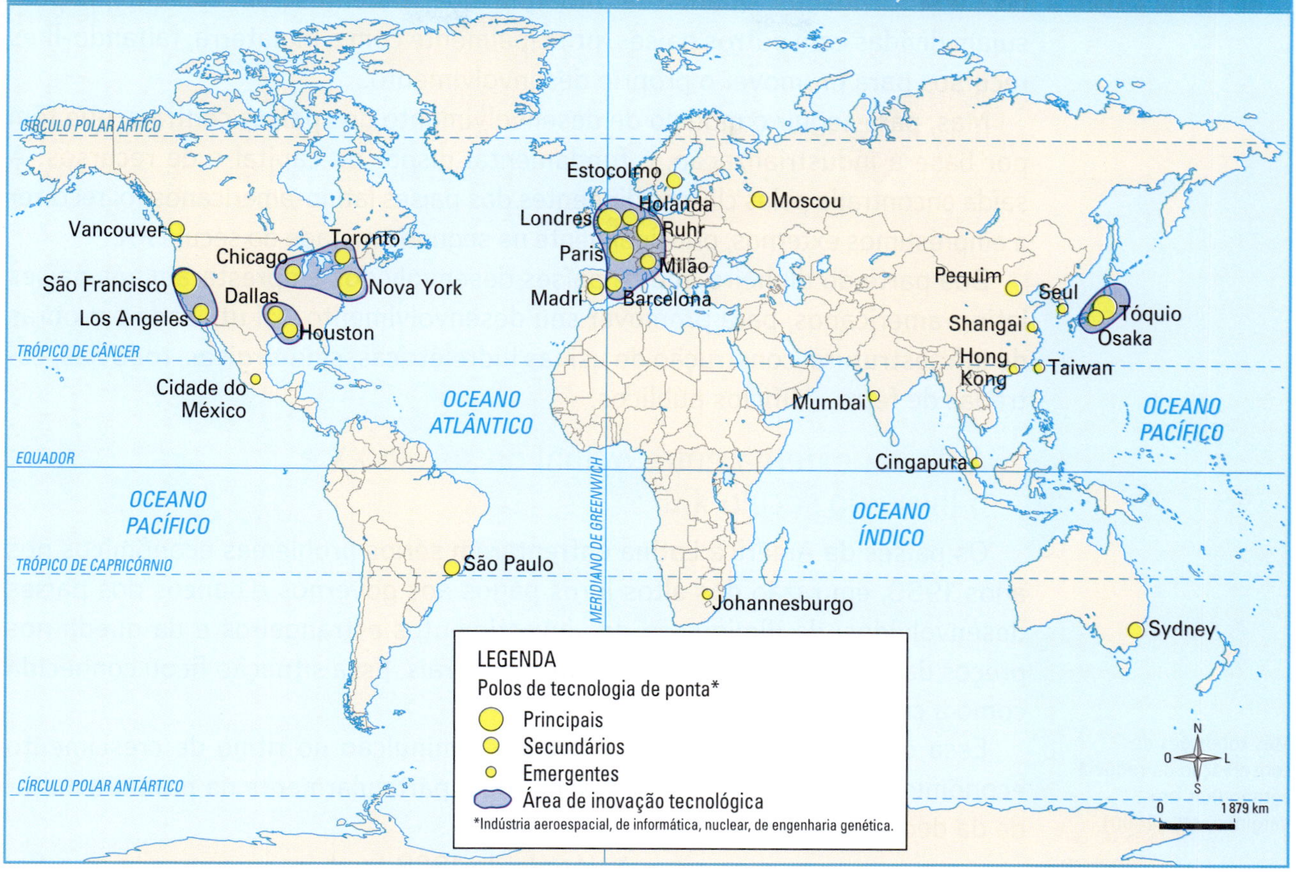

Fonte: *L'espace mondial — géographies terminales*. Paris: Magnard, 2001. p. 55 (adaptado).

- Responda às questões a seguir.

1. Em quais países há maior concentração de indústrias de ponta no mundo?
2. Compare a situação do grupo de países americanos que se destaca pela concentração de indústrias de ponta com os dados apresentados na tabela da página anterior. A que conclusão você chega?

O mapa revela uma forte concentração das indústrias de ponta (tecnologia avançada) nos países desenvolvidos. Os produtos fabricados por essas indústrias são de valor bastante elevado e, ao serem exportados, geram lucros consideráveis para esses países. Os países subdesenvolvidos caracterizam-se, em boa parte, pela dependência — tecnológica, cultural e financeira — em relação aos desenvolvidos.

Na prática, a dependência é, em parte, representada pela necessidade de investimentos realizados pelas empresas multinacionais, por empréstimos concedidos pelos governos e bancos dos países desenvolvidos (e pelo pagamento dos respectivos juros), pela importação de bens de alta tecnologia, pela remessa de lucros das empresas transnacionais instaladas nesses países, pela influência na cultura e nos modos de vida das sociedades latino-americanas.

A dívida externa

É possível dizer que praticamente todos os países latino-americanos já "nasceram" endividados. Quando se tornaram independentes politicamente, já possuíam dívidas com outros países, principalmente com a Inglaterra, faltando-lhes recursos para promover o próprio desenvolvimento.

Mas, para seguir o modelo de desenvolvimento dos países centrais, que têm por base a industrialização, é fundamental dispor de capital e de recursos. A saída encontrada pelas classes dirigentes dos países latino-americanos foi recorrer a empréstimos externos, principalmente na segunda metade do século XX.

Boa parte do dinheiro que os países desenvolvidos emprestaram aos países latino-americanos, para promover seu desenvolvimento, foi utilizada em obras de infraestrutura: construção de usinas hidrelétricas, siderúrgicas, rodovias, estradas de ferro, edifícios públicos.

A dívida externa entre o final do século XX e o início do século XXI

Os países da América Latina enfrentaram sérios problemas econômicos nos anos 1980, em razão dos altos juros pagos aos governos e bancos dos países desenvolvidos, da diminuição dos investimentos estrangeiros e da queda nos preços das matérias-primas agrícolas e minerais. Essa situação ficou conhecida como a **crise da dívida externa**.

Essa crise teve como consequência a diminuição no ritmo de crescimento econômico, com o aumento do desemprego, particularmente na primeira metade da década de 1980.

Más condições de conservação da rodovia Fernão Dias em Varginha, MG (2000).

A década de 1980 também foi marcada pelo fim das ditaduras militares em muitos países da América Latina. Os militares retiraram-se do poder, deixando para seus sucessores uma dívida externa que batia a casa dos bilhões de dólares.

Na década de 1990, houve a consolidação dos governos democráticos. No entanto, os elevados juros da dívida externa pagos anualmente, além das políticas de liberalização da economia, que provocaram o aumento do desemprego e a diminuição dos investimentos em setores prioritários, como saúde, educação, saneamento básico e construção de moradias populares, conduziram diversos países da América Latina a uma situação de agravamento dos problemas sociais.

As ideias que nortearam essas políticas de liberalização da economia foram elaboradas nos Estados Unidos, por meio de reuniões entre funcionários do governo norte-americano e de organismos financeiros e de desenvolvimento internacionais (FMI e Bird — o Banco Mundial), e ficaram conhecidas como **Consenso de Washington**.

Diante da crise de endividamento dos Estados subdesenvolvidos e da inflação elevada, esses funcionários norte-americanos propuseram o corte de gastos desses Estados, privatizações (venda das empresas estatais, como siderúrgicas, petrolíferas, de energia elétrica, de telefonia etc.) e a redução das restrições (como impostos altos) à entrada de investimentos e mercadorias estrangeiros.

As políticas de estabilização e de abertura da economia nos países latino-americanos foram, assim, caracterizadas, entre outros aspectos, pelo aumento das taxas de juros e pela redução dos impostos de importação de mercadorias e das taxas cobradas sobre as aplicações financeiras realizadas pelo capital estrangeiro.

Essa situação trouxe consequências negativas imediatas, como a queda na produção industrial interna, uma vez que as indústrias nacionais não estavam preparadas para enfrentar a forte concorrência externa, e a maior dependência em relação aos investimentos estrangeiros. Além disso, os investimentos do Estado em setores de infraestrutura de transportes, saneamento básico, educação, saúde, seguro-desemprego foram extremamente limitados, pois a prioridade era pagar os juros da dívida. Por outro lado, houve uma maior estabilização da inflação em vários países.

No início do século XXI, particularmente a partir de 2003, com a recuperação dos preços de matérias-primas agrícolas e minerais no mercado mundial, puxados em parte pela vigorosa expansão econômica da Ásia (China, Índia, Coreia do Sul e outros países), os países latino-americanos passaram a apresentar um ritmo de crescimento econômico, de modo geral, mais acelerado; alguns passaram a acumular reservas internacionais superiores aos valores de suas dívidas externas. Nessas condições, os percentuais da dívida externa em relação ao PIB, na América Latina eram, em média, em torno de 20% do PIB, no final da década de 2000. Observe o gráfico a seguir.

América Latina - Evolução da dívida externa bruta, entre 2000 e 2010 (em porcentagem do PIB)

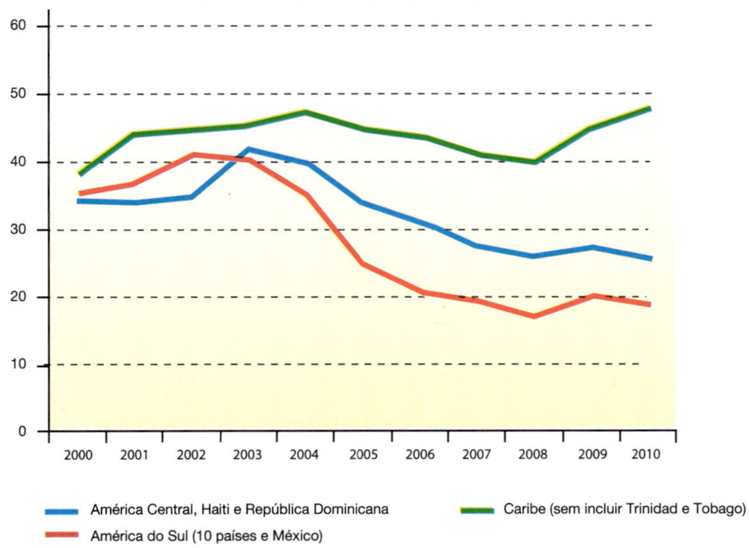

Fonte: *Estudo econômico da América Latina e do Caribe, 2010 e 2011*. Cepal, p. 43.

• Qual grupo de países teve uma redução mais acentuada da dívida externa em relação ao PIB?

Atividades

RETOME SEUS CONHECIMENTOS

1. Copie e complete o quadro com as principais características das colônias de povoamento e das colônias de exploração. Siga o modelo.

Principais características	Colônia de povoamento	Colônia de exploração
Destino da produção	Mercado interno	Mercado externo
Produtos cultivados		
Mão de obra empregada		
Tamanho das propriedades		

EXERCITE SEUS CONHECIMENTOS

2. Com base no que você aprendeu neste capítulo, responda às perguntas a seguir e depois converse com seus colegas e com seu professor.
   a) Em quais áreas um país subdesenvolvido deveria investir para avançar econômica e socialmente?
   b) Em sua opinião, seria justo perdoar a dívida externa de um país? Por quê?

3. Leia as informações do gráfico a seguir.

América Latina e Caribe – Índices de preços de produtos básicos e manufaturados (2007-2011)*

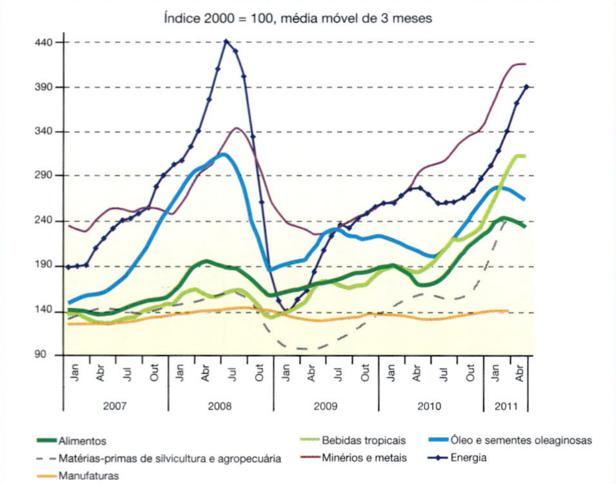

Obs.: Energia refere-se principalmente ao petróleo e ao gás natural. Atenção, as informações do gráfico não se referem aos preços nominais dos produtos, ou seja, não significa que as matérias-primas agrícolas e minerais valem mais que produtos industrializados (manufaturados) — trata-se apenas de uma base de preços.

*A ponderação dos grupos básicos foi calculada segundo a participação nas exportações da América Latina.

Fonte: Comissão Econômica para a América Latina e o Caribe (Cepal), com base em cifras oficiais da Conferência das Nações Unidas sobre Comércio e Desenvolvimento (UNCTAD) e de Netherlands Bureau for Economic Analysis (CPB). In: *Estudo econômico da América Latina e do Caribe, 2010 e 2011*. Cepal, p. 37.

   a) Comparando-se o grupo ou conjunto de itens de matérias-primas agrícolas e minerais (alimentos, de silvicultura e agropecuária, bebidas tropicais, óleos e sementes oleaginosas, minérios e metais, energia) com o conjunto das manufaturas, a que conclusão se chega em termos de variações de preço?
   b) De qual conjunto a maioria dos países latino-americanos tem grande dependência em termos de exportações? Considerando o que foi apontado no item anterior, quais as implicações disso para esses países?
   c) Individualmente, quais itens apresentaram maior variação?

7

Etnia e demografia na América

PARA CONTEXTUALIZAR

Interprete as informações do gráfico a seguir.

Crescimento populacional – América Latina e América Anglo-Saxônica (1800-2013)

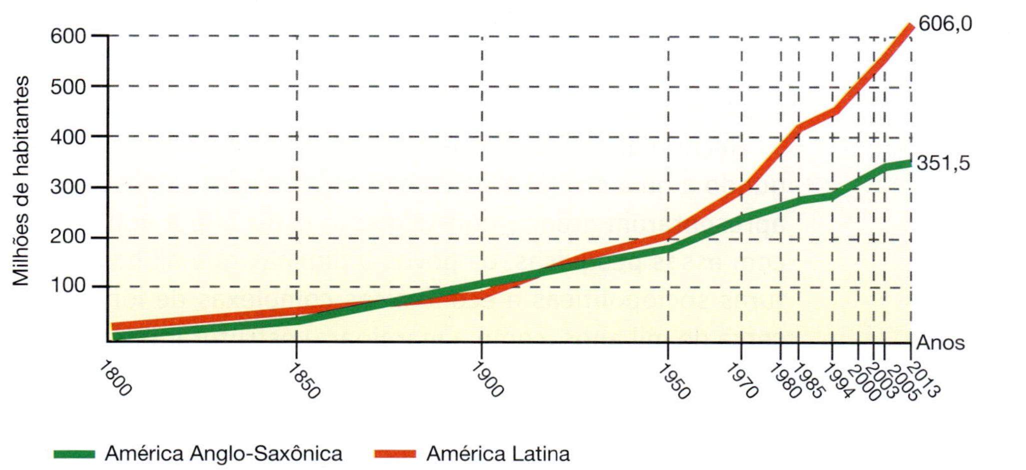

Fonte: ONU/*L'état du monde*, 2005./UNFPA, Relatório sobre a situação da população mundial, 2011; Cepal, Anuario Estadístico de América Latina y El Caribe, 2010; Population Reference Bureau, *World Population Data Sheet*, 2013. Disponível em: <www.prb.org>. Acesso em: 6 mai. 2014.

ATIVIDADES

Converse com seus colegas e com seu professor.

1. Analisando o gráfico, a quais conclusões podemos chegar ao compararmos a evolução do número de habitantes da América Anglo-Saxônica e da América Latina entre os anos de 1800 e 2013?
2. Em sua opinião, o que explica a variação do crescimento populacional a partir de 1950?
3. Quais grupos étnicos contribuíram para a formação das sociedades dos países da América Anglo-Saxônica e da América Latina?
4. Considerando o que você respondeu no item 3, o que você sabe sobre esses grupos étnicos?

Os primeiros habitantes da América

Quando os conquistadores europeus chegaram ao continente americano, ele era habitado por povos que apresentavam enormes diferenças sociais e culturais.

Não se sabe ao certo quantos habitantes viviam na América nessa época. Alguns estudiosos estimam um número de 14 milhões, outros, de 29 milhões, e há os que falam em 80 milhões.

Igualmente incerta é a origem desses habitantes. A teoria mais aceita é a de que os primeiros habitantes da América teriam vindo do continente asiático, através do estreito de Bering, durante alguma glaciação que provocou o congelamento de suas águas (entre a Sibéria, na Ásia, e o Alasca, na América do Norte), possibilitando a travessia.

Os primeiros habitantes da América distribuíram-se por diferentes áreas do continente, povoando-o. Com o passar do tempo, os grupos foram adquirindo aspectos culturais, sociais, econômicos e políticos próprios.

Entre esses grupos, podemos destacar, por terem criado grandes civilizações, com estruturas políticas, econômicas e sociais muito avançadas, os astecas, os maias e os incas.

Recentemente, diversas pesquisas arqueológicas vêm reforçando a tese segundo a qual civilizações complexas também se desenvolveram na Amazônia e apresentaram grande florescimento cultural por volta do ano 1000. De acordo com essas pesquisas, os povos indígenas que ali habitaram e formaram estruturas sociopolíticas e econômicas complexas de longa duração (algumas com cerca de mil anos, como a marajoara) estruturaram-se às margens dos grandes rios amazônicos.

Impérios inca, asteca e maia (séculos XIII e XVI)

Fonte: ALBUQUERQUE, Manoel Maurício de; e outros. *Atlas histórico escolar*. Rio de Janeiro: MEC, 1983. p. 53.

MAIS INFORMAÇÃO

Civilização complexa na Amazônia pré-colombiana

"Formas geométricas esculpidas na terra da floresta amazônica a partir do início da era Cristã indicam que a região abrigava sociedades numerosas e desenvolvidas antes da chegada dos colonizadores.

Gigantescas trincheiras cavadas na terra na região do Acre reforçam a hipótese de que a Amazônia abrigava sociedades desenvolvidas antes da chegada dos colonizadores. As estruturas, feitas entre o início da era Cristã e o ano de 1300, formavam espaços geométricos precisos conectados por estradas retas e perpendiculares a eles. O estudo das figuras encontradas, chamadas geoglifos, foi publicado na última edição da revista *Antiquity* [v. 83, nº 322, p. 1084-1095, 2009] por pesquisadores da Universidade Federal do Pará (UFPA), Universidade Federal do Acre e Instituto Iberoamericano da Finlândia.

As esculturas geométricas têm, em média, entre 90 e 350 metros de diâmetro e são formadas por sulcos com 11 metros de largura e um a três metros de profundidade. Por terem dimensões tão grandes, os geoglifos são vistos melhor do alto, por meio de sobrevoo, por exemplo. Para o estudo, além da pesquisa em campo, foram usadas imagens do Google Earth, programa que disponibiliza fotos de satélite de vários pontos da Terra e do universo.

A análise em laboratório de uma amostra de carbono coletada em um dos geoglifos indica a provável data em que ele foi construído: 1283 depois de Cristo. Os pesquisadores acreditam que outros podem ter sido feitos na mesma data. Mas há também estruturas que remontam a 2 mil anos atrás. Segundo eles, as áreas delimitadas pelos geoglifos podem ter sido fortalezas ou centros cerimoniais.

'Esses geoglifos começaram a ser descobertos na década de 1970, por causa da intensificação do desmatamento', conta uma das autoras do artigo, a arqueóloga brasileira Denise Schaan, da UFPA. 'E a tendência é encontrar cada vez mais', afirma. Hoje, já são conhecidos 260 geoglifos. [...]"

OLIVEIRA, Raquel. Civilização complexa na Amazônia pré-colombiana. Texto publicado em 20 jan. 2010. Disponível em: <http://cienciahoje.uol.com.br/noticias/2010/01/civilizacao-complexa-na-amazonia-pre-colombiana>. Acesso em: 12 mai. 2014.

Estruturas geométricas descobertas a partir da década de 1970 em Rio Branco, Acre (2007).

Ruínas do Templo Maior, um dos mais importantes templos astecas da capital Tenochtitlán (2011).

Os astecas

A civilização asteca começou a se formar por volta de 1345, às margens do lago Texcoco, no vale do México, dando origem a um dos maiores impérios da América. A capital dessa civilização era Tenochtitlán, e sobre suas ruínas foi erguida a atual Cidade do México.

Os astecas, também chamados de *mexicas*, dominavam técnicas avançadas de construção com arrojo arquitetônico. Pavimentaram ruas (utilizando o petróleo) e construíram aquedutos para o transporte de água. Produziam obras de artesanato, de pintura e de escultura. Desenvolveram a escrita (pictórica), a matemática e a astronomia.

A agricultura constituía a base da economia asteca e as técnicas agrícolas eram bem desenvolvidas. A irrigação e a técnica de deixar o terreno em descanso, usadas atualmente, já eram praticadas pelos astecas.

Os astecas criavam animais, praticavam o comércio e desenvolveram notavelmente a metalurgia de ouro, prata, cobre e estanho.

Alimentavam-se principalmente de milho, além do cacau, do mel e da carne de alguns animais.

Os sacerdotes, a nobreza e o povo constituíam as três principais camadas sociais da civilização asteca. O chefe, chamado de "imperador" pelos espanhóis, tinha a liderança política, religiosa e militar. Sua autoridade era limitada por um Tribunal e por um Conselho de Anciãos (os mais idosos).

A religião asteca caracterizava-se pelo culto às forças da natureza, representadas por diversos deuses, tendo destaque o Sol, deus da guerra.

Os astecas mediam o tempo de forma muito precisa e parecida com a atualmente utilizada em nossa sociedade. Desenvolveram um calendário solar no qual o ano era dividido em 365 dias, organizados em 18 meses com 20 dias cada, além de um mês de apenas 5 dias.

Em 1519, o aventureiro espanhol Fernão Cortés, que vivia na região hoje correspondente a Cuba, conduziu uma expedição ao México com o objetivo de descobrir riquezas. Tiveram início as lutas entre os astecas e os conquistadores, resultando, em pouco tempo, no extermínio da civilização asteca.

Os maias

A civilização maia desenvolveu-se em uma extensa área que hoje corresponde, aproximadamente, aos territórios de Belize, Guatemala, Honduras, El Salvador e à península mexicana de Yucatán. A origem do povo maia data, provavelmente, do ano 1000 a.C., tendo se estendido até o século XVI.

Conhecidos como os "gregos do Novo Mundo", os maias desenvolveram uma civilização brilhante, sobressaindo-se particularmente na arquitetura. Exemplos significativos do extraordinário desenvolvimento nesse setor são as cidades por eles construídas, como Chichén Itzá, Uxmal e Palenque, cujas ruínas ainda são estudadas por arqueólogos e atraem turistas do mundo todo.

Ruína de templo maia na Guatemala (2010).

Os maias elaboraram um calendário complexo e exato, com base em profundos conhecimentos no campo da Matemática e da Astronomia, chegando a representar em tabelas os eclipses da Lua e do Sol. Dominavam as técnicas de fabricação de papel, utilizado na confecção de livros, alguns dos quais preservados até hoje.

Quanto à religião, eram politeístas: acreditavam em vários deuses, que eram ligados à natureza. Os sacerdotes, detentores dos conhecimentos astronômicos, exerciam grande influência na vida das pessoas das pequenas comunidades agrárias. Além disso, auxiliados pela nobreza militar, dominavam politicamente a sociedade, formada também por camponeses, artesãos, escribas, pedreiros, escultores etc.

A agricultura dos maias era bastante desenvolvida. Plantavam feijão, mandioca, milho, tomate. O milho constituía a base de sua alimentação.

Quando os europeus chegaram à América, a civilização maia já se encontrava em decadência. Embora não se conheçam exatamente as causas, alguns historiadores apontam para o esgotamento das terras agrícolas.

Atualmente os remanescentes dessa civilização, convertidos ao catolicismo, são muito numerosos, sobretudo na Guatemala e na península mexicana de Yucatán.

Os cinco países em cujos territórios se desenvolveu a civilização maia criaram um projeto conjunto denominado Mundo Maia, cujo objetivo é preservar a magnífica herança natural e cultural desses povos.

Os incas

A civilização inca habitava a região da América do Sul correspondente aos atuais territórios do Equador, do Peru, da Bolívia, de parte do Chile e do noroeste da Argentina.

Tal denominação advém do nome Inca — "filho do Sol" —, atribuído ao chefe militar, político e religioso do império, a quem toda essa vasta região estava submetida.

O império inca foi formado a partir da nação peruana dos quíchuas. Com as guerras de conquista, dominou várias outras nações sul-americanas, estabelecendo um forte Estado unitário e desenvolvendo uma notável civilização, baseada no cultivo da terra e na extração das riquezas minerais da região.

Ruínas da cidade inca de Machu Picchu, na região de Cuzco, Peru (2011).

As terras habitadas pelos incas eram montanhosas, a maior parte com mais de 3 mil metros de altitude. Cuzco, a antiga capital do império inca, situa-se a 3.500 metros de altitude.

Divididas em lotes, essas terras eram distribuídas a grupos familiares que deveriam cultivá-las comunitariamente, cabendo-lhes um terço da produção. O restante destinava-se ao Inca, aos sacerdotes e aos armazéns do Estado. Essa reserva tinha como finalidade a alimentação de tropas, de equipes de trabalhadores ou de todos os necessitados, em caso de fome.

Na agricultura, os incas adotaram técnicas bastante apuradas para a época. Construíram canais de irrigação que, em alguns casos, traziam água de muito longe. Na época do plantio e da colheita, todos nas aldeias trabalhavam (homens, mulheres e crianças). Também criavam alguns animais, tendo sido o primeiro povo americano a domesticar um animal de médio porte — a lhama — para usar como meio de transporte.

Os incas desenvolveram a metalurgia, que se destinava sobretudo à decoração de edifícios públicos e de suntuosos templos.

A religião inca baseava-se no culto aos animais, aos objetos sagrados e, principalmente, às forças da natureza. Seu deus principal era o Sol, símbolo dessa civilização.

A diversidade de povos na América

A diversidade de povos nos países que formam a América explica-se pelas particularidades da colonização em cada região e pela própria variedade de povos indígenas.

Apesar de ter existido grande diversidade de povos indígenas na América Anglo-Saxônica, eles foram praticamente exterminados no processo de colonização, tendo essa região recebido maior número de imigrantes. A maioria desses imigrantes veio da Europa, mas vários outros povos que compõem a América Anglo-Saxônica ajudaram a formar um diversificado conjunto populacional. É o caso dos povos africanos, que trabalharam como escravos nas colônias agrícolas de algodão e tabaco do sul dos Estados Unidos, e dos asiáticos, como chineses, japoneses e coreanos.

MAIS INFORMAÇÃO

A cultura que se fortalece na escola

Antes da chegada dos europeus, havia mais de duas mil línguas faladas em toda a América. Atualmente, na América Latina, estima-se que existam 671 povos indígenas reconhecidos. Essa população supera os 30 milhões de pessoas, segundo relatório social de 2006 da Comissão Econômica para a América Latina e o Caribe (Cepal). Apesar dos avanços em sua participação social e política nas últimas décadas, os povos indígenas continuam sofrendo discriminação, vivendo, em sua maioria, em situação de marginalidade, exclusão e pobreza.

O texto a seguir trata dos desafios para se preservar línguas indígenas nativas.

A cultura que se fortalece na escola

"A ideia de uma escola indígena capaz de respeitar e valorizar os conhecimentos e a cultura locais é recente no país. Na lei, o tema foi contemplado pela primeira vez na Constituição de 1988. Na prática, ainda há muito a construir. Isso porque garantir um Projeto Político-Pedagógico (PPP) específico para cada uma das mais de 200 etnias que existem no Brasil não é uma tarefa fácil. Cada povo possui uma história própria — inclusive no que diz respeito à assimilação ou à resistência contra a descaracterização étnica. Estima-se que o Brasil chegou a ter 10 milhões de índios. Hoje, eles são pouco mais de 800 mil, ou 0,4% da população (e apenas 2,2% dessas crianças que frequentam o 3º ano do Ensino Fundamental falam a língua indígena, um dos menores porcentuais entre os países da América Latina). Alguns ainda preservam a língua e os costumes. E a escola, que antes só trabalhava pela aculturação, busca agora valorizar a diversidade. *Nova Escola* visitou duas terras indígenas no Acre para ver como estudam os índios katukinas e puyanáwas. [...]

Nas seis escolas da Terra Indígena Campinas Katukina, cujo centro urbano mais próximo é o município de Cruzeiro do Sul, a 648 quilômetros de Rio Branco, os alunos são alfabetizados em noke vana, língua que pertence à família pano — encontrada na Bolívia, no Peru, no Acre, no sul do Amazonas e em Rondônia. Toda a proposta pedagógica tem como eixo norteador o fortalecimento da cultura e dos saberes locais, com aulas sobre o processo de demarcação do território, o uso dos recursos naturais e as técnicas de artesanato e pintura corporal. Até o 5º ano, as aulas são restritas à cultura noke koi — expressão que significa 'nosso povo'. A Língua Portuguesa e as demais disciplinas obrigatórias da Educação regular só são ensinadas a partir do 6º ano.

Na zona rural de Mâncio Lima, a 617 quilômetros de Rio Branco, a realidade da Terra Indígena Puyanáwa é diferente. A língua puyanáwa está praticamente esquecida, resultado de um violento processo de repressão do início do século passado e por isso o português é predominante. Para essas pessoas, o grande desafio é resgatar a cultura e aproximá-la das crianças por meio do currículo escolar. 'Mais do que discutir uma Educação diferenciada, defendemos que cada povo encontre o melhor caminho para atender às suas especificidades', diz Maria do Socorro de Oliveira, coordenadora da Educação Indígena no estado. Desde 2000, são realizadas reuniões entre os líderes das aldeias, pesquisadores, professores e técnicos da Secretaria para fazer a construção e revisão dos currículos e do PPP."

FERNANDES, Elisângela; LIMA, Mâncio. A cultura que se fortalece na escola. Revista *Nova Escola*. Edição 245. São Paulo: Abril, set. 2011, p. 88.

No México, na América Central ístmica e nos Andes, a colonização foi tipicamente espanhola. Nessas regiões, a ocupação espanhola ocorreu com um contingente de imigrantes basicamente do sexo masculino. Em vista disso, a miscigenação entre os colonizadores e as antigas civilizações ameríndias que habitavam esses locais foi muito intensa, predominando na maioria dos países grupos de mestiços entre os brancos de origem espanhola e os indígenas.

Em vários países latino-americanos é grande o percentual de índios e de mestiços. Em países como o Peru e a Guatemala, cerca de 40% da população é constituída por indígenas, e na Bolívia, cerca de 70% são indígenas e 15% são mestiços.

Além da composição étnica, a influência dos indígenas pode ser notada nos costumes, na língua, na alimentação e nos cultos religiosos.

Em geral, houve avanços na participação política dos povos indígenas da América Latina, entre o final do século XX e o início deste século, pois passaram a ocupar cargos em diversas esferas do governo de alguns países e a se organizar para reivindicar direitos.

Protesto de indígenas Tipinis, em La Paz, Bolívia, contra a construção de uma rodovia que passaria pelo seu território, em outubro de 2011.

Mulher e menina do povo nativo Tarahumara, no México, em 2009. No caso dos indígenas, a pobreza atinge principalmente mulheres e crianças.

Porém, apesar das conquistas, esses povos, em geral, têm uma participação política pequena, sofrem discriminação social, econômica e cultural e são vítimas de violência.

Nas regiões tropicais das Antilhas e do Brasil, os colonizadores montaram uma grande empresa colonial agrícola, baseada no trabalho de africanos escravizados. A miscigenação nessas duas regiões contou com os indígenas e também envolveu o branco europeu e o negro africano.

MAIS INFORMAÇÃO

O caminho em direção à igualdade

"A força do pensamento dominante fazia com que os afro-brasileiros se sentissem inferiorizados devido às suas origens africanas, buscando escondê-las com o abandono de suas tradições (pelo menos entre os mais instruídos) e com a preferência por casamentos inter-raciais que produzissem filhos de pele mais clara, cabelo mais liso, lábios e nariz mais finos. Assim, se aceitávamos e mesmo estimulássemos a mestiçagem, não era por falta de preconceitos, e sim porque queríamos apagar os traços africanos da nossa população. Da mesma forma, buscava-se um distanciamento cada vez maior da África, considerada terra de povos atrasados, incapazes de construir civilizações evoluídas.

[...] muita coisa mudou. No que diz respeito às maneiras como os homens entendem o seu mundo, a noção de raça cedeu lugar à noção de cultura, assim como a ideia de que a humanidade percorreria um caminho único que ia de um estágio menos desenvolvido para um mais desenvolvido foi substituída pela ideia de que os povos devem ser entendidos em suas especificidades, a partir de suas culturas, e não como elos de uma mesma cadeia de desenvolvimento. Assim, foi possível questionar se o padrão da civilização ocidental, criado pelo mundo europeu, era o melhor, devendo ser seguido por todos. No que diz respeito à África, especificamente, o desenvolvimento dos estudos sobre as suas sociedades, do presente e do passado, mostrou a sua complexidade, no caso dos grandes reinos e impérios, e sua eficácia, no caso das sociedades descentralizadas, organizadas a partir de aldeias, com formas de estruturação mais comunitárias.

Nzinga Mbande, também conhecida como Ana, viveu entre os séculos XVI e XVII e foi rainha dos reinos de Ndongo de Matamba, numa região que corresponde à atual Angola. Na imagem, a rainha (centro) está em negociações com o governador português de Luanda, então porto africano e atual capital de Angola, João Correia.

Todas essas mudanças na maneira de ver o mundo, as sociedades e as pessoas, que não eram mais hierarquizadas a partir das suas características biológicas, fortaleceram um movimento de afirmação da negritude e de valorização das coisas africanas do qual participaram os países que no passado estiveram envolvidos com a escravidão e o tráfico de escravos — razão do transporte de mais de 10 milhões de pessoas da África para as Américas. Essa grande movimentação populacional, também chamada de diáspora africana, foi a maior que a humanidade já viu e está na base da formação das sociedades americanas.

Tomando consciência disso, e conhecendo melhor a história e as sociedades africanas, os afro-brasileiros passaram, pouco a pouco, a valorizar seus traços distintivos, suas culturas ancestrais, sua contribuição à formação da sociedade brasileira, mudando sua posição de uma vontade de se tornar igual ao branco para uma valorização de suas tradições, estéticas, sensibilidades e aparências. O sentimento de inferioridade criado pela situação anterior deu lugar ao orgulho de ser negro, que será um dos pilares da construção de um novo lugar do afro-brasileiro no conjunto da sociedade.

Isso, porém, não é suficiente. Relações sociais construídas ao longo de mais de trezentos anos não são alteradas de uma hora para outra. Preconceitos profundamente arraigados não são derrubados só com doses de boa vontade. [...]

As ações afirmativas, como são chamadas essas reservas de vagas em empresas e universidades, certamente têm vários problemas, sendo um dos principais o estabelecimento de critérios de quem estará apto a pleiteá-las numa sociedade basicamente mestiça, portanto com os limites entre o branco e o negro extremamente difíceis de serem estabelecidos. Além disso, é evidente que com essa medida não se enfrenta o problema da deficiência da educação fundamental nas escolas públicas, onde estudam as parcelas mais pobres da população, que também são as mais negras e mestiças. Com pior formação escolar, esses estudantes não conseguem competir em pé de igualdade pelas vagas nas universidades públicas com aqueles formados em escolas particulares. Mas apesar dos problemas, de algum lugar temos de partir, e a garantia de acesso a posições às quais os afro-brasileiros estiveram sistematicamente excluídos é um começo na conquista de condições mais igualitárias para o desenvolvimento de todas as pessoas, independentemente das origens étnicas ou sociais.

Entre as medidas legais que vêm sendo adotadas está a obrigatoriedade de tratar das culturas afro-brasileiras e da história da África nas escolas. Se pensarmos bem, é espantoso que isso tenha de ser estabelecido por lei, tendo em vista a importância desses temas para a compreensão da nossa sociedade."

MELLO E SOUZA, Marina de. *África e Brasil africano*. São Paulo: Ática, 2007. p. 142-144.

O crescimento da população

A população do continente americano corresponde a cerca de 13% do total da população mundial.

Distribuição da população por continente em 2013 e projeção para 2050 (em milhões)

Continente	2013	2050
Ásia	4.302	5.284
África	1.100	2.431
América	958	1.228
Europa	740	726
Oceania	38	58
Total	**7.138**	**9.727**

Fonte: Population Reference Bureau, *World Population Data Sheet*, 2013. Disponível em: <www.prb.org>. Acesso em: 5 mai. 2014.

Em 2013, a América era o terceiro continente mais populoso do mundo, com cerca de 958 milhões de habitantes. Desse total, 606 milhões viviam na América Latina, enquanto 351,5 milhões habitavam a América Anglo-Saxônica. As taxas de crescimento populacional estão diretamente relacionadas ao nível de desenvolvimento econômico e social de cada país. Isso explica, em parte, as diferenças entre os índices de crescimento dos países latino-americanos, que são elevados, e os índices dos Estados Unidos e do Canadá, onde a população cresce mais lentamente.

Conforme você pôde conversar com os colegas e com o professor na seção **Para contextualizar**, até 1950, o crescimento populacional da América Latina era semelhante ao da América Anglo-Saxônica. A partir dessa década, várias conquistas médicas e sanitárias, antes de domínio apenas dos países desenvolvidos, foram estendidas a uma parte do mundo subdesenvolvido, incluindo a América Latina, diminuindo os índices de mortalidade nessas regiões. Como não ocorreu nenhuma alteração significativa no número de nascimentos (ao menos entre os anos 1950 e 1970), houve uma profunda aceleração no crescimento populacional nos países mais pobres da América.

Atualmente, os índices de crescimento populacional na América Latina não são homogêneos. Os países que possuem melhor padrão cultural, como Argentina, Uruguai e Cuba, mostram taxas de crescimento bem próximas às dos países desenvolvidos, enquanto outros, como Paraguai, Bolívia e a maior parte da América Central, apresentam taxas que estão entre as mais elevadas do mundo.

O Brasil, assim como o México, tem apresentado nas últimas décadas uma queda constante nos índices de crescimento de sua população, mas esses índices ainda permanecem relativamente elevados quando comparados aos dos países desenvolvidos.

Segundo estudos do Fundo de População das Nações Unidas (UNFPA), até o ano de 2050 a população das regiões mais desenvolvidas deve permanecer praticamente inalterada, podendo até decrescer, por exemplo, na Europa. Nesse mesmo período, a população continuará em crescimento nos países subdesenvolvidos. No continente americano, a projeção para 2050 é de 1.228 milhões de habitantes.

Estimativa e projeção da população por área geográfica, com variante média (1950-2100)*

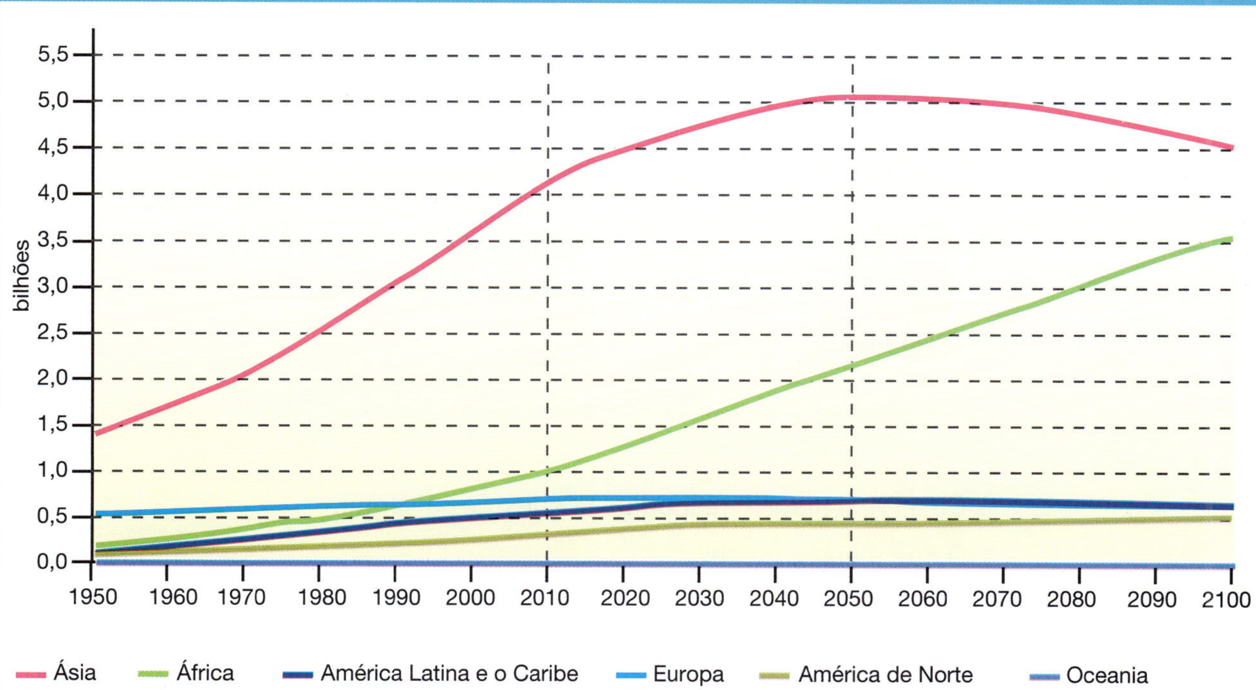

*Em bilhões.

Fonte: UNFPA. *Relatório sobre a situação da população mundial 2011*, p. 5.

A distribuição da população na América

Fonte: CALDINI, Vera; ÍSOLA, Leda. *Atlas Geográfico Saraiva*. São Paulo: Saraiva, 2009, p. 178. (adaptado)

- Observe o mapa e responda às questões a seguir.

1. O que o mapa mostra?
2. Em quais países estão localizadas as duas grandes áreas menos povoadas do continente? Quais motivos podem explicar esse fato? Converse com seus colegas e com seu professor; se preciso, utilize um mapa político, um da vegetação e outro do clima do continente americano (os dois últimos estão na próxima unidade, no capítulo 10, na página 157).

A América apresenta grandes vazios demográficos e áreas de intensa concentração populacional que podem ser explicados pelas características naturais, como presença de áreas desérticas, densas florestas, regiões extremamente frias, e por razões históricas e econômicas.

Os grandes vazios demográficos, ou seja, as áreas menos povoadas, correspondem: à região da floresta Amazônica; aos desertos do Atacama (Chile e Peru), da Patagônia (Argentina) e do Colorado (Estados Unidos); e às regiões de clima frio e polar do norte canadense.

Ilha de Cobourg, uma das ilhas do arquipélago ártico canadense (2008).

Devido à facilidade de acesso e comunicação com as metrópoles europeias, a população americana concentrou-se próximo ao Atlântico desde o período colonial.

Isso é marcante no caso do território brasileiro, onde as grandes concentrações populacionais estão no litoral ou relativamente próximas da região litorânea. Somente a partir da segunda metade do século XX, passou a ocorrer de forma mais expressiva uma interiorização na ocupação, com a estruturação no território de atividades econômicas mais dinâmicas, que exigem um contato com o mercado externo, pois estão apoiadas na moderna produção agropecuária e na exploração mineral em larga escala. Diversas cidades, também a partir desse período, se expandiram, e a capital do país foi transferida para a porção central do território, com a construção e inauguração de Brasília, em 1960.

Porém, na região dos altiplanos andinos, assim como nos planaltos encravados entre as montanhas mexicanas e em outros países da América Central continental, os povos que habitavam a América formaram áreas de forte concentração populacional. Atraídos pela abundância de ouro e prata explorados pelos primitivos habitantes do continente, os espanhóis dirigiram-se a essas regiões, formando junto aos antigos aglomerados populacionais as primeiras fortificações e cidades espanholas.

No entanto foi a economia colonial, totalmente dirigida para o continente europeu, que determinou o principal padrão de distribuição da população pelo continente.

Nos Estados Unidos, a área de colonização mais antiga se desenvolveu junto ao Atlântico, estendendo-se, na etapa inicial de industrialização do país (início do século XIX), à região dos Grandes Lagos, que constitui uma grande reserva de matérias-primas básicas à atividade industrial.

No início do século XIX, os Estados Unidos expandiram seu território até a costa do Pacífico (marcha para o oeste). A descoberta de ouro nessa região, principalmente no estado da Califórnia, criou um novo polo de atração populacional.

No Canadá, a população está fortemente concentrada no vale do rio São Lourenço (que foi a porta de entrada dos primeiros colonizadores) e junto à região do lago Ontário, na fronteira com os Estados Unidos.

Arranha-céus em Boston, Estados Unidos (2010).

A distribuição da população por faixa etária

Conhecer a distribuição da população por faixa etária, ou seja, de idade, auxilia os governantes a fazer um planejamento socioeconômico mais preciso para o país. Além disso, esses dados podem servir de base para alguns setores empresariais elaborarem planos de investimento.

Por meio dos censos, realizados de 10 em 10 anos na maioria dos países, obtêm-se as taxas de distribuição da população por faixa etária. Essa distribuição pode ser representada graficamente por uma pirâmide como as que se seguem.

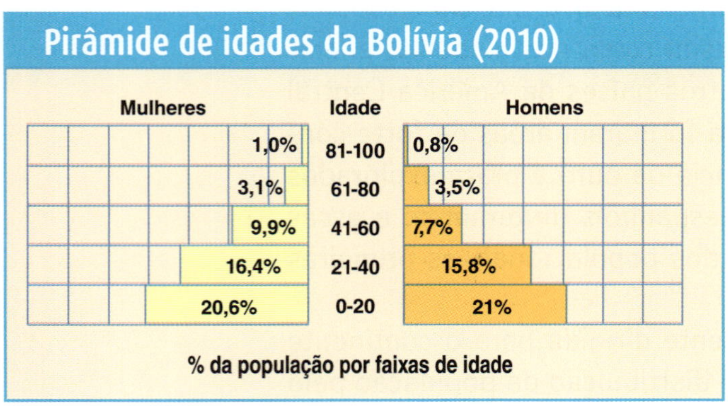

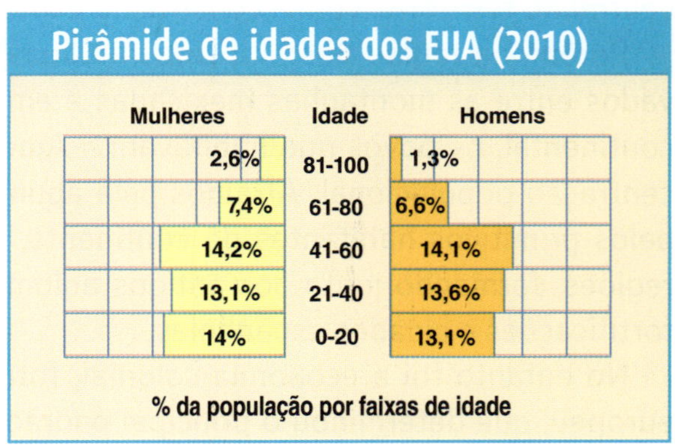

Fonte: U.S. Census Bureau. International Database. Disponível em: <http://www.census.gov/ipc/www/idb/region.php>. Acesso em: 5 mai. 2014.

- Reúna-se com um colega, observem as pirâmides da página ao lado e respondam às questões a seguir.

1. O que se pode dizer sobre a taxa de natalidade da Bolívia?
2. É possível afirmar que a taxa de mortalidade é alta nesse país? Justifique.
3. Em quais áreas o governo da Bolívia deveria investir prioritariamente, a partir da análise dessa pirâmide?
4. O que se pode afirmar sobre a população idosa dos Estados Unidos, se comparada à da Bolívia?
5. E sobre a população jovem dos Estados Unidos?
6. Em sua opinião, o que esses fatos indicam em relação ao nível de desenvolvimento social dos Estados Unidos?

Comparando as pirâmides etárias dos países, obtêm-se algumas informações sobre o nível de desenvolvimento social e econômico que eles apresentam.

A base estreita da pirâmide dos Estados Unidos, por exemplo, indica baixa taxa de natalidade nesse país, enquanto a base larga da pirâmide boliviana indica elevada taxa de natalidade.

Nota-se que a pirâmide da Bolívia se estreita rapidamente em direção ao topo. Já a pirâmide dos Estados Unidos se estreita lentamente e apresenta um topo mais largo. Isso significa que a expectativa de vida nesse país é elevada, havendo grande número de idosos.

Apesar desse quadro, em alguns países latino-americanos, como os países com atividade industrial mais diversificada — Brasil, Argentina e México — e os índices sociais mais elevados — como Chile e Uruguai — que o dos outros países subdesenvolvidos do continente, a taxa de natalidade está diminuindo.

Nesses países, a esperança de vida também vem aumentando. Observe a pirâmide do Uruguai.

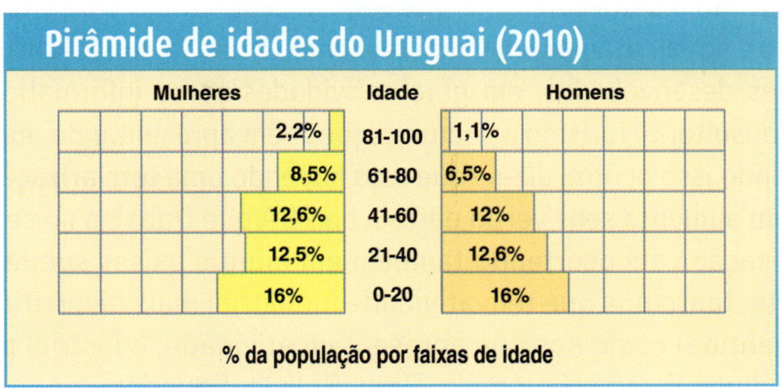

Fonte: U.S. Census Bureau. International Database. Disponível em: <http://www.census.gov/ipc/www/idb/region.php>. Acesso em: 5 mai. 2014.

- Converse com seus colegas e responda.

1. Comparando essa pirâmide com a da Bolívia, a quais conclusões é possível chegar?
2. Comparando essa pirâmide com a dos Estados Unidos, a quais conclusões é possível chegar?

Em razão da diminuição da taxa de natalidade e do aumento da esperança de vida, as pirâmides etárias dos países com atividade industrial mais diversificada e dos países com índices sociais mais elevados da América Latina apresentam um aspecto intermediário entre a dos Estados Unidos (país desenvolvido) e a da Bolívia.

População Economicamente Ativa (PEA)

Observe a tabela com a distribuição da PEA por setores de atividades no Canadá e nos Estados Unidos.

PEA por setores de atividades (1970 a 2003) (em %)

País / Setores	Canadá				Estados Unidos			
	1970	1980	1993	2006	1970	1980	1993	2009
Primário	7,6	5,4	4,7	2,0	4,5	3,6	2,9	0,7
Secundário	30,9	28,6	22,5	13,0	34,4	30,5	24,2	20,3
Terciário	61,5	66	72,8	85,0	61,1	65,9	72,9	79,0

Fonte: L'état du monde, 1995, 2002 e 2005; *The World Factbook*, 2013. Disponível em: <www.cia.gov>. Acesso em: 5 mai. 2014..

- Converse com seus colegas e responda.

1. O que se percebe em relação à distribuição da PEA pelos setores econômicos nas últimas décadas nesses países?
2. Quais seriam os motivos prováveis desse fato?

A tabela mostra que a parcela da PEA desses países que trabalha no setor primário (agricultura, pecuária e extrativismo) e no setor secundário (indústria) foi diminuindo nas últimas décadas, enquanto a parcela que exerce funções no setor terciário (serviços e comércio) foi aumentando sensivelmente.

Isso se deve, em boa parte, aos avanços tecnológicos. Com a mecanização das lavouras e a utilização de robôs nas indústrias, por exemplo, o trabalho humano vem sendo substituído pelas máquinas. Boa parte dessa força de trabalho é transferida para o setor terciário, que vem se expandindo em consequência do surgimento de novas atividades e do crescimento das já existentes.

Nos países desenvolvidos, em geral, atividades como informática, pesquisa, *marketing*, consultoria, turismo e comunicações vêm apresentando aumento significativo. Quando isso ocorre, diz-se que está havendo uma **terciarização** da economia, isto é, um aumento sensível da parcela da PEA que trabalha no setor terciário.

A terciarização vem ocorrendo também em muitos países subdesenvolvidos do continente, tanto nos que têm atividade industrial mais diversificada (Brasil, México, Argentina) como nos que apresentam atividade industrial pouco ou relativamente diversificada (Colômbia, Peru, Bolívia, Equador).

Sobretudo no segundo grupo de países, a terciarização é consequência da rápida urbanização, não acompanhada por um desenvolvimento industrial de mesma intensidade. Grande parte da população que trabalha no setor terciário é subempregada (camelôs, guardadores de carro etc.) ou dona de pequenos negócios (oficinas mecânicas de "fundo de quintal", por exemplo). Essas atividades, comuns nos países subdesenvolvidos, estão incluídas, em parte, na chamada economia informal, ou seja, que não recolhe impostos e não está legalmente (formalmente) constituída. Já nos Estados Unidos, no Canadá e, em parte, no Brasil, no México e na Argentina, o setor terciário está estruturado em grandes empresas comerciais, financeiras ou de prestação de serviços.

MAIS INFORMAÇÃO

Brasil é o 82º na igualdade entre os gêneros

"O Brasil tem agora uma presidente mulher, mas continua mal na fotografia da disparidade entre os gêneros: dos vizinhos na América do Sul, só o Suriname está pior na lista lançada ontem [1º nov. 2011] pelo Fórum Econômico Mundial.

Em 82º lugar entre 135 avaliados, o país subiu três posições em relação a 2010, ano em que tivera seu pior posto desde que o estudo começou a ser feito, em 2006.

Em parte a melhora se deve à eleição de Dilma Rousseff, em parte à oscilação positiva na renda das mulheres comparada à dos homens que exercem a mesma função.

Paradoxalmente, atuação política é o critério em que o Brasil tem sua pior performance: fica em 114º — apenas 21 países são piores; a maioria deles islâmicos que diferem as mulheres na lei.

A nota recebida por nós — 0,668, numa escala até 1 — é pior que a de 2008 e 2009.

'A participação das mulheres na força de trabalho [no Brasil] ainda é de 64%, abaixo da dos homens (85%). E elas são só 36% dos legisladores, autoridades públicas de primeiro escalão e gerentes', afirma o texto.

'O que elas ganham ainda está abaixo de dois terços da renda dos homens; e no Congresso, são apenas 9%.' [...]

Representatividade política é um problema da América Latina e do Caribe, região que só não se sai pior que o Oriente Médio. [...]

Entre os sul-americanos, o Suriname é o pior classificado (104º), seguido por Brasil (82º) e Colômbia, que despencou 25 postos, para 80º. Argentina (28ª) e Guiana (38ª) lideram o bloco, seguidas por Equador, Chile, Uruguai, Bolívia e Venezuela.

Já entre BRICS, exceto pela Índia (113ª), África do Sul (14ª) Rússia (43ª) e China (61ª) nos superam.

No topo da lista, estão Islândia, Noruega, Finlândia, Suécia e Irlanda. No pé, Arábia Saudita, Mali, Paquistão, Chade e Iêmen. [...]"

COELHO, Luciana. Brasil é o 82º na igualdade entre os gêneros. *Folha de S.Paulo*, 2 nov. 2011, p. A22.

Movimentos populacionais

Além da imigração, com a chegada de diversos povos ao continente americano (europeus, asiáticos, africanos), merecem destaque a emigração e até mesmo os movimentos populacionais dentro do continente americano, entre um país e outro da América.

Ao longo do processo de ocupação do espaço e estruturação do território americano, as crises econômicas e a perda de capacidade de retenção de mão de obra nos países subdesenvolvidos geraram uma crescente procura por novas alternativas no exterior.

De acordo com a ONU, até 2005, cerca de 25 milhões de indivíduos, aproximadamente 4% da população total da América Latina e do Caribe, haviam emigrado. Desses, cerca de 6,5 milhões se mudaram para países dentro de sua região.

Na seção **Para contextualizar** você conversou sobre a questão imigratória nos EUA. Com efeito, esse país é um dos destinos mais frequentes dos latino-americanos em busca de melhores condições de vida e de trabalho, recebendo 3/4 do total desse fluxo migratório. Essa temática será retomada no capítulo 12, que trata da realidade socioeconômica nos EUA. O México ocupa um lugar particular nesse processo: é, ao mesmo tempo, país de forte emigração, país de transição das populações migrantes que querem ir para os Estados Unidos e país de destino.

Também a demanda por trabalhadores especializados alimentou crescentes fluxos para o Japão e o Canadá.

Dentro da própria América Latina, o Brasil atrai especialmente bolivianos e peruanos. Recentemente, haitianos passaram a ingressar no país, sobretudo pela região Amazônica, na área limítrofe com o Peru, a Colômbia e a Bolívia, tendo como principal porta de entrada o estado do Acre e, nele, a cidade de Brasileia.

Desde a década de 1980, o número de mulheres latino-americanas migrantes vem crescendo.

As mulheres originárias dos países mais pobres (Bolívia, Paraguai e Peru) frequentemente vão trabalhar em casas de família, ou em pequenas indústrias, em países vizinhos onde as condições socioeconômicas são melhores, como Argentina, Chile e Brasil. No entanto, encontram muitas dificuldades para ter acesso a serviços básicos de saúde e segurança, tornando-se vulneráveis à exploração, à violência e às doenças.

PARA COMPREENDER — Texto

Os textos a seguir foram publicados quando a ONU estimou que a Terra tinha chegado a 7 bilhões de habitantes — dia 31 de outubro de 2011. Eles apresentam duas visões a respeito do tema do crescimento populacional, uma otimista e outra pessimista.

Esperança de vida sobe junto com a população

"Quando nasci, em agosto de 1953, fui o habitante de número 2.610.233.456. Quando minha filha veio ao mundo, em março de 1985, ela foi o habitante de número 4.710.843.383.

Em 58 anos, a população mundial aumentou em 4,4 bilhões de habitantes. Durante os 26 anos de vida de minha filha caçula, o aumento foi de 2,3 bilhões. Nos próximos 32 anos, teremos mais 2 bilhões de pessoas, e a população mundial deve chegar a 9 bilhões em 2043.

Existem duas boas notícias acompanhando esses números. A primeira é que a população mundial cresceu, aumentando conjuntamente a esperança de vida, que era de 48 anos no quinquênio 1950-55 e passou para 68 anos no período 2005-2010. A segunda é que o ritmo de crescimento demográfico está em declínio e existe grande probabilidade de a população mundial se estabilizar na segunda metade do século 21.

O número de nascimentos no mundo ficou estabilizado em torno de 136 milhões de crianças entre 1990 e 2010. Porém esse número já começou a cair.

Com a redução da base da pirâmide populacional, a razão de dependência demográfica vai ficar abaixo de 60% entre o ano 2000 e 2050. A mudança na estrutura etária, em geral, traz um bônus demográfico que pode ajudar na redução da pobreza no mundo.

Mas essa janela de oportunidade só será aproveitada se mudar o modelo de produção e consumo que tem provocado o aumento da pegada ecológica da humanidade. O nível atual de exploração do ambiente já ultrapassou em 50% a capacidade de regeneração do planeta. Estima-se em US$ 1,3 trilhão o custo anual da transição para uma economia verde, sustentável e de baixo carbono. É 30% menos que o gasto militar do mundo anualmente.

Vamos dar as boas-vindas ao habitante de número 7 bilhões. Mas, principalmente, vamos nos esforçar para deixar uma herança positiva para que esse bebê de hoje não se torne um jovem frustrado".

ALVES, José Eustáquio Diniz. Esperança de vida sobe junto com a população. *Folha de S.Paulo*, 30 out. 2011, p. A27.

Times Square, Manhattan, Nova York, EUA (2009).

Consumismo é maior ameaça à sustentabilidade

"Sete bilhões é muito ou pouco? Depende. Fisicamente, cabemos todos no perímetro da Grande São Paulo. Mas basta uma minoria de consumistas modernos [...] para ameaçar o futuro da humanidade na Terra.

O crescimento demográfico importa, é óbvio! Mas os números absolutos em si dizem muito pouco, porque o tamanho da pegada ecológica varia enormemente entre sociedades e grupos sociais.

A população é diferenciada não somente por idade, sexo, tamanho, cor, residência e ocupação, mas também por níveis de renda e consumo.

Precisamos de uma demografia da sustentabilidade que trate de qualificar consumidores, e não de contar pessoas equivalentes ou intercambiáveis.

O que assusta mesmo é que o aumento de consumidores é muito mais rápido que o de pessoas. Movido pela cultura do consumo, o nosso modelo de desenvolvimento, eficaz e sedutor, incorpora milhões de novos consumidores anualmente.

Há décadas nossos valores são moldados cada vez mais pelas instituições que promovem essa cultura e esse modelo de desenvolvimento. Comprar coisas nos faz feliz e estimula a produção; pena que esse incremento do consumo implique a destruição de recursos e o acúmulo de dejetos, inclusive dos gases de estufa que trazem as mudanças climáticas.

Contempla-se alterar esse paradigma por meio da economia verde, dentro da qual seria reduzido o desperdício de recursos naturais e a produção de dejetos nocivos. Vai funcionar?

Na melhor das hipóteses, uma mudança radical e imediata nesse sentido poderia reduzir o perigo iminente, mas não se continuarmos definindo o consumo crescente como o caminho da felicidade.

Reduzir o crescimento populacional ajudaria? Pode ajudar, sem dúvida. Mas a solução fácil do 'controlismo' engana, pois famílias menores tendem a consumir mais *per capita*".

MARTINE, George. Consumismo é maior ameaça à sustentabilidade. *Folha de S. Paulo*, 30 out. 2011, p. A27.

Converse com seus colegas sobre estas questões.

1. Qual texto apresenta uma visão mais otimista e mais pessimista? Explique.
2. Os textos relacionam a questão populacional com a temática ambiental? Explique.
3. Você se posicionaria ao lado de qual visão, ao lado de qual articulista? Por quê?

Atividades

RETOME SEUS CONHECIMENTOS

1. Procure no texto deste capítulo aspectos da vida dos astecas, maias e incas — como métodos de construção, áreas de desenvolvimento científico, produtos alimentícios — que ainda estão presentes em nossa sociedade e anote-os.
2. Quais fatores contribuíram para o crescimento populacional no continente latino-americano a partir dos anos 1950?
3. Por que têm ocorrido significativos movimentos emigratórios no continente americano?

EXERCITE SEUS CONHECIMENTOS

4. Observe as fotografias em diferentes localidades da América.

Cuzco, Peru (2010).

Trinidad, Cuba (2008).

Nova York, Estados Unidos (2010).

Essas fotografias apresentam um pouco da diversidade de povos no continente americano.

Responda às perguntas e depois converse com seus colegas e com seu professor.

a) Que outras fotografias você acrescentaria para melhor representar a diversidade dos povos americanos?

b) Relacione aspectos culturais (costumes, vestimentas, alimentação, festas, música etc.) dos diferentes povos que formaram a América. Em sua opinião, essa diversidade é importante? Por quê?

DIVERSIFICANDO

LIVROS

A criação da América

Lucia Lippi Oliveira.
São Paulo: Atual, 2004.

Esta obra trata da vida religiosa e política da sociedade norte-americana desde sua origem, com a chegada dos primeiros colonos ingleses ao Novo Mundo, até a Independência, culminando com a criação dos Estados Unidos da América.

A globalização em xeque: incertezas para o século XXI

Bernardo de Andrade Carvalho.
São Paulo: Atual, 2000.

O livro aborda o papel atual das empresas transnacionais, os mercados financeiros e o livre-comércio; a "Revolução Conservadora" dos Estados Unidos e a Nova Economia; o ataque ao Estado de Bem-Estar Social e a crise dos mercados emergentes.

FILMES

A missão

Direção: Roland Joffé.
Inglaterra, 1986.

O filme aborda, em um contexto de colonização na América do Sul no século XVIII, a experiência de um mercador de escravos indígenas que se converte em missionário jesuíta em Sete Povos das Missões, região reivindicada por portugueses e espanhóis.

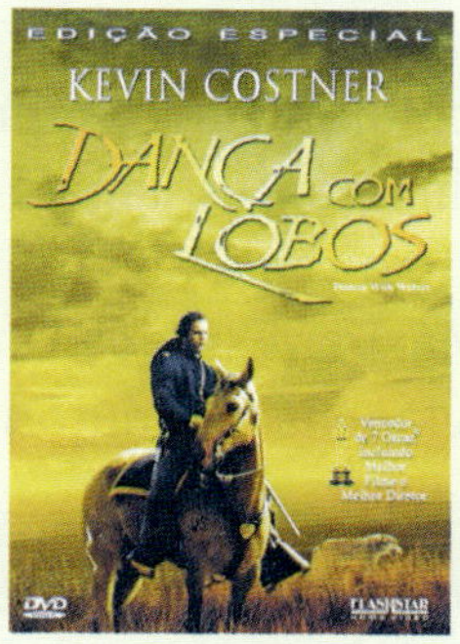

Dança com lobos

Direção: Kevin Costner.
EUA, 1990.

O filme, que também é estrelado por Kevin Costner (tenente John Dumbar), retrata vários aspectos das relações entre os brancos e os indígenas, no contexto da Guerra de Secessão, na década de 1860, nos EUA. O tenente se aproxima dos indígenas e vai descobrindo diversas características de sua cultura e modos de vida.

1942: A conquista do paraíso

Direção: Ridley Scott.
Espanha/França/Reino Unido, 1992.

Narra a trajetória do navegador Cristóvão Colombo e a descoberta da América em 1492, envolvendo os preparativos para a viagem e o primeiro contato com os habitantes naturais desta terra desconhecida, os indígenas, entre outras questões.

SITES

História net

<http://www.historianet.com.br/conteudo/default.aspx?categoria=34>.

Site sobre a colonização da América.

Guia Geográfico

<http://www.america-sul.com>.

Página do *site* Guia Geográfico que apresenta diversas informações sobre países andinos, referentes à América do Sul.

PROJETO ESPECIAL

A fronteira México-EUA

Neste projeto vocês irão elaborar um jornal-mural e vão realizar um debate, tendo como tema o ingresso de imigrantes ilegais nos EUA, utilizando a fronteira com o México. Para começar, leiam o texto a seguir, da professora Gláucia de Oliveira Assis, que foi extraído do artigo "A fronteira México-Estados Unidos: entre o sonho e o pesadelo — as experiências de e/imigrantes em viagens não autorizadas no mundo global".

"No final do século XX, a ampliação da circulação de trabalhadores migrantes e, nesse quadro, a feminização da migração, com a participação expressiva de mulheres, depara-se com políticas migratórias cada vez mais restritivas. Desse modo, a despeito da circulação de informação e de pessoas, bem como do barateamento dos transportes que permite a compressão do espaço pelo tempo, nem todos os cidadãos inserem-se igualmente no mundo globalizado. Notícias e relatos de imigrantes mortos na fronteira do México com os Estados Unidos e em barcos ou caminhões que tentam chegar à Europa oferecem um quadro dramático do que é tentar circular no mundo globalizado quando se é migrante indocumentado. No final do século XX, e principalmente após os atentados de 11 de setembro de 2001, ocorreu uma intensificação dos sistemas de vigilância e controle nas fronteiras, o que tem contribuído para o aumento do *smuggling*, tráfico de imigrantes, pois homens e mulheres migrantes buscam estratégias para conseguir entrar nos países para os quais desejam migrar em busca de trabalho e de melhores condições de vida."

ASSIS, Gláucia de Oliveira. A fronteira México-Estados Unidos.
Disponível em: <http://www.scielo.br/pdf/cpa/n31/n31a11.pdf>. Acesso em: 6 jan. 2014.

■ Converse com seus colegas e com seu professor.

1. De acordo com o texto, o processo de globalização vem facilitando todo e qualquer tipo de movimento migratório? Explique.
2. Por que a autora fala em "feminização da migração"?
3. O que é o *smuggling*?

Observe agora as fotografias a seguir.

Raio X revela caminhão com imigrantes ilegais prestes a entrar nos EUA. O caminhão vinha do México (2002).

Mexicano se esconde em assento de veículo, na tentativa de entrar ilegalmente nos Estados Unidos (2001).

4. Qual é a crítica presente no cartum abaixo?

Na placa do muro, lê-se: "Fronteira dos EUA: mantenha-se para fora".

Agora, vocês vão elaborar um jornal-mural, que pode ficar exposto na sala ou para toda a escola. Nesse jornal, vocês vão colocar notícias ou reportagens sobre tentativas de ingresso de imigrantes atravessando a divisa entre EUA e México, além de fotografias e cartuns que estão relacionados com o tema. Esse material pode ser obtido em jornais e revistas ou na internet, onde há, inclusive, relatos de brasileiros que tentaram ingressar em território norte-americano, utilizando-se, para isso, do México. Procurem também pesquisar outras rotas utilizadas por traficantes de imigrantes ilegais.

A outra proposta para esse projeto especial é a realização de um debate em sala sobre esse tema. A classe será dividida em dois grupos, cada um se posiciona a favor a imigração ilegal ou contra.

Num primeiro momento, cada grupo elabora uma lista de argumentos de acordo com o posicionamento escolhido — se é favorável à entrada dos imigrantes ou se é contrário. Depois, um representante de cada grupo expõe sua opinião, de acordo com o comando do professor, o mediador do debate, que vai anotando na lousa os principais argumentos dos dois conjuntos. Ouça com atenção o que os colegas têm a dizer e pense a respeito se você concorda ou não, e se o argumento exposto faz sentido, na sua opinião.

Os integrantes dos grupos podem fazer perguntas ao grupo de opinião contrária. Ao final, o professor fará o encerramento do debate, recordando o que foi discutido. Lembre-se que esse tema será retomado no capítulo 12.

América: dinâmicas da natureza e intervenção humana

A

Paso de Uspallata, ponto mais alto da travessia entre Mendoza (Argentina) e Santiago (Chile). Fotografia de 2010.

UNIDADE

IV

Vista aérea da falha de San Andreas na Califórnia, EUA (2009).

Vista aérea de hotel em Iranduba, AM (2010).

O continente americano é marcado por uma enorme diversidade de paisagens. Em muitas delas é significativa a presença de elementos naturais: desertos, florestas úmidas, geleiras e cordilheiras.

São muitos os fatores que determinam essa diversidade, como veremos nesta unidade. Muitas dessas paisagens foram significativamente transformadas.

Como vimos, a exploração dos recursos naturais na América é enorme. São muitos os países latino-americanos que dependem de modo expressivo da exportação de *commodities* agropecuárias e minerais. Em razão desse modelo, os povos indígenas e outras comunidades têm o desafio de manter seus territórios e seus modos de vida.

- O que você sabe sobre placas tectônicas? Que relação há entre elas e as formas de relevo?
- Que forma de relevo é retratada na fotografia A? Quais outras formas de relevo do continente americano você conhece?
- Além de atividades como o ecoturismo, quais outras podem favorecer o desenvolvimento sem prejudicar o ambiente? Qual a importância da conservação de ecossistemas para atividades como o ecoturismo?

8 Geologia e relevo na América

PARA CONTEXTUALIZAR

Leia o texto e observe as fotografias a seguir.

Engenharia de irrigação e drenagem

"As práticas conservacionistas permitem o controle de perdas de solo e água em áreas agricultáveis, objetivando a maximização do lucro sem provocar redução da capacidade produtiva. A erosão consiste no processo de desprendimento e arraste das partículas do solo causado pela ação da água e do vento, constituindo-se na principal causa da degradação de terras agrícolas [...]

O terraceamento em terras agrícolas é uma das práticas mais difundidas entre os agricultores brasileiros para o controle da erosão hídrica, consistindo basicamente na construção de terraços, os quais são estruturas compostas por um dique e um canal, dispostos no sentido transversal à declividade do terreno, formando obstáculos físicos com a intenção de reduzir a velocidade do escoamento superficial e ordenar o movimento da água sobre a superfície do terreno [...]."

MIRANDAL, Jarbas H. e outros. *Revista Brasileira de Engenharia Agrícola e Ambiental*, v. 8, nº 2-3. Campina Grande, mai./dez. 2004. Disponível em: <http://www.scielo.br/scielo.php?script=sci_arttext&pid=S1415-43662004000200001>. Acesso em: 4 jan. 2014.

A serra da Mantiqueira fica na unidade de relevo Planaltos e Serras do Atlântico-Leste-Sudeste, de acordo com a classificação de Jurandyr Ross. Gonçalves, SP (2009).

Vista aérea de planície do Chaco na Argentina (2010).

ATIVIDADES

Converse com seus colegas e com seu professor.

1. Qual é a temática do texto?
2. Em qual dos lugares das fotografias a técnica apresentada no texto precisaria ser aplicada? Por quê?
3. As fotografias mostram trechos de unidades de relevo do continente americano. Quais outras unidades de relevo da América você conhece por fotografias, filmes, textos, internet ou pessoalmente?
4. Você já ouviu falar ou leu sobre terremotos no continente americano? Onde ocorreram e quais danos provocaram?

As placas tectônicas da América

A atuação dos agentes internos e externos contribuiu para a estruturação de formas de relevo diversificadas e de rara beleza na América.

Devido à sua grande extensão, o continente americano possui áreas situadas tanto próximo às zonas de contato entre placas tectônicas, como na porção central dessas placas.

A crosta terrestre pode ser grosseiramente comparada a uma casca de ovo rachada em 12 pedaços. Cada grande pedaço é uma placa tectônica ou litosférica. Essas placas flutuam e movimentam-se continuamente sobre um manto de magma pastoso, provocando choque ou separação entre elas.

As regiões do globo sujeitas a terremotos de grande intensidade são aquelas onde as placas tectônicas se chocam umas com as outras.

Trechos do Caribe e praticamente toda a costa ocidental do continente americano estão sujeitos a terremotos. Na porção norte, a placa Norte-Americana se choca com a do Pacífico e, na porção sul, a placa Sul-Americana se choca com a de Nazca. Observe no mapa.

A placa Sul-Americana movimenta-se de leste para oeste, e a placa de Nazca movimenta-se no sentido contrário, de oeste para leste. No choque entre elas, a América do Sul se sobrepôs à placa de Nazca, e o resultado foi a formação da cordilheira dos Andes, há cerca de 70 milhões de anos. É o atrito entre essas duas placas sobrepostas que provoca os terremotos nos Andes.

Placas tectônicas da América

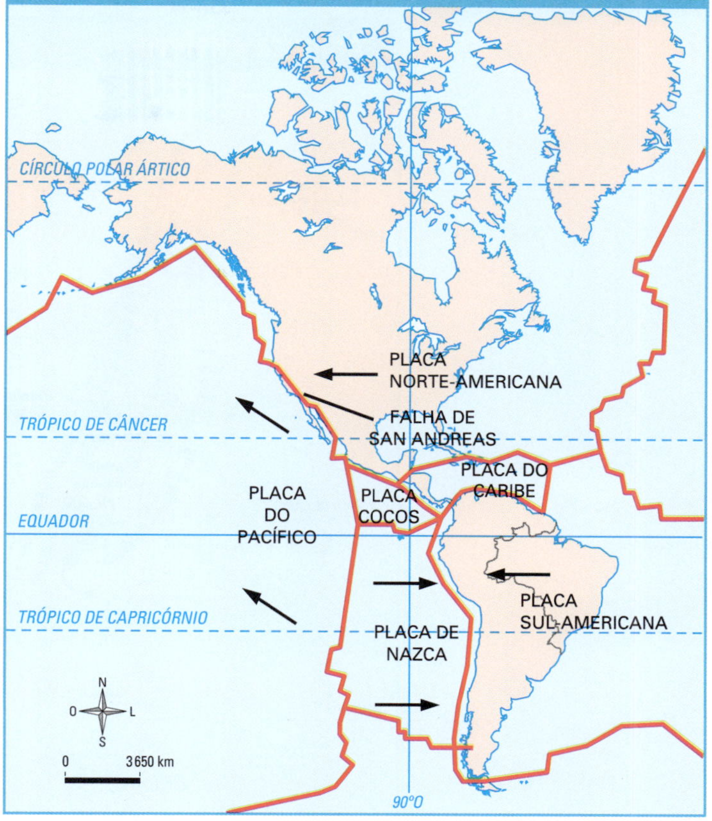

Fonte: *Précis de Géographie*. Paris: Nathan, 1999. p. 27 (adaptado).

Pessoas caminham entre escombros depois do terremoto na cidade de Talca, Chile, em março de 2010.

A placa do Pacífico também se movimenta de leste para oeste, mas não exatamente na mesma direção, nem com a mesma velocidade que a placa Norte-Americana. Desse modo, as duas placas mantêm uma zona de atrito permanente.

Desse atrito resultou uma imensa falha geológica na costa oeste dos Estados Unidos, chamada de falha de San Andreas, que corta a Califórnia. A tensão na falha é gigantesca e, quando acontece um deslocamento de uma das camadas da falha, os terremotos são percebidos. Às vezes o deslocamento é violento, como aconteceu em 1906, quando um terremoto provocou grandes estragos em San Francisco.

Estrutura geológica da América

Observe o mapa a seguir.

Fonte: ROSS, Jurandyr L. S. (Org.). *Geografia do Brasil*. São Paulo: Edusp, 2005. p. 53; *Le géographie du monde*. Paris: Nathan, 2000. p. 11 (adaptado).

- Analisando também o mapa das placas tectônicas na América, responda às questões a seguir.

1. Quais unidades de relevo foram originadas de processos tectônicos relacionados ao:
   a) encontro entre as placas do Pacífico e Norte-Americana?
   b) encontro entre as placas de Nazca e Sul-Americana?
2. No México, o prolongamento das montanhas Rochosas forma duas serras. Quais são elas?
3. Quais semelhanças você nota em relação às unidades de relevo no continente, considerando a América do Sul e a América do Norte?

Observe, agora, este outro mapa.

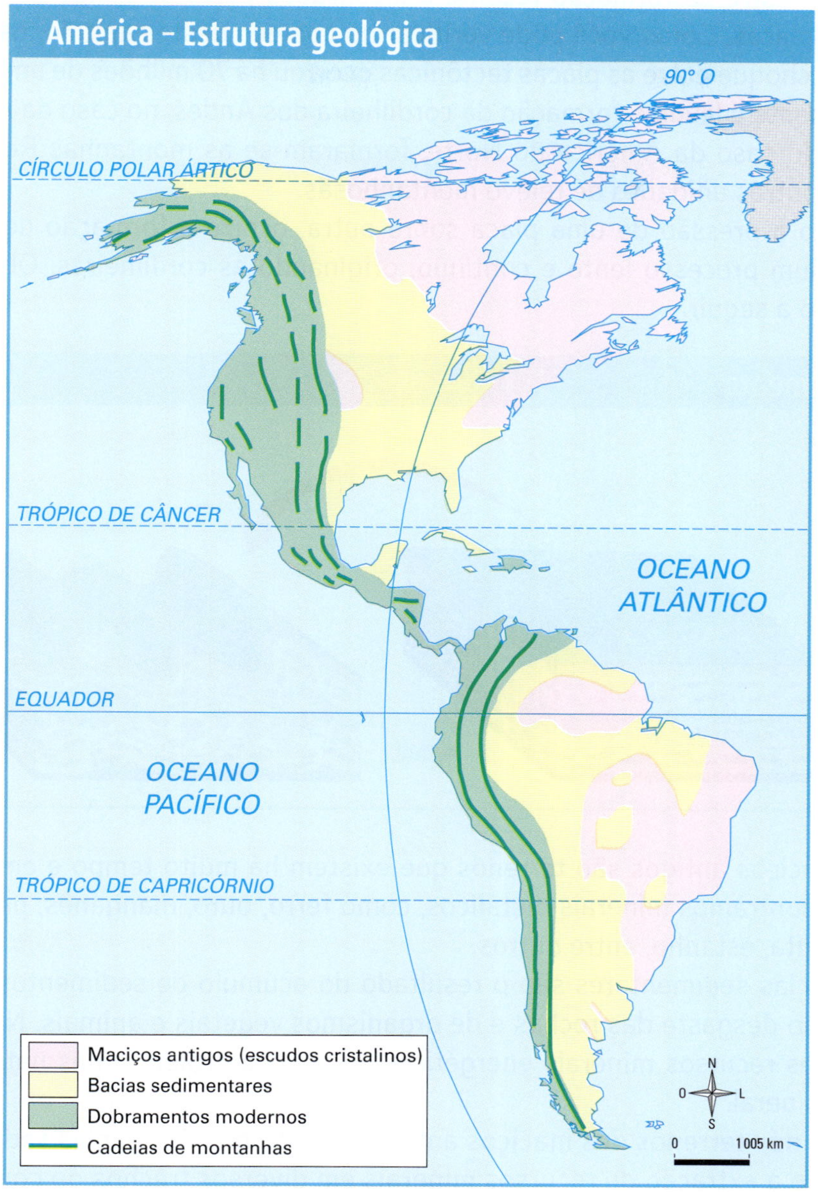

Fonte: *Atlas geográfico escolar*. Rio de Janeiro: IBGE, 2009. p. 57.

- Responda, procurando, se necessário, recorrer ao mapa do relevo que você acabou de estudar.

1. Quais estruturas geológicas há na América?
2. A que correspondem as linhas em verde? A que processo a sua formação está associada?
3. As planícies do continente localizam-se particularmente em qual tipo de terreno?

Na América estão presentes os três tipos de estruturas geológicas: maciços antigos (ou escudos cristalinos), bacias sedimentares e dobramentos modernos. Esses tipos de estrutura são caracterizados pelos tipos de rochas predominantes, por seu processo de formação e por sua idade geológica.

Os dobramentos modernos apresentam rochas menos rígidas, em trechos da crosta terrestre de formação recente e localizadas perto de zonas de contato entre as placas. Como você pôde verificar no começo deste capítulo, esse processo de choque entre as placas tectônicas ocorreu há 70 milhões de anos aproximadamente e levou à formação da cordilheira dos Andes, no caso da América do Sul. No caso da América do Norte, formaram-se as montanhas Rochosas, além de outras unidades de relevo montanhosas.

Devido à pressão de uma placa sobre outra, ocorre a formação de dobramento, num processo lento e contínuo, originando as cordilheiras. Observe a ilustração a seguir.

Dobramento

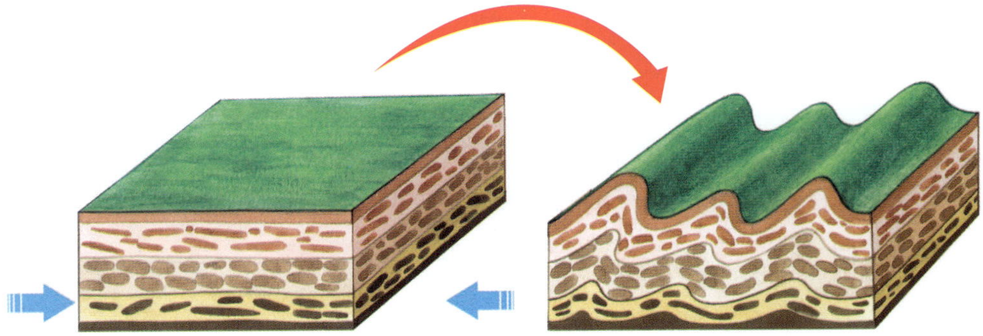

Fonte: Elaborado pelos autores.

Os maciços antigos são terrenos que existem há muito tempo e em alguns deles encontramos minerais metálicos, como ferro, ouro, manganês, prata, cobre, bauxita, estanho, entre outros.

As bacias sedimentares são o resultado do acúmulo de sedimentos provenientes do desgaste das rochas e de organismos vegetais e animais. Nelas encontramos recursos minerais energéticos, como o petróleo, o gás natural e o carvão mineral.

Tanto nos terrenos dos maciços antigos quanto nos das bacias sedimentares ocorre a extração de recursos minerais em diversos trechos do continente americano.

As unidades de relevo na América

A América do Norte e a América do Sul apresentam semelhanças quanto à disposição das suas formas de relevo. Nessas duas grandes porções territoriais do continente americano são encontradas, no sentido oeste-leste, três grandes unidades do relevo: as **grandes cadeias de montanhas**, as **planícies centrais** e os **planaltos**.

As grandes cadeias montanhosas do oeste (formação geológica recente) estendem-se do Alasca (América do Norte) ao sul do Chile (América do Sul).

Nos Estados Unidos e no Canadá, o conjunto de cadeias montanhosas do oeste é formado pela **cadeia da Costa**, **serra Nevada**, **serra das Cascatas** e **montanhas Rochosas**; na América do Sul, as montanhas recebem o nome de **cordilheira dos Andes**.

Montanhas Rochosas vistas a partir do Colorado, EUA (2010).

No México, o prolongamento das montanhas Rochosas forma a **serra Madre Oriental** e o prolongamento da cadeia da Costa forma a **serra Madre Ocidental**.

A **cadeia da Costa** acompanha o litoral do Pacífico desde o Alasca até o México. É nessa cadeia que se encontra o ponto culminante do relevo da América do Norte, o monte Mackinley (Alasca), com 6.187 metros de altitude. A **serra Nevada**, localizada nos Estados Unidos, está alinhada paralelamente à cadeia da Costa. Ao norte a serra Nevada recebe o nome de **serra das Cascatas** e penetra em território canadense. As **montanhas Rochosas**, as mais expressivas formações montanhosas, localizam-se no interior da América do Norte e se estendem até o Alasca.

Entre a serra Nevada e as montanhas Rochosas encontram-se alguns planaltos, como o de Colúmbia, o da Grande Bacia — onde estão localizados o **Grande Lago Salgado** e o **vale da Morte** (83 m abaixo do nível do mar) — e o do **Colorado**, que se estende para o sul, formando o **planalto Central Mexicano**.

Entre a serra Nevada e a cadeia da Costa localiza-se uma depressão alongada (sentido norte-sul), o **vale da Califórnia**, que graças à irrigação se tornou importante área agrícola dos Estados Unidos.

Projeto de irrigação no vale da Califórnia. Esse tipo de projeto é muito importante para viabilizar o cultivo em lugares em que há escassez ou chuvas irregulares. Como veremos no próximo capítulo, é preciso contar com o apoio de técnicos especializados, pois a irrigação pode trazer consequências negativas para o ambiente, inclusive para a qualidade do solo.

No planalto do Colorado, no estado do Arizona, localiza-se o **Grand Canyon**, profundo vale aberto pela ação erosiva do rio Colorado ao longo de milhões de anos. Na seção **Geografia & Arte**, no final desta unidade, você conhecerá mais sobre o Grand Canyon.

Os planaltos do México e da América Central

Entre as serras Madre Oriental (próxima ao Atlântico) e Madre Ocidental (próxima ao Pacífico) estão localizados os planaltos elevados do México. No norte do país, encontra-se o **planalto Chihuahua** e, no sul, o **planalto de Anáhuac**, onde se desenvolveu a civilização asteca e foi fundada a Cidade do México, núcleo inicial da ocupação espanhola.

Vulcões no planalto de Anáhuac (2010). À direita, o Popocatépetl, e à esquerda, o Iztaccíhuatl.

Na parte ístmica da América Central situam-se planaltos elevados, localizados entre as planícies costeiras do Atlântico e as montanhas do oeste.

A cordilheira dos Andes e os planaltos da América do Sul

A cordilheira dos Andes, que se estende da Venezuela ao extremo sul do Chile, possui, aproximadamente, 7.500 quilômetros de extensão e 300 quilômetros de largura. Observe a ilustração.

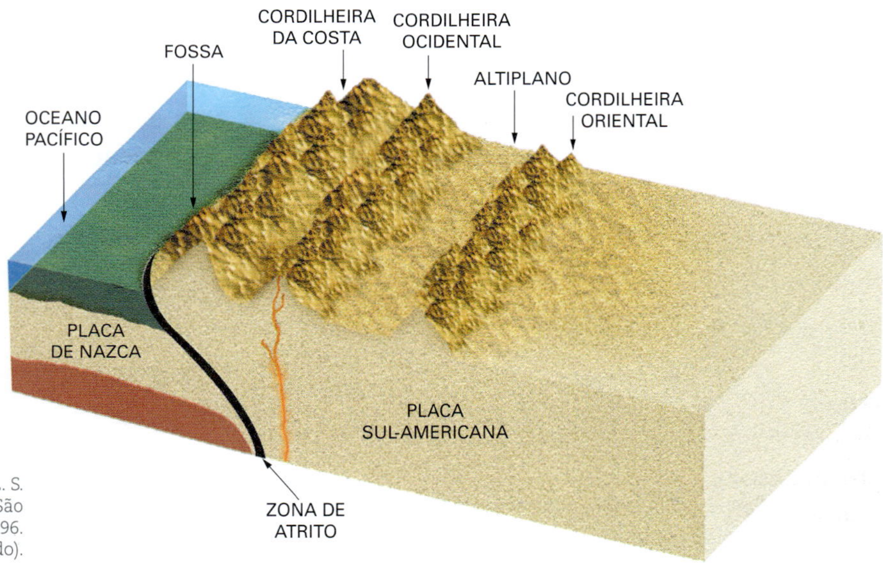

Fonte: ROSS, Jurandyr L. S. (Org.). *Geografia do Brasil*. São Paulo: Edusp/FDE, 1996. p. 31 (adaptado).

Em alguns trechos, os Andes são formados por duas ou três cadeias paralelas, entre as quais surgem vastos planaltos elevados denominados **altiplanos**, como os da Bolívia, do Peru e do Chile.

No altiplano boliviano, a cerca de 3.700 metros de altitude, localiza-se a cidade de La Paz, capital da Bolívia.

Cultivo de ervilha no altiplano boliviano (2010). Nos altiplanos andinos também se desenvolve o pastoreio de lhamas e alpacas.

As planícies centrais

A porção central da América do Norte e da América do Sul é formada por extensas planícies, em geral atravessadas por grandes rios.

Na América do Norte, são encontradas:

- a **planície do rio São Lourenço**, que acompanha o vale desse rio, da região dos Grandes Lagos ao oceano Atlântico. Ela corresponde à área mais povoada do Canadá e possui grande expressão econômica;
- as *prairies* (**pradarias**), próximas aos Grandes Lagos, que correspondem a uma área intensamente cultivada, onde sobressai a cultura do trigo;
- a **planície Central dos Estados Unidos**, atravessada por diversos rios, entre eles o Mississípi e o Missouri, onde também se desenvolve intensa atividade agrícola, destacando-se o trigo, o milho e o algodão.

Na América Central ístmica, as planícies são mais amplas a leste, junto ao mar do Caribe. Essa região é menos povoada.

Na América do Sul, destacam-se três planícies:

- a planície do rio Orinoco, situada entre os Andes e os planaltos residuais norte-amazônicos, ocupando, em maior parte, o território venezuelano. Apresenta vegetação de savana, conhecida como **lhanos**, onde se desenvolve a criação de bovinos;
- a **planície Amazônica**, que acompanha o rio Amazonas e caracteriza-se por intensa sedimentação;
- a **planície Platina**, que ocupa terras do Brasil, da Bolívia, do Paraguai, do Uruguai e da Argentina. É atravessada por vários rios, como o Paraguai e o Paraná. Este último, depois de um trecho, ao adentrar em território argentino, passa a se chamar rio da Prata. Essa planície subdivide-se em **planície do Chaco, do Pantanal e do Pampa**. O Pantanal, apesar de ser o bioma que proporcionalmente foi menos devastado no Brasil, sofre as ameaças da exploração de recursos, como a atividade mineradora, que traz a poluição aos rios, e a pesca predatória, além da expansão agrícola em suas bordas. No caso do Pampa, ocorreu o fenômeno da arenização, provocado por fatores naturais, mas que foi agravado pela intensificação da agricultura da soja na região, levando à formação de areais, no sudoeste no Rio Grande do Sul.

Cultivo de trigo nas *prairies* canadenses (2010). A topografia plana favorece o desenvolvimento de atividade agrícola mecanizada, mas a utilização de máquinas no campo requer um acompanhamento criterioso, pois desses processos mecanizados podem decorrer problemas para o solo, como a compactação.

Vista aérea do Pantanal, na região do rio Paraguai, nas proximidades da cidade de Corumbá, MS (2010).

Arenização em Manoel Viana, RS (2012).

Os planaltos da porção oriental

A parte leste ou oriental do continente americano é composta de extensos planaltos, que, pela antiguidade de sua formação, são bastante desgastados, apresentando formas mais arredondadas e com altitudes mais modestas do que as do oeste.

Entre os planaltos, na América do Norte, destacam-se:

- o **planalto Canadense**, que tem a forma de uma grande ferradura voltada para a baía de Hudson;
- os **montes Apalaches**, onde se encontram as altitudes mais elevadas da América do Norte, como o monte Mitchell, com 2.027 metros, situado no estado da Carolina do Norte.

Na América do Sul, os mais importantes são os planaltos e serras do Atlântico-Leste-Sudeste (Brasil) e, no extremo sul da América do Sul, o **planalto da Patagônia**.

Nessas formações mais antigas encontram-se muitos recursos minerais, como ferro e manganês, que são intensamente explorados no Canadá e no Brasil (serra do Espinhaço). Nos Apalaches desenvolve-se uma importante atividade extrativa mineral, cujo produto mais abundante é o carvão. Como se localiza próximo à superfície, o mineral é extraído com relativa facilidade em minas a céu aberto. Em função disso, o custo é mais baixo que o da extração em minas subterrâneas.

Montes Apalaches, Kentucky, EUA (2009).

Atividades

RETOME SEUS CONHECIMENTOS

1. Identifique as principais unidades de relevo da América assinaladas na imagem ao lado.

2. De modo geral, onde estão situadas as principais cidades dos países andinos?

3. Em que parte do continente americano ocorrem vulcanismo e terremotos de grande dimensão? Explique as razões.

EXERCITE SEUS CONHECIMENTOS

4. Observe e compare os perfis do relevo do continente americano.

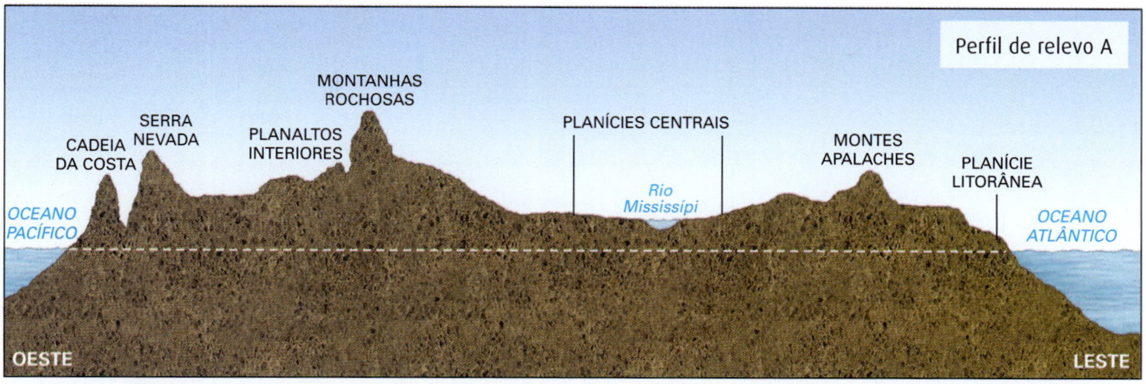

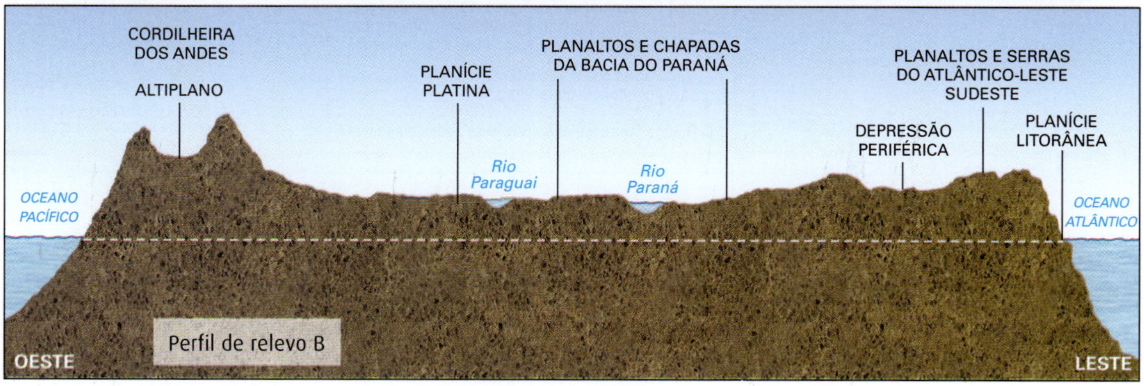

Fonte: *World reference atlas*. Londres, Dorling Kindersley, 1999. p. 19-21 (adaptado).

a) Nos dois perfis, quais as características do relevo:
- no oeste?
- na parte central?
- no leste?

b) Observe o mapa América – Relevo, que está na página 132. A quais porções da América os perfis se referem?

9 As águas continentais na América

PARA CONTEXTUALIZAR

Observe o mapa.

A distribuição de água na América (início do século XXI)

Fonte: CLARKE, Robin; KING, Jannet. *O atlas da água*. São Paulo: Publifolha, 2005. p. 22 (adaptado).

ATIVIDADES

Converse com seus colegas e com seu professor.

1. Qual é a situação geral dos recursos hídricos da América segundo as informações apresentadas no mapa?
2. Quais rios dos EUA você conhece? Quais rios de países da América do Sul você conhece? E quais bacias hidrográficas você conhece?
3. De que modo as águas dos rios são aproveitadas pela sociedade? Que problemas afetam as águas superficiais e subterrâneas?

Água na América – disponibilidade e carência

Como você pôde constatar na seção **Para contextualizar**, há uma boa disponibilidade de recursos hídricos no continente americano.

Comparada a outras regiões do mundo, a disponibilidade de água na América é relativamente confortável. No entanto, não é um recurso acessível a todos e, mesmo em áreas onde há disponibilidade, são muitas as pessoas que não têm acesso a água tratada, sobretudo na América Latina.

Por outro lado, a poluição de rios e lagos, decorrente de lançamento de esgotos sem tratamento, o uso intensivo de agrotóxicos, o lixo acumulado nas ruas das cidades têm comprometido a qualidade das águas superficiais.

Com a intensificação da poluição das águas superficiais, passa a ocorrer uma pressão maior nas grandes reservas de águas subterrâneas, os aquíferos, que são formações rochosas nas quais a água se infiltra, se acumula e se movimenta.

Segundo a Agência Nacional de Águas (ANA), cerca de 40% dos municípios brasileiros são totalmente abastecidos com águas subterrâneas.

As águas subterrâneas vêm sendo afetadas pela poluição decorrente do uso de produtos químicos na agricultura, de vazamentos em redes de esgotos, de lixões e aterros sanitários estruturados de forma inadequada.

Essas formas de degradação atingem os aquíferos nos trechos em que a água da chuva se infiltra e acaba abastecendo a reserva subterrânea. Esses trechos em geral são os afloramentos.

Veja, no infográfico da página a seguir, outras áreas de importantes aquíferos no Brasil.

Quando descartamos lixo nas vias públicas, com as chuvas, este vai para os córregos e rios, contribuindo para sua poluição. Represa Guarapiranga, em São Paulo, SP (2010).

PARA COMPREENDER **Infográfico**

Vulnerabilidade subterrânea

Como o uso do solo pode afetar as zonas em que o aquífero recebe água

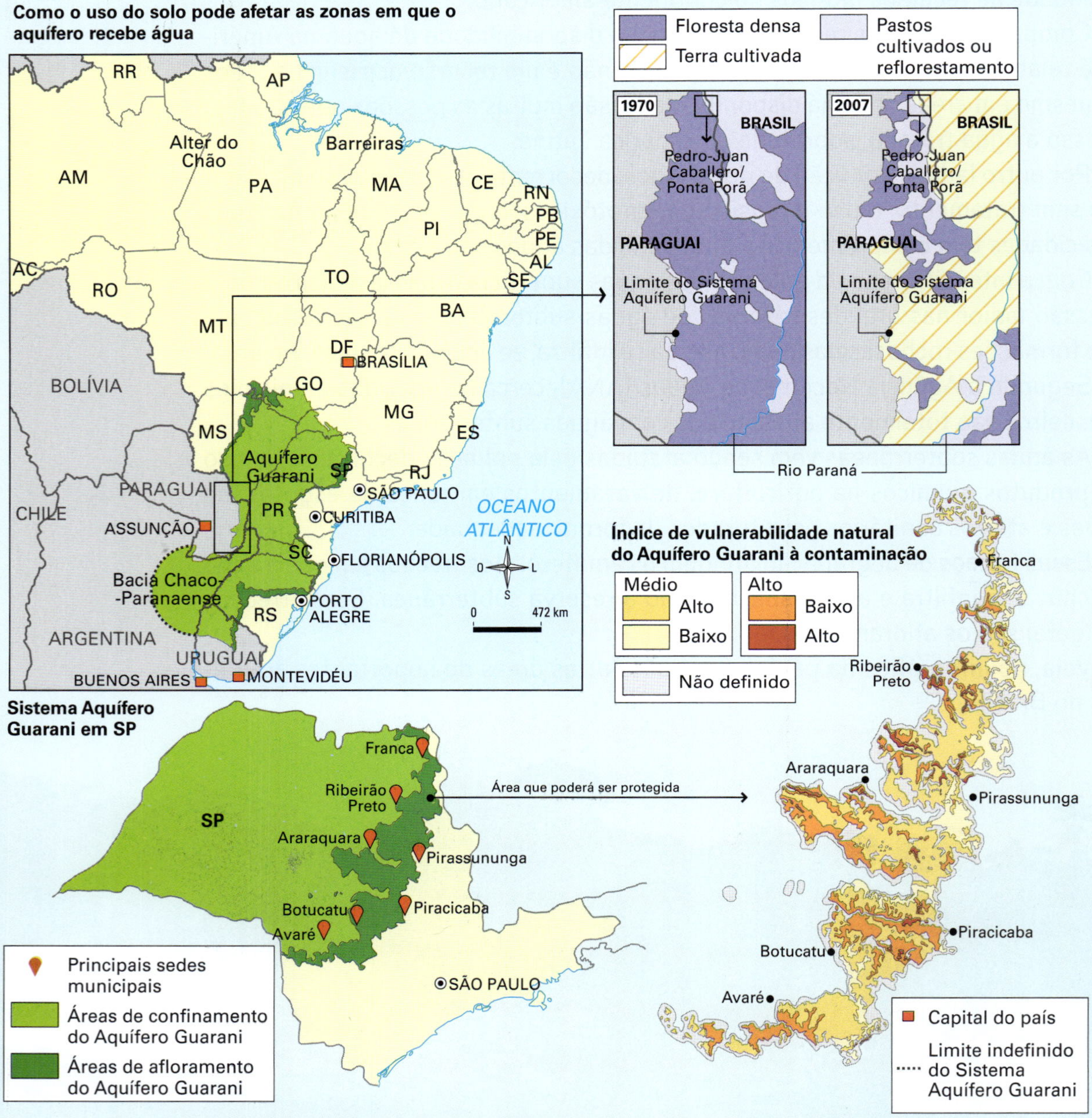

Fonte: *O Estado de S. Paulo*. País faz mapeamento de águas subterrâneas. Disponível em: <http://www.estadao.com.br/noticias/impresso,paisfazmapeamentodeaguassubterraneas,790652,0.htm>. Acesso em: 4 jan. 2014.

Responda.

1. Em quais países as águas do aquífero Guarani estão confinadas?
2. O que explica a ocorrência de áreas vulneráveis à contaminação no estado de São Paulo?
3. Nos destaques do mapa, que apresentam duas datas (1970 e 2007), o que aconteceu com um trecho do aquífero Guarani e quais implicações isso determina para o sistema de águas subterrâneas?
4. Identifique e localize os outros aquíferos apontados no mapa do Brasil.

Rios extensos que formam grandes bacias hidrográficas

Na América do Norte e na América do Sul, há rios bastante extensos, que formam grandes bacias hidrográficas. No entanto, em muitos países, a água está mal distribuída, uma vez que existem também extensas áreas de clima seco.

A América Central não apresenta rios de grande extensão. A porção central de seu trecho continental é constituída de montanhas, onde se situam nascentes de rios que percorrem um pequeno trajeto até desaguarem no oceano Pacífico ou no oceano Atlântico. A situação é mais dramática nos países insulares, ameaçados de ficar com carência crônica de água.

As nascentes de rios localizam-se nas regiões mais elevadas do relevo (planaltos, montanhas, cordilheiras), às quais se dá o nome de **centros dispersores de águas**.

Entre os centros dispersores de águas do continente americano destacam-se: as **montanhas Rochosas**, o **planalto Canadense**, os **Apalaches**, os **Andes**, os **planaltos Norte-amazônicos**, o **planalto dos Parecis**, os **planaltos** e **serras de Goiás-Minas** e os **planaltos** e **serras do Atlântico**. Essas elevações apresentam declives, que orientam as direções dos rios. Esses declives são chamados **vertentes**. Para conhecer melhor as demais bacias hidrográficas do continente americano, optamos por agrupá-las de acordo com as vertentes que determinam suas direções.

A vertente ártica

Os centros dispersores dos rios da vertente ártica são as montanhas Rochosas e o planalto Canadense. Entre esses rios, destaca-se o **Mackenzie**, que nasce no Grande Lago do Escravo e deságua no oceano Glacial Ártico, após percorrer 4.600 quilômetros de extensão. É o maior rio do Canadá.

Vertente ártica

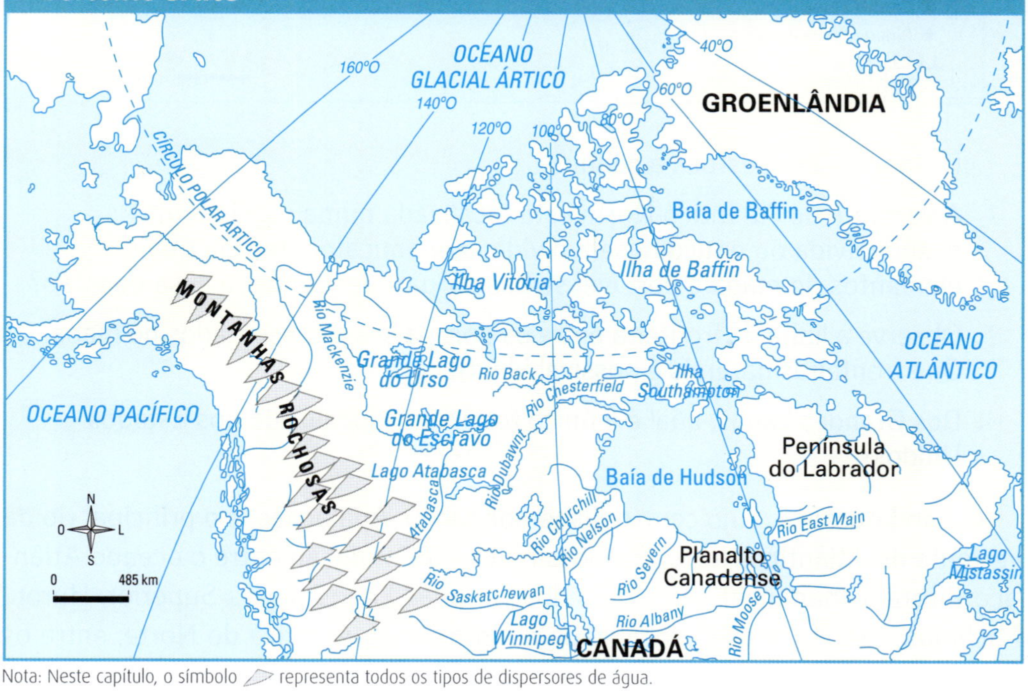

Nota: Neste capítulo, o símbolo representa todos os tipos de dispersores de água.

Fonte: *Atlas 2000. La France et le monde*. Paris: Nathan, 1999. p. 96 (adaptado).

As águas do Mackenzie, bem como as da maioria dos rios dessa vertente, permanecem congeladas durante grande parte do ano.

A maior parte dos rios da vertente ártica é de pequena extensão e deságua na baía de Hudson, como os rios Nelson, Churchill, Severn e Albany.

Além do Grande Lago do Escravo, outros lagos merecem destaque, como o Grande Lago do Urso, o Atabasca e o Winnipeg.

A vertente do Atlântico Norte: o rio São Lourenço e os Grandes Lagos

Observe o mapa.

Vertente do Atlântico Norte

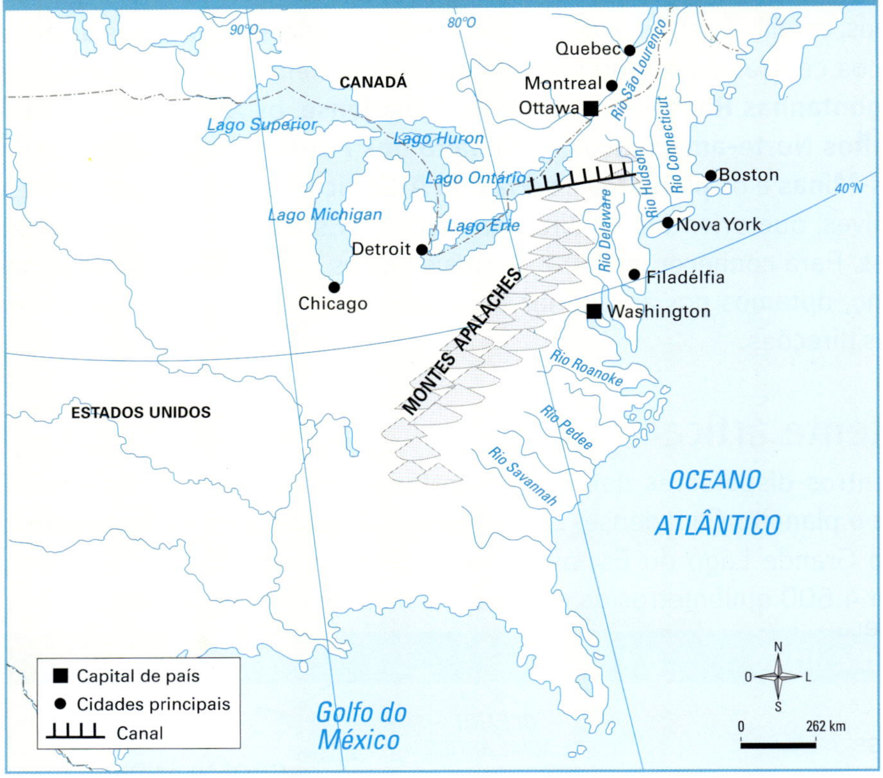

Fonte: *Atlas 2000. La France et le monde*. Paris: Nathan, 1999. p. 96 (adaptado).

- Responda às questões a seguir.

1. A vertente do Atlântico Norte está localizada numa região muito desenvolvida ou pouco desenvolvida economicamente? Em quais elementos do mapa é possível se basear para responder a essa questão?
2. Observe a linha de fronteira entre os dois países representados no mapa. Que fronteiras naturais é possível identificar?
3. Dos Grandes Lagos, qual é o único totalmente localizado nos Estados Unidos?

O **São Lourenço**, cujo centro dispersor são os Apalaches, é o principal rio da vertente do Atlântico Norte. Ele possibilita a interligação entre o oceano Atlântico (litoral canadense) e a região dos Grandes Lagos (lagos Superior, Huron, Michigan, Erie e Ontário), localizada no interior da América do Norte, entre os Estados Unidos e o Canadá.

Com a construção de canais e eclusas nos Grandes Lagos e no rio São Lourenço, embarcações de grande porte podem chegar do Atlântico à cidade de Chicago, localizada às margens do lago Michigan, no interior do continente.

Entre a cidade de Quebec (Canadá) e o lago Ontário, localiza-se a Via Marítima do São Lourenço ou Grandes Lagos-São Lourenço. Essa hidrovia apresenta várias eclusas, para permitir a comunicação entre os Estados Unidos e o Canadá.

Às suas margens, além de Chicago (EUA) e Montreal (Canadá), existem outras grandes cidades com intensa atividade econômica e vários tipos de indústria.

Nessa hidrovia o tráfego é intenso entre as cidades de Quebec e Toronto, no Canadá; e as cidades de Buffalo, Cleveland e Detroit (importante centro da indústria automobilística), nos Estados Unidos.

Em vista disso, os cursos de água e os lagos, assim como as diversas obras realizadas nessa hidrovia, possibilitam o escoamento da grande produção industrial e a chegada de mercadorias de outros países.

Entre os lagos Erie e Ontário situa-se um conjunto de saltos e corredeiras que atrai milhares de turistas todos os anos. São as cataratas do Niágara.

Com exceção do lago Michigan, que pertence aos Estados Unidos, os demais lagos constituem fronteiras naturais entre esse país e o Canadá.

Da vertente do Atlântico Norte, além do rio São Lourenço, fazem parte o Hudson, que possui sua foz na cidade de Nova York, o Delaware, o Connecticut, entre outros.

Cataratas do Niágara em Ontário, Canadá (2010).

A vertente do golfo do México e a bacia Mississípi-Missouri

Na seção **Para contextualizar**, ao ser questionado sobre os rios dos Estados Unidos que conhecia, você chegou a mencionar o rio Mississípi? Trata-se de um importante rio desse país.

- Observe o mapa e responda às questões a seguir.

1. Quais são os centros dispersores de águas da bacia do Mississípi?
2. Qual a direção do rio Arkansas?
3. Por que o Tennessee, embora mais próximo do oceano Atlântico, corre em sentido oposto a ele?
4. Onde nasce o rio Mississípi?
5. Observe o mapa América – Relevo (p. 132) e compare-o com este. Qual a forma de relevo por onde corre o rio Mississípi?

Vertente do golfo do México

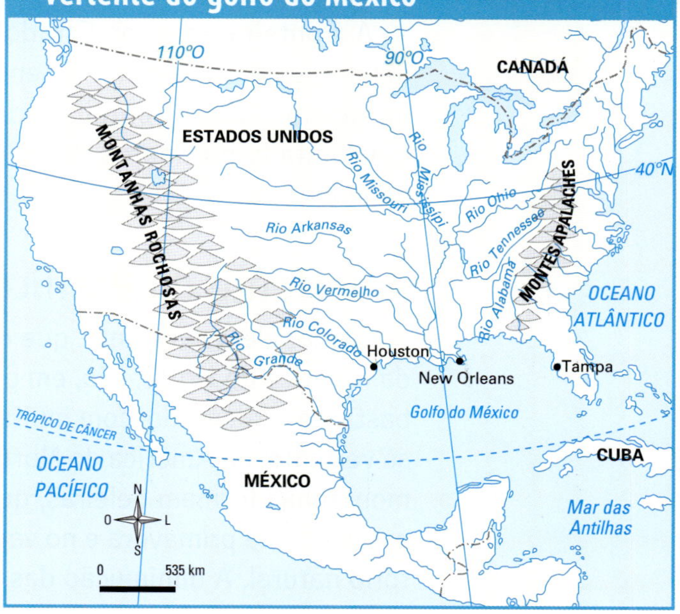

Fonte: *Atlas 2000. La France et le monde*. Paris: Nathan, 1999. p. 97 (adaptado).

Vários rios que deságuam no golfo do México nascem tanto nas montanhas da parte ocidental como nas montanhas e planaltos da parte oriental da América do Norte.

O principal rio da mais importante bacia hidrográfica da América do Norte é o **Mississípi**, navegável praticamente em toda sua extensão, pois é um típico rio de planície. Seu principal afluente é o **rio Missouri**. Juntos, o Mississípi e o Missouri atingem mais de 6 mil quilômetros de extensão.

Esses rios têm grande importância econômica, pois suas margens apresentam solos férteis e planos, que são aproveitados principalmente para a cultura de milho e trigo. Além disso, são o escoadouro de minerais, cereais e outros produtos cultivados nas regiões banhadas por eles e seus afluentes.

Alguns afluentes do Mississípi, como o rio Tennessee, provocavam enchentes com graves consequências. Porém, após várias obras de engenharia (construção de represas e diques), que regularizaram os seus cursos, eles passaram a fornecer energia elétrica, além de se tornarem navegáveis em trechos mais extensos. Suas águas também passaram a ser utilizadas na irrigação de plantações.

MAIS INFORMAÇÃO

Os males da irrigação

"O maior volume de água consumido mundialmente vai para a irrigação. Mas boa parte dessa água nem chega à lavoura que supostamente está sendo irrigada. Além disso, a irrigação constante da mesma terra resulta num acúmulo de sais e, por fim, na salinização de terras que antes eram boas e férteis. Milhões de hectares se tornaram inúteis por causa disso, e boa parte da necessidade de novos métodos de irrigação é provocada pelo encharcamento e pela salinização de terrenos irrigados.

A irrigação também consiste num método eficiente de espalhar produtos químicos agrícolas em lugares nos quais provocam graves danos. Um exemplo disso é o rio Mississípi, nos Estados Unidos, que ficou tão poluído por produtos químicos utilizados na lavoura e que foram carregados através das pradarias norte-americanas, que uma área do golfo do México, do tamanho do estado de Nova Jersey, na qual o Mississípi deságua, se tornou uma zona ecologicamente morta, incapaz de alimentar qualquer forma de vida."

CLARKE, Robin; KING, Jannet. *O atlas da água*. São Paulo: Publifolha, 2005. p. 12.

A fronteira entre os Estados Unidos e o México, de 3.140 quilômetros, é delimitada em sua maior extensão pelo rio Grande ou Bravo do Norte (para os mexicanos). Essa fronteira é ostensivamente policiada pelos Estados Unidos e delimitada por muros, em diversos trechos, para impedir a travessia ilegal de imigrantes.

A vertente do Pacífico Norte

Os rios dessa vertente, que descem as altas montanhas da porção ocidental da América do Norte, são, em geral, de pequena extensão e possuem um curso bastante acidentado, com muitas quedas-d'água. Os rios mais expressivos dessa vertente, na América do Norte, são o **Colorado** e o **Sacramento**. Os picos das montanhas formam geleiras, que retêm a água durante o inverno e alimentam esses rios na primavera e no verão. Funcionam, dessa forma, como um reservatório natural. A diminuição das geleiras tem afetado o volume de água e apontado problemas à agricultura e ao futuro abastecimento da população nessa porção do noroeste dos Estados Unidos.

O rio Colorado nasce no planalto do Colorado e apresenta uma extensão de mil quilômetros. Em seu curso, escavado sobre rochas sedimentares, suas águas abriram vales muito profundos, denominados **cânions**, como o **Grand Canyon**.

O rio Sacramento corre pelo vale da Califórnia e separa a cadeia da Costa da serra Nevada. Teve papel de destaque na colonização do oeste norte-americano, pois atraiu grande número de colonos, que buscavam o ouro encontrado em seu leito.

Outro rio dessa vertente é o **Colúmbia**, cujas águas represadas servem para a irrigação e para a obtenção de energia elétrica. Num dos trechos de seu curso, localiza-se a usina hidrelétrica de Grand Coulee, uma das maiores do mundo.

Além desses rios, na vertente do Pacífico situa-se o **rio Yukon**, que nasce nas Rochosas e tem a maior parte do seu curso no Alasca. Apesar de congelado durante boa parte do ano, ele permite a navegação. Teve grande importância nas explorações auríferas, que contribuíram para a ocupação do Alasca.

Vertente do Pacífico Norte

Fonte: *Atlas 2000. La France et le monde*. Paris: Nathan, 1999. p. 97 (adaptado).

A vertente do Atlântico Sul

Essa vertente é a mais extensa e a mais importante do continente. Nela estão situadas as duas maiores bacias hidrográficas do mundo: a **bacia Amazônica** e a **bacia Platina**.

- Observe o mapa ao lado e responda às questões a seguir.

1. Qual das quatro bacias indicadas no mapa está localizada nas proximidades da região de maior dinamismo econômico do Brasil?
2. Quais os centros dispersores da bacia Amazônica?
3. Os planaltos e as serras do Atlântico são dispersores de quais bacias?
4. O que explica o fato de não haver rios de grande expressão desaguando no oceano Pacífico?

Vertente do Atlântico Sul

Fonte: *Atlas 2000. La France et le monde*. Paris: Nathan, 1999. p. 109 (adaptado).

A bacia Amazônica

A bacia Amazônica, cujo principal rio é o **Amazonas**, ocupa uma área de aproximadamente 7 milhões de quilômetros quadrados, dos quais 4,8 milhões se localizam em território brasileiro. Esse rio entra no Brasil com o nome de Solimões e, ao encontrar-se com o rio Negro, passa a se chamar Amazonas.

Seus centros dispersores de águas situam-se nos Andes (onde nasce o rio Amazonas), nos planaltos Norte-amazônicos e no planalto dos Parecis.

O Amazonas é um rio de planície, propício à navegação, que permite a chegada de navios de grande porte até a cidade de Manaus, situada às margens do rio Negro, no interior do continente.

Os afluentes da margem direita do rio Amazonas são maiores e possuem maior volume de água, como o Purus, o Madeira, o Xingu e o Tapajós. Os da margem esquerda são de menor expressão, com destaque para o rio Negro.

Em alguns rios da bacia Amazônica foram construídas usinas hidrelétricas de grande porte, como a de Balbina, no rio Uatumã, e a de Samuel, no rio Jamari, além de Jirao e Santo Antonio, no rio Madeira, que estavam em construção no início de 2012.

Com essas obras, foram formados lagos artificiais, que provocaram a devastação de grandes áreas florestais, o desaparecimento de importantes espécies da fauna e da flora amazônica e o desalojamento de um grande número de habitantes das áreas inundadas. Essa situação vem ocasionando uma série de protestos por parte de vários movimentos ecológicos nacionais e internacionais. Há visões também favoráveis à construção de hidrelétricas na Amazônia, como se pode constatar em um do textos a seguir. Os dois textos tratam da construção da usina hidrelétrica de Belo Monte, cujas obras foram iniciadas em 2011.

MAIS INFORMAÇÃO

Belo Monte

Esqueceram do custo socioambiental

"[...] Belo Monte é tida como a terceira maior usina hidrelétrica do mundo. No entanto, a energia firme de Belo Monte é de 4.571 MW dos 11.233 MW instalados. Sua eficiência energética é de aproximadamente 39% enquanto a média brasileira está entre 50% e 60%. Isso ocorre porque é necessário, ao desviar a água do Xingu para um lago artificial, garantir a manutenção de uma vazão mínima para os cerca de cem quilômetros da região da Volta Grande do Xingu, onde vivem índios e ribeirinhos que, apesar de não terem suas áreas alagadas, serão afetados.

O valor total da obra é incerto. De acordo com a Norte Energia será de 27,46 bilhões de reais, porém já foram feitas estimativas muito diferentes disso. Historicamente grandes obras na Amazônia custam até duas vezes mais do que o anunciado inicialmente.

O tamanho da área alagada, de acordo com o edital do leilão de Belo Monte, é de 668 km², mas em 2009 registravam-se 440 km² e em 2010, 516 km². A destruição da floresta associada à Belo Monte, entretanto, será muito maior do que a área do lago, podendo chegar, nos próximos 20 anos, a 5.316 km².

Uma hidrelétrica é, geralmente, considerada geradora de 'energia limpa'. Porém, os impactos socioambientais diretos e indiretos da construção de uma usina da magnitude de Belo Monte na Amazônia geram consequências que vão além da emissão de gases causadores de efeito estufa e das áreas afetadas diretamente com as construções. Deslocamento de milhares de pessoas, desmatamentos, acirramento de conflitos de terra em função da atração de pelo menos 96 mil pessoas para uma região com situação fundiária instável e sem infraestrutura. [...]

O Brasil deveria investir na diminuição da perda gerada nas linhas de transmissão, estimada atualmente em 20%, quantidade correspondente à geração de Belo Monte por ano e em outras fontes. A geração de eletricidade por biomassa tem potencial de 28 mil MW e o potencial eólico é de 143 mil MW. Com a média anual de radiação no Brasil entre 1.742 e 2.300 kWh/m², apenas 5% da energia atenderia a toda a demanda brasileira atual por eletricidade. O Brasil deve ainda considerar no planejamento energético a construção de hidrelétricas, porém de forma seletiva e considerando os custos socioambientais associados. [...]"

VILLAS-BÔAS, André; SALAZAR, Marcelo. Esqueceram do custo socioambiental. Opinião. *O Globo*, 29 dez. 2011. p. 7.

Uma boa discussão

"A geração de energia no Brasil jamais foi debatida com tamanha intensidade e paixão. A construção da Hidrelétrica Belo Monte tem sido motivo de embates acalorados envolvendo especialistas, estudantes e leigos. Isso contribui para disseminar a importância da hidreletricidade como matéria-prima indispensável para o desenvolvimento do país e a consequente geração de emprego e renda para os brasileiros, especialmente aqueles da região do Xingu e do estado do Pará.

O Brasil tem pela frente o desafio de, anualmente, incorporar mais 5 mil megawatts ao Sistema Interligado Nacional, de modo a garantir energia a um país cuja expansão da economia tem superado a de nações como Estados Unidos, Alemanha e Japão. E, em que pese a divergência de opiniões acerca da construção de Belo Monte, é indiscutível que a energia hidrelétrica é a mais segura, confiável, limpa, renovável, além de mais viável economicamente. Principalmente em um país como o nosso, que detém o maior potencial hídrico do mundo, mas que explora apenas 30% dessa capacidade.

Conhecer mais a fundo o projeto de Belo Monte é o primeiro passo para um debate saudável. Não há mais espaço para discursos vazios e informações equivocadas. Os jovens brasileiros, principalmente os universitários, mostraram que a sociedade está 'ligada' e pronta para fazer um debate sério quando confrontada.

Belo Monte terá um reservatório de 503 km², sendo que 228 km² são a própria calha do rio. E parte do restante já não é a mítica floresta virgem, mas sim área de criação de gado e de agricultura. A ideia de um reservatório gigante que iria atingir terras indígenas já está ultrapassada: a área total alagada é, hoje, pouco mais de 1/3 do previsto na década de [19]90, quando foi estimada em 1.225 km².

Os alardeados efeitos sobre as terras indígenas e a ideia de que os índios serão expulsos de suas terras já não têm espaço. Nenhuma terra indígena será alagada por conta de Belo Monte. E mesmo aqueles que moram na região da Volta Grande do Xingu terão garantidas suas atividades habituais de pesca e navegação, uma vez que será mantido um hidrograma de vazões do rio com esse fim.

A maior parte da eletricidade gerada por Belo Monte (70%) já está vendida para 27 distribuidoras de todo o país. Energia que irá suprir a demanda de consumidores residenciais, comerciais e industriais. O preço fechado no leilão, de R$ 77,97/MWh, é um dos mais baixos praticados, o que contribui para a modicidade tarifária.

A região do Xingu já vem mudando, e para melhor. Isso já é percebido em Altamira e nos demais 10 municípios da região, por meio de investimentos na área social e ambiental: construção e reforma de escolas, unidades de saúde, saneamento básico, segurança pública, além da geração de milhares de empregos para moradores locais, que já representam 67% dos empregados nas obras de Belo Monte, dos quais 15% são mulheres.

Nossa matriz tem mais de 86% de energia gerada por fontes limpas e renováveis, contra apenas 19% do restante do mundo e de 17% dos países desenvolvidos. [...]"

NASCIMENTO, Carlos R. A. Uma boa discussão. Opinião. *O Globo*, 29 dez. 2011. p. 7.

A bacia Platina

Considerada a segunda maior bacia hidrográfica do mundo, a bacia Platina ocupa uma área de cerca de 4.350.000 quilômetros quadrados, abrangendo terras do Brasil, do Paraguai, do Uruguai, da Argentina e da Bolívia.

Os principais rios dessa bacia são o **Paraná**, o **Paraguai** e o **Uruguai**, todos com nascente no Brasil. Na divisa da Argentina com o Paraguai, o rio Paraguai deságua no Paraná, sendo que este, após a cidade argentina de Paraná, tem sua denominação modificada para rio da Prata. O rio Uruguai desemboca na foz do rio da Prata.

O rio Paraná e muitos de seus afluentes, em razão dos inúmeros trechos encachoeirados, possuem enorme potencial hidráulico, em boa parte já aproveitado. Nesse rio encontram-se várias usinas hidrelétricas, como: Itaipu, Sérgio Motta (também chamada de Porto Primavera), Jupiá e Ilha Solteira, que fazem parte do complexo hidrelétrico de Urubupungá. Nos formadores do rio Paraná há também importantes usinas: Furnas e Volta Grande, no rio Grande; São Simão e Cachoeira Dourada, no rio Paranaíba.

Com a implantação da hidrovia Tietê-Paraná (interligada ao Paranaíba), possível graças à construção de diversas eclusas em ambos os rios, o Paraná vem sendo mais bem aproveitado para a navegação, e por ele já passa grande quantidade de produtos, principalmente agrícolas.

Usina hidrelétrica de Itaipu, Foz do Iguaçu, PR (2009).

Barcaça carregada de cana na saída da eclusa da barragem da Usina de Bariri. Bariri, SP (2010).

Outras bacias

Também faz parte da vertente do Atlântico Sul a **bacia do São Francisco**, localizada totalmente em território brasileiro. O rio São Francisco, como você estudou no livro do 7º ano, atravessa uma área de clima semiárido (sertão nordestino), sendo aproveitado para a irrigação e para o transporte. Além disso, possui enorme potencial hidráulico, que possibilitou a construção de grandes usinas hidrelétricas, como Sobradinho, Paulo Afonso, Xingó e Três Marias.

Há em território brasileiro diversas outras bacias hidrográficas cujos rios deságuam no oceano Atlântico. Um deles é o rio Paraíba do Sul, sobre o qual trata o texto a seguir.

PARA COMPREENDER **Texto**

Leia a notícia.

Despoluição do rio Paraíba do Sul

"Por quase duas décadas, a poluição do Rio Paraíba do Sul e de seus afluentes alterou a vida de quem vem vive às suas margens. Agora, um projeto que prevê tratamento de 100% do esgoto *in natura* lançado no rio já apresenta os primeiros resultados. Peixes que tinham virado raridade, como pacus, tambaquis e piabas, voltaram a aparecer nas redes de pescadores da região. E, há cinco anos considerados impróprios para consumo por causa da poluição, lambaris, curimbatás, mandis e tilápias também já podem ir à mesa.

Análise da Cetesb, a agência ambiental do Estado, comprova que o índice de oxigenação da água do Paraíba do Sul, no trecho de São José dos Campos, a 80 quilômetros de São Paulo, subiu de 0,5 miligramas por litro, em 2009, para 5,2 mg/l, em 2011 — peixes sobrevivem a partir de 5 mg/l.

O pico de oxigenação ocorre em Pindamonhangaba, a 158 km da capital: passou de 2,5 mg/l, em 2009, para 6 mg/l neste ano. Com 1.137 quilômetros de extensão, o rio abastece 14 milhões de pessoas e passa por 180 cidades, de Minas, São Paulo e Rio.

'Não dava para comer o peixe daqui, tinha gosto de óleo', afirma o pescador Antonio Cardoso, de 72 anos. Morador de Tremembé, a 155 quilômetros da capital, ele vive à beira do Paraíba do Sul desde criança e criou os oito filhos com a renda da pesca. 'Pesco no Paraíba faz 62 anos. É uma alegria poder pegar peixe de novo', conta. 'Cinco anos atrás, não conseguia parar à beira do rio de tanto mau cheiro. Para almoçar, era preciso fechar a casa', diz Cardoso, apontando para a água agora limpa que passa nos fundos de seu quintal.

O pescador diz que hoje, no verão, consegue pescar até 20 quilos de peixe por dia. 'Já tenho meus fregueses. Limpo, coloco no *freezer* e ligo para eles virem buscar', conta. Toda a produção é vendida no atacado para comerciantes do mercado municipal da cidade vizinha de Taubaté.

[...]

De acordo com José Londaldo, presidente da Colônia de Pescadores Profissionais, a entidade, que já chegou a ter 1,4 mil pescadores registrados, hoje tem apenas 490 profissionais, de 36 cidades do Vale do Paraíba e litoral norte. 'Muitos peixes entraram em extinção e vários de nossos pescadores abandonaram o Paraíba por conta da poluição.'

A despoluição do Paraíba do Sul está sendo realizada por meio de parceria entre a Companhia de Saneamento Básico do Estado de São Paulo (Sabesp), o governo estadual e municípios. Com a implantação da Estação de Tratamento de Taubaté/Tremembé, em março de 2010, o esgoto nessas duas cidades passou a ser 100% tratado.

De acordo com a Sabesp, foram investidos R$ 170 milhões no Vale do Paraíba, região em que 21 municípios usam abastecimento operado pela companhia e dez adotam sistemas autônomos. A previsão é de que em 2014 o sistema de despoluição atinja sua universalização, com 100% de água tratada e 100% de esgoto coletado e tratado, absorvendo recursos de R$ 500 milhões."

MONTEIRO, Gerson. Após anos poluído, rio Paraíba do Sul começa a renascer. Texto publicado em 18 ago. 2011. *O Estado de S. Paulo*. Disponível em: <http://www.estadao.com.br/noticias/impresso,aposanospoluidorioparaibadosulcomecaarenascer,760242,0.htm>. Acesso em: 4 jan. 2014.

Responda às questões a seguir.

1. Qual a importância da despoluição do rio Paraíba do Sul para os ecossistemas, para a sociedade e para a economia?
2. O que vem contribuindo para o processo de despoluição?
3. Considerando o item anterior, você acha que isso poderia ser realizado no município onde você vive?

No norte da América do Sul, em terras da Venezuela e da Colômbia, é encontrada a bacia fluvial constituída pelo **rio Orinoco** e seus afluentes. Às margens do rio Orinoco, na Venezuela, desenvolve-se a atividade criatória.

O território da Colômbia é ainda atravessado por um rio que se configura como um importante recurso natural: o Madalena. Sua importância se deve ao aproveitamento de suas águas para a geração de energia elétrica e para a irrigação. Esta última propicia o desenvolvimento de atividades agrícolas em suas margens.

Áreas inundadas em trechos ribeirinhos do rio Madalena, Colômbia, afetados por fortes chuvas em maio de 2008.

Lagos sul-americanos

Dois lagos merecem destaque na América do Sul: o lago **Maracaibo** (16.000 km^2), na Venezuela, onde se realiza a extração de petróleo; e o lago **Titicaca** (8.300 km^2), nos Andes, situado a 3.800 metros de altitude. Desde o século X, as margens do Titicaca (na fronteira entre a Bolívia e o Peru) são utilizadas para a prática agrícola.

Lago Titicaca, Peru (2010).

Atividades

RETOME SEUS CONHECIMENTOS

1. Copie o quadro e complete-o.

Bacia hidrográfica	Onde se localiza	Rio principal	Aproveitamento econômico
São Francisco			
Orinoco			

2. A construção de usinas hidrelétricas na bacia Amazônica continua sendo alvo de muitas discussões e debates.

   Cite algumas usinas hidrelétricas construídas na bacia Amazônica.

EXERCITE SEUS CONHECIMENTOS

3. Observe o mapa, que mostra as três principais bacias hidrográficas da América do Sul.
   a) Aponte os dispersores de águas das bacias 1 e 3.
   b) Se considerarmos a localização geográfica, qual bacia tem maior importância econômica: 2 ou 3? Justifique.

Fonte: *Atlas 2000. La France et le monde*. Paris: Nathan, 1999. p. 109 (adaptado).

4. Observe o esquema.

   Para atingir a cidade de Chicago, um navio que navega do oceano Atlântico para o continente, via rio São Lourenço, percorre um longo caminho por meio de canais, eclusas (para compensar os desníveis entre um lago e outro) e lagos. No esquema, cada nível corresponde a um dos lagos pelos quais o navio tem de passar. Identifique-os, indicando o percurso a ser feito.

CHICAGO

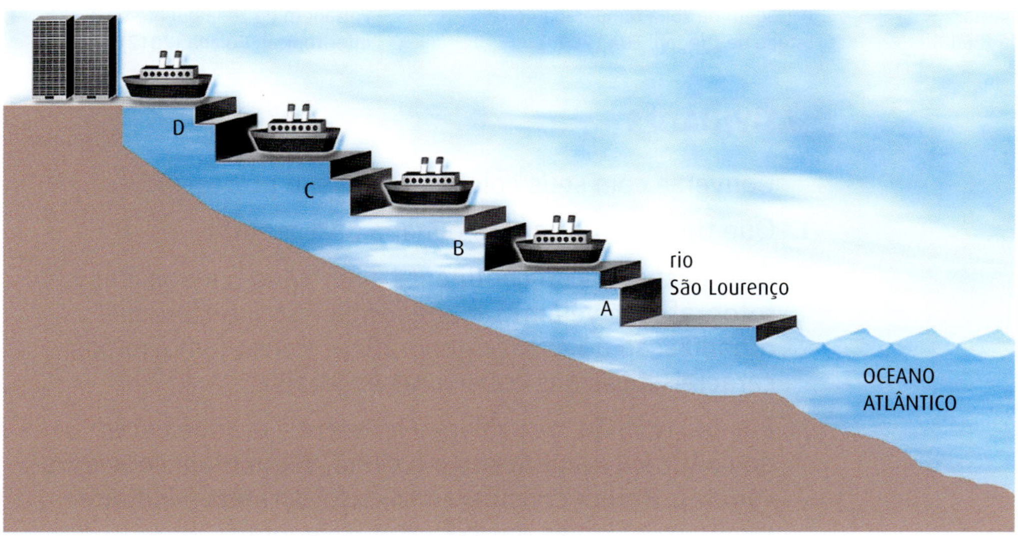

Fonte: *Atlas 2000. La France et le monde*. Paris: Nathan, 1999. p. 96 (adaptado).

10 Climas e coberturas vegetais na América

PARA CONTEXTUALIZAR

Observe o mapa e as fotografias.

Zonas climáticas da Terra

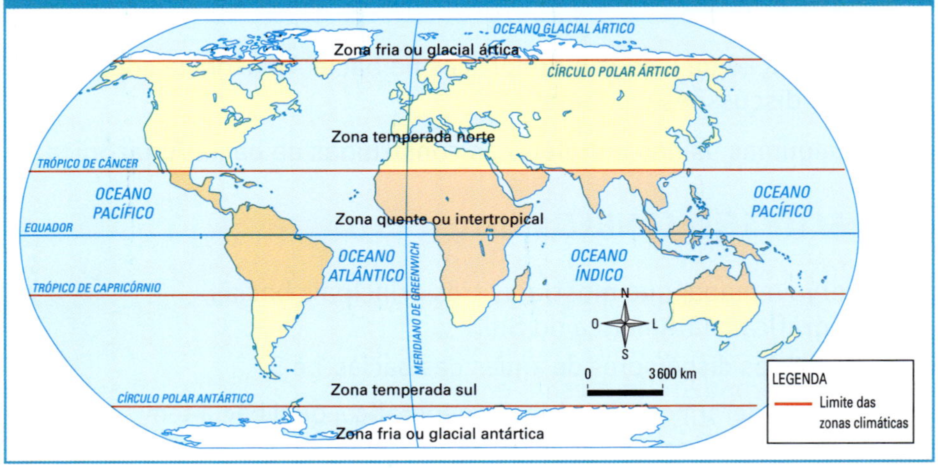

Fonte: *L'Environment*. Paris: Nathan, 2000. p. 9 (adaptado).

Paisagem de zona fria ou glacial ártica. Ilha Cobourg, Canadá (2008).

Paisagem de zona temperada norte. Estado de Oregon, EUA (2009).

Paisagem de zona quente ou intertropical. Guiana (2012).

ATIVIDADES

Converse com seus colegas e com seu professor.

1. Que tipo de informação o mapa apresenta?
2. Quais aspectos do continente americano o mapa e as fotografias revelam? De que forma isso interfere na organização do espaço geográfico? Pense também nas características das coberturas vegetais.
3. Em sua opinião, que relação há entre a grande extensão do continente americano e o clima? E quanto à cobertura vegetal? Reflita considerando as fotografias e indique também os nomes das coberturas vegetais.

Fatores climáticos

Conforme você conversou com seus colegas na seção **Para contextualizar**, o continente americano apresenta grande extensão territorial e estende-se por diversas zonas climáticas. Além disso, como estudou anteriormente, apresenta diferentes formas de relevo e extensa costa oceânica. Esses fatores contribuem para a grande variedade climática e botânica. Consequentemente, nele encontramos também grande diversidade de coberturas vegetais.

Apesar de avanços tecnológicos terem possibilitado a uma parte da sociedade, em muitos países, uma dependência menor dos fatores naturais em relação ao desenvolvimento econômico e social, diversas atividades humanas têm estreita relação com o clima.

A agropecuária é uma atividade dependente das condições climáticas, o que podemos constatar quando, por exemplo, ocorrem secas prolongadas que prejudicam a capacidade de produção dos agricultores afetados, ou mesmo chuvas em quantidades muito superiores aos volumes médios para determinada região. Os períodos de produção em várias culturas agrícolas estão condicionados às características climáticas, como a época de semeadura, de crescimento das plantas, de colheita, que variam de acordo com a estação do ano. No entanto, as sociedades que atingiram nível de desenvolvimento tecnológico avançado conseguem produzir até mesmo em regiões desérticas, e também criaram condições para que determinadas espécies de plantas pudessem ser adaptadas ao crescimento em tipos climáticos diferentes dos que originalmente se desenvolveram. Isso sem falar nas sementes e plantas geneticamente modificadas.

Lavoura de milho afetada pela seca em Cruz Alta, RS (2012).

Ainda levando em conta essa estreita relação das atividades humanas com o clima, podemos considerar que em regiões com clima frio ou polar, onde as temperaturas são extremamente baixas, verificam-se baixas densidades demográficas. Já as regiões desérticas também apresentam-se pouco povoadas, como veremos a seguir.

Entre os fatores que influenciam na formação dos climas do continente destacam-se a **latitude**, o **relevo**, as **correntes marítimas** e a **continentalidade**.

Latitude, relevo, correntes marítimas e continentalidade

Como visto na seção **Para contextualizar**, as terras americanas ocupam quase toda a extensão norte-sul do globo, sendo atravessadas pelos principais paralelos (Equador, trópicos de Câncer e de Capricórnio, círculo polar Ártico), com exceção do círculo polar Antártico. Essa é uma das características do continente americano que explicam sua grande diversidade climática. À medida que nos afastamos do Equador (latitude 0°), seguindo em direção aos polos, as temperaturas vão diminuindo. Assim, quanto maior a latitude, menor a temperatura.

O relevo também contribui para a grande variedade de climas e de coberturas vegetais na América, em razão das diferenças de altitude e da disposição de suas formas (cadeias montanhosas, planaltos, depressões e planícies). É a altitude que explica, por exemplo, as eternas neves dos Andes (altitudes maiores), em plena zona equatorial.

A disposição espacial das formas de relevo pode facilitar ou dificultar o deslocamento das massas de ar, que influenciam na distribuição da umidade e na mudança de temperatura.

As montanhas da costa ocidental americana, por exemplo, funcionam como barreira à passagem das massas de ar, dificultando sua penetração e influindo na distribuição da umidade. Como consequência, existem áreas desérticas em várias regiões da costa ocidental do continente, como veremos mais adiante.

As correntes marítimas também exercem influência sobre o clima do continente americano. Essa influência é mais sensível no litoral do Pacífico, onde as correntes frias da Califórnia e de Humboldt são alguns dos fatores responsáveis pelo clima árido ou desértico na península da Baixa Califórnia (América do Norte), na maior parte do litoral peruano e no deserto de Atacama, no Chile (América do Sul). Isso acontece porque a umidade trazida pelos ventos quentes do oeste, ao passar sobre as águas frias dessas correntes, resfria-se, condensa-se e se precipita em forma de chuva. Quando chegam ao continente, esses ventos já não carregam umidade suficiente para provocar chuvas.

Efeito das correntes frias na formação de áreas desérticas

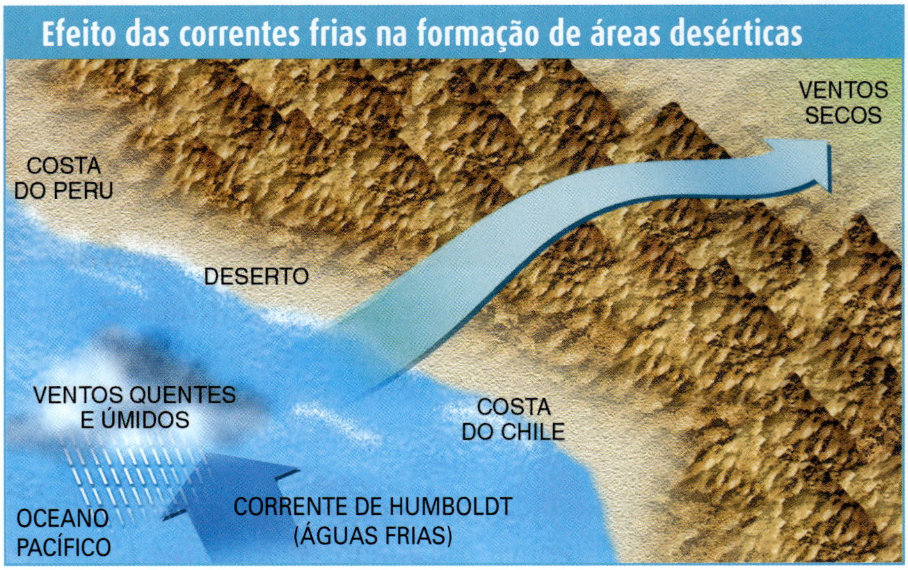

Fonte: Elaborado pelos autores.

No litoral Atlântico é a **corrente fria do Labrador**, formada nas proximidades da Groenlândia, que influencia o clima. No inverno, ela determina as baixas temperaturas que congelam as águas dos rios e lagos da costa nordeste da América do Norte.

Na porção meridional do litoral Atlântico, a **corrente das Falklands** é um dos principais fatores responsáveis pelo clima semiárido da Patagônia.

Por último, cabe mencionar a influência da continentalidade (distância em relação ao oceano), que se verifica mais acentuadamente no interior da América do Norte e da América do Sul. Essa influência acarreta a diminuição das chuvas e a maior amplitude térmica (diferença entre as temperaturas máxima e mínima) diária e, em alguns casos, também anual, própria dos climas continentais.

PARA COMPREENDER Mapas

América – Climas

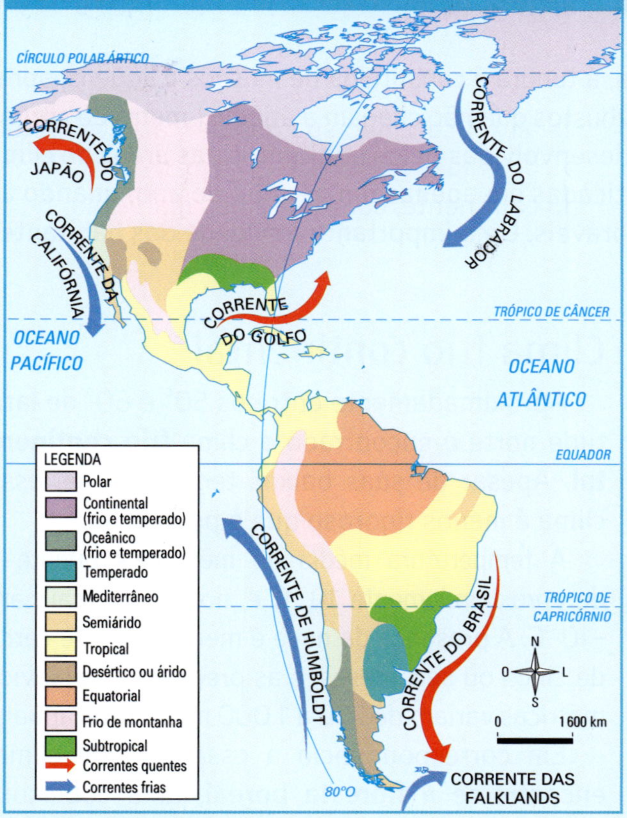

Fonte: *L'Environment*. Paris: Nathan, 2000. p. 9 (adaptado).

América – cobertura vegetal original

Fonte: *L'Environment*. Paris: Nathan, 2000. p. 9 (adaptado).

■ Com base nos mapas, responda.

1. Que tipo de informação eles apresentam?

2. Existe, de modo geral, correspondência entre os tipos de cobertura vegetal original e os tipos de clima do continente? Justifique com exemplos.

3. Dê um exemplo de clima e de sua cobertura vegetal correspondente que ocorrem exclusivamente na América do Norte.

Tipos de clima e coberturas vegetais

Apesar de predominar um ou outro fator climático em uma região, é a conjugação de todos eles que explica os diferentes tipos climáticos.

Clima polar

6 Tipos de clima da América

Para o assunto ***Zonas climáticas na América***, acesse e explore este OED.

Na seção **Para contextualizar**, você pôde constatar que o continente americano apresenta um trecho, no extremo norte, situado na zona polar. O clima **polar** está presente nas altas latitudes (acima de 60°) do hemisfério Norte e tem como principal característica temperaturas baixíssimas.

Nesse tipo de clima, predominante no Alasca, no norte do Canadá e na Groenlândia, as médias anuais de temperatura estão sempre abaixo de 0 °C, e as precipitações médias anuais são inferiores a 250 milímetros, sendo quase sempre na forma de neve.

O rigor desse clima não permite maior desenvolvimento de vegetação. Apenas durante alguns meses do ano (de junho a agosto), quando as temperaturas são menos rigorosas e há o degelo, desenvolve-se um tipo de vegetação chamado **tundra**.

Predominantemente rasteira, a tundra é constituída de musgos e liquens, apresentando, em alguns lugares, arbustos que não chegam a atingir 1 metro de altura.

As atividades econômicas desenvolvidas pelos habitantes das áreas de clima polar são sazonais, isto é, praticadas em apenas um período do ano, quando as condições se tornam mais favoráveis. Uma importante atividade dos habitantes dessas áreas é a pesca.

Líquen
Organismo formado pela associação de fungos e algas.

Sazonal
Relacionado às mudanças das estações do ano.

Parque Nacional Denali, no Alasca, EUA (2010).

Clima frio continental

Aproximadamente entre os 50° e 60° de latitude norte é encontrado o clima **frio continental**. Apesar de suas baixas temperaturas, esse clima é menos rigoroso que o polar.

A temperatura média do mês mais quente é de aproximadamente 10 °C e, no inverno, cai para –10 °C. A presença da neve é menor durante cerca de cinco ou seis meses, e as precipitações pluviométricas variam de 250 a 1.000 milímetros anuais.

Em correspondência a esse tipo de clima, encontra-se a **floresta boreal**, uma cobertura vegetal bastante homogênea, constituída predominantemente por **coníferas**. Ela cobria boa parte do Canadá e foi intensamente explorada, acarretando gravíssimas consequências para os ecossistemas de sua área de abrangência e levando ao desaparecimento de espécies. Essa exploração teve como objetivo, principalmente, a produção de celulose, matéria-prima da indústria de papel e tecidos.

Atualmente, além de algumas áreas de vegetação original ainda conservadas, há extensos trechos reflorestados para suprir a necessidade da importante indústria de papel e papelão do país.

Coníferas no Canadá (2010).

Clima frio de montanha

Nas montanhas Rochosas, na cordilheira dos Andes e nas partes mais elevadas do planalto do México, ocorre o clima **frio de montanha**.

Nessas áreas, as temperaturas médias anuais oscilam entre 5 °C e 15 °C, e as precipitações pluviométricas médias anuais variam de 500 a 1.000 milímetros, segundo a influência de fatores locais (massas de ar e correntes marítimas).

Apesar das baixíssimas temperaturas e da aridez do seu clima, as altas montanhas abrigam alguns animais de pequeno e médio porte. Nas montanhas Rochosas, são encontrados, entre outros, o esquilo, a cabra-montesa, o puma e a águia, espécies que se adaptam a altitudes elevadas. A vicunha e o guanaco vivem nas encostas dos Andes. Aves, como o condor e o tentilhão, e roedores, como a chinchila, também estão adaptados ao ambiente montanhoso.

A vicunha adapta-se bem à vida montanhesa, pois seu corpo pode conter três vezes mais oxigênio que o sangue humano, além de ser recoberto por uma pelagem espessa, que mantém o animal aquecido. Chile (2011).

Clima temperado

Um das fotos da seção **Para contextualizar** é de floresta temperada, que está presente na região temperada da América. O clima **temperado** apresenta as quatro estações do ano bem definidas, considerando as variações de temperatura. Na América do Norte, abrange uma extensa área. No território sul-americano, ocorre apenas em um pequeno trecho.

Leia e compare as informações dos climogramas a seguir.

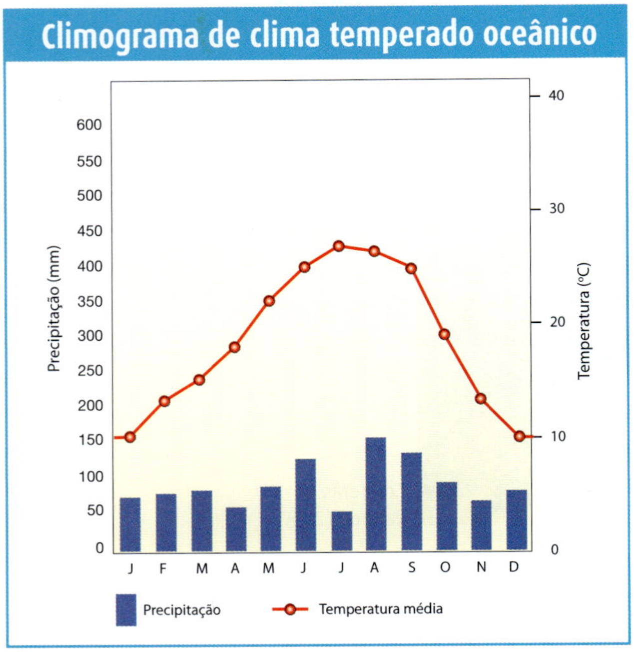

Climograma de Charleston, Carolina do Sul, EUA.

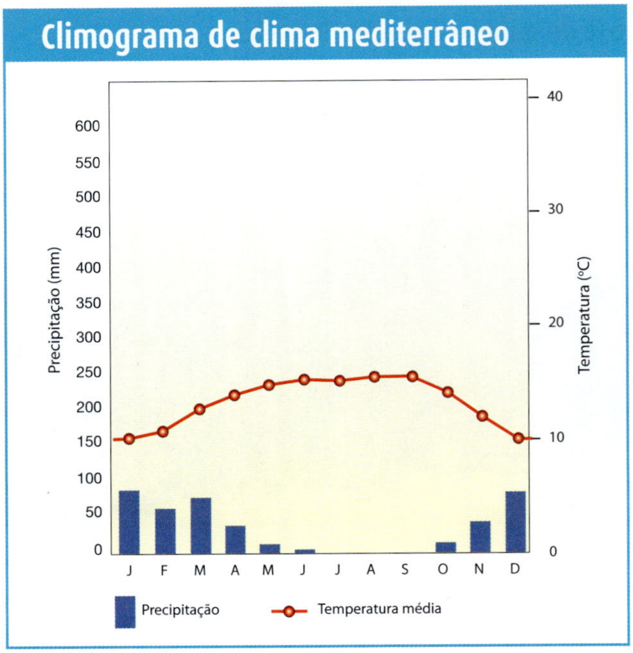

Climograma de Monterrey, Califórnia, EUA.

Fonte: MENDONÇA, Francisco; DANNI-OLIVEIRA, Inês Moresco. *Climatologia*: noções básicas e climas do Brasil. São Paulo: Oficina de Textos, 2007. p. 132 e 134.

- A que conclusões podemos chegar em relação à comparação dos dois climogramas?

No litoral da América do Norte, tanto na costa leste como na oeste, e no litoral do extremo sul do Chile, encontra-se o clima **temperado oceânico**, que se caracteriza por inverno muito frio, verão ameno e chuvas bem distribuídas durante o ano. Porém, na costa da Califórnia, ocorre o clima **mediterrâneo**, que possui verão seco.

Nas planícies centrais da América do Norte encontra-se o clima **temperado continental**, com verões muito quentes (podendo atingir 38 °C a 40 °C), invernos bastante rigorosos, chuvas escassas e fortes precipitações de neve no inverno. A influência dos ventos e das massas de ar é muito grande nessa parte do continente, por causa do "corredor" formado entre as montanhas Rochosas (oeste) e os Apalaches (leste).

Extração de madeira em floresta temperada nos EUA (2009).

A vegetação característica desse tipo climático é a **floresta temperada**, presente nas áreas de maior umidade, cujas principais espécies são o carvalho, a faia, a bétula e alguns tipos de pinheiro. Essas espécies vegetais geralmente perdem suas folhas durante o inverno, por isso são chamadas árvores de folhas caducas.

A floresta temperada passou por um intenso processo de exploração, em função da boa qualidade de suas madeiras, utilizadas para a extração de celulose, na fabricação de móveis e para edificações.

Na América do Norte, a floresta temperada é encontrada:

- na costa leste (Atlântico), desde o vale do rio São Lourenço até as proximidades do golfo do México (floresta Apalachiana);
- na costa oeste (Pacífico), em uma estreita faixa entre o oceano e as montanhas, desde o norte da Califórnia até o Alasca.

Nas florestas que recobrem as encostas das cadeias costeiras do litoral do Pacífico, encontram-se algumas espécies vegetais de grandes dimensões, como as sequoias, com 4 metros de diâmetro e cerca de 100 metros de altura.

Na América do Sul, a floresta temperada localiza-se numa estreita faixa litorânea, no extremo sul do Chile.

Pastagem nos pampas argentinos (2008).

Na porção central do Canadá e dos Estados Unidos (América do Norte), a vegetação original é formada de estepes, que, na região, recebem o nome de **pradarias**. Na América do Sul, as estepes se estendem pelo Uruguai e pelo centro-norte da Argentina, numa região denominada **pampa**. A densidade da vegetação rasteira (gramíneas), predominante nessas áreas, varia de acordo com a quantidade de chuva. Essas áreas são consideradas verdadeiros celeiros, pois são intensamente aproveitadas para a atividade criatória e para o cultivo de cereais.

Ao analisar o mapa e as fotografias da seção **Para contextualizar**, você percebeu que um extenso trecho do continente americano está situado na região intertropical. Dois tipos climáticos abrangem trechos significativos dessa região: o equatorial e o tropical. Vamos estudá-los a seguir.

Clima equatorial

Na América, o clima **equatorial** ocorre na maior parte das terras banhadas pelos rios da bacia Amazônica.

As temperaturas médias anuais situam-se entre 25 °C e 28 °C. São, portanto, baixas as variações de temperatura durante o ano (pequena amplitude térmica). A pluviosidade é superior a 2 mil milímetros e pode ultrapassar 5 mil milímetros no ano.

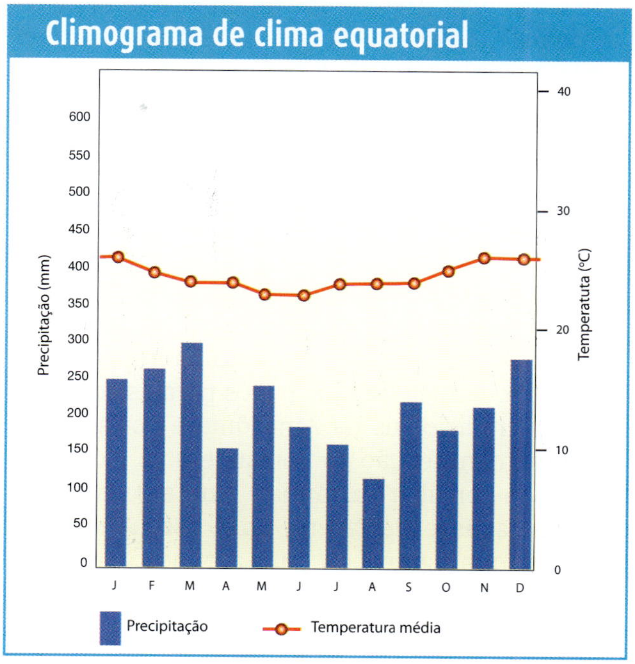

Climograma de Iquitos, Peru.

Fonte: MENDONÇA, Francisco; DANNI-OLIVEIRA, Inês Moresco. *Climatologia*: noções básicas e climas do Brasil. São Paulo: Oficina de Textos, 2007. p. 129.

Floresta Amazônica (2011).

Nas áreas dominadas pelo clima equatorial, a paisagem vegetal mais abundante é a **floresta equatorial**. Seu melhor exemplo é a densa floresta Amazônica. A grande biodiversidade dessa floresta é ameaçada pelos desmatamentos e pelas queimadas frequentes, que, além de comprometerem o ecossistema, são responsáveis por grande emissão de CO_2. O Brasil é o quarto maior emissor de carbono na atmosfera, principal gás de efeito estufa. O desmatamento e as queimadas na Amazônia são os principais responsáveis por essa posição.

MAIS INFORMAÇÃO

Castanheira, a rainha da floresta

"O Brasil é o terceiro maior produtor mundial de frutas. Segundo a Organização das Nações Unidas para a Agricultura e a Alimentação (FAO), só perde para China e Índia. Entre as frutas que estão no topo do *ranking* das mais produzidas no país encontram-se, obviamente, a laranja e a banana. Está também, vejam só, a castanha-do-brasil, também conhecida como castanha-do-pará ou da-amazônia, justamente o que nos interessa aqui.

Alta, imponente, impressionante, a castanheira é daquelas árvores que quem vê não esquece jamais. Até porque ela não se mistura. No Acre, por exemplo, a média é de uma castanheira por hectare. Nos estados de Mato Grosso, Pará, Amazonas e Amapá há, no máximo, dez árvores por hectare. E isso no meio da mata — o que se vê, ao longe, é a copa, pairando acima da floresta como quem domina o ambiente.

Considerada vulnerável pela União Mundial para a Natureza (IUCN), no Brasil, a castanheira é protegida por lei, por causa da importância socioeconômica de seus frutos para as comunidades tradicionais da Amazônia e por seu papel na manutenção da floresta em pé. Hoje não se pode derrubar castanhais para a construção de estradas e barragens, para assentamentos de reforma agrária ou para a criação de gado. Além disso, uma portaria interministerial de promoção de produtos de biodiversidade estabelece a castanha-do-brasil como a primeira a ser beneficiada por programas de promoção de técnicas de manejo, formação de técnicos para multiplicação de boas práticas, inclusão na merenda escolar local, entre outros.

Na floresta, a enorme castanheira faz sombra para outras espécies. Quando, por alguma razão (um temporal, por exemplo), ela cai, abre uma ampla clareira — e nesse espaço outras espécies podem se multiplicar. 'A castanheira favorece a dinâmica da floresta e contribui de forma decisiva para a manutenção da diversidade da fauna e da flora amazônicas', explica Lúcia Wadt, pesquisadora da Embrapa (Empresa Brasileira de Pesquisa Agropecuária), que trabalha com manejo dos castanhais no Acre.

Após a decadência da borracha, a castanha-do-brasil passou a constituir o principal produto extrativo para exportação da Região Norte. Sua exploração comercial começou há 150 anos. As comunidades tradicionais, em geral compostas por famílias e agregados, têm na cata do ouriço de castanha uma fonte de renda paralela a outras atividades, como a agricultura de subsistência e a pesca. Na Amazônia, cerca de 200 mil famílias vivem do extrativismo."

SIMONETTI, Eliana. Castanheira, a rainha da floresta. Revista *Horizonte Geográfico*. Edição 136. São Paulo: Horizonte, ago. 2011. p. 54, 55 e 56.

Clima tropical

O clima **tropical** abrange a parte meridional dos Estados Unidos (Flórida), grande parte do México, a América Central ístmica e as Antilhas e grande parte da América do Sul, principalmente o Brasil. Esse tipo de clima diferencia-se do equatorial por apresentar duas estações bem definidas: a seca, que corresponde ao inverno, e a chuvosa, que corresponde ao verão.

7 Categorias dos furacões
Para o assunto ***Furacão***, acesse e explore este OED.

Suas temperaturas médias anuais oscilam entre 19 °C e 28 °C no decorrer do ano, e as médias anuais pluviométricas variam de 1 mil milímetros a 2 mil milímetros.

Na América Central e no golfo do México, o aquecimento das águas do Caribe provoca a ocorrência de fortes tempestades tropicais e de furacões de consequências devastadoras. A cidade de Nova Orleans, Estados Unidos, situada junto ao golfo do México, foi arrasada em 2005 pela força destruidora do furacão Katrina.

Inundação provocada pelo furacão Katrina em Nova Orleans, EUA (2005).

Floresta tropical na Guatemala (2010).

Na Flórida (EUA), na América Central e no litoral oriental da América do Sul, a influência das massas de ar oceânicas provoca maior umidade, o que proporciona o desenvolvimento das **florestas tropicais**, como a mata Atlântica brasileira, que foi quase totalmente devastada.

Nas regiões mais interiores, onde a umidade é menor, encontramos o **cerrado** no Brasil, **vegetação arbustiva** no litoral ocidental do México e da América Central ístmica e **lhanos** na Venezuela. Recentemente, com a utilização de moderna tecnologia, a região do cerrado brasileiro vem sendo ocupada por meio do desenvolvimento da atividade agrícola de caráter comercial, cuja expansão tem ocasionado diversos problemas ambientais (erosão, poluição das águas, redução da flora e da fauna). Atualmente, esse rico e diversificado conjunto de ecossistemas já perdeu mais de 60% de sua área original.

No Brasil, ainda tem destaque o **complexo do Pantanal**, considerado um conjunto de ecossistemas único no mundo. A sua paisagem vegetal é classificada como complexa, pelo fato de reunir espécies encontradas em todas as regiões naturais do Brasil. É uma região plana e de baixa altitude, que fica inundada durante a estação chuvosa de verão. Nas pequenas elevações formam-se ilhas que abrigam a fauna não aquática. A pecuária é a mais tradicional atividade econômica, mas a caça predatória e o garimpo do ouro são os maiores responsáveis pelos impactos ambientais na região pantaneira.

Clima desértico ou árido

Deserto de Atacama no Chile (2011). A corrente de Humboldt ou do Peru influencia a ocorrência de deserto.

O clima **desértico** ou **árido** ocorre principalmente no sudoeste dos Estados Unidos, no norte do México, em parte do litoral peruano, no norte do Chile (deserto de Atacama) e no sul da Argentina (deserto da Patagônia).

Esse tipo de clima apresenta grande variação de temperatura entre o dia (bastante elevada) e a noite (baixa) e chuvas escassas e mal distribuídas.

A vegetação das áreas de clima desértico é constituída predominantemente por **ervas** e **pequenos arbustos**, sendo muito comum a presença de **cactáceas**. Observe as fotografias a seguir.

Vista aérea da cidade de Las Vegas, EUA (2010).

Área de cultivo no deserto de Mojave na Califórnia, EUA (2009).

Climograma de clima desértico

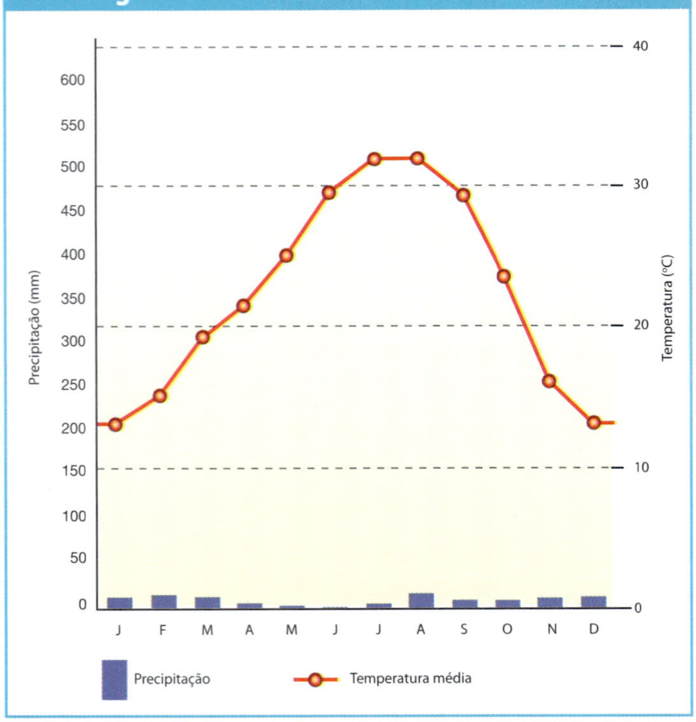

- Embora as condições climáticas de uma região influenciem a organização do espaço geográfico, podemos afirmar que elas constituem empecilho para o desenvolvimento econômico?

Observe ao lado o climograma da cidade de Yuma, situada no Arizona, EUA.

- Responda: como se apresentam as precipitações no decorrer do ano? E as temperaturas médias mensais?

Climograma de Yuma, Arizona, EUA.

Fonte: MENDONÇA, Francisco; DANNI-OLIVEIRA, Inês Moresco. *Climatologia*: noções básicas e climas do Brasil. São Paulo: Oficina de Textos, 2007. p. 131.

Clima semiárido

Nas áreas onde predomina o clima **semiárido**, as temperaturas médias anuais são elevadas, superiores a 25 °C, podendo atingir 32 °C. As médias anuais de chuvas variam entre 500 milímetros e 700 milímetros e são muito irregulares.

No Nordeste brasileiro, o clima semiárido é encontrado em uma área de aproximadamente 1 milhão de quilômetros quadrados. O tipo de vegetação dessa área é a **caatinga**. As árvores são, em geral, de pequeno porte, muitas delas com troncos retorcidos, que perdem as folhas nos longos períodos de seca; há também diversas espécies de **cactáceas**. A área original dessa paisagem vegetal, que abriga uma **rica biodiversidade**, também foi bastante modificada e reduzida pela ação humana. A vegetação da caatinga é formada por plantas xerófitas, ou seja, que se adaptam a longos períodos sem chuvas.

O clima semiárido abrange ainda o oeste dos Estados Unidos e o México, na periferia de suas áreas desérticas. A vegetação apresenta-se bastante esparsa, na forma de tufos de grama.

As regiões semiáridas têm sofrido intensos processos de desertificação. Quando isso ocorre, o solo torna-se inútil a qualquer atividade agropecuária e nem mesmo a vegetação xerófita consegue sobreviver. Cientistas apontam que a desertificação é resultante da exploração inadequada do solo com atividades agrícolas, do desmatamento, do consumo de lenha para uso energético e do aquecimento global. O semiárido do Nordeste do Brasil é a maior região da América Latina afetada por esse processo.

Clima subtropical

O clima **subtropical** ocorre em zonas de transição entre as áreas de domínio dos climas temperado e tropical. Na América do Norte, ele é encontrado no sul e no sudeste. Na América do Sul, na porção meridional do território brasileiro.

Suas temperaturas médias anuais oscilam entre 17 °C (meses mais frios) e 24 °C (meses mais quentes), e a pluviosidade média anual varia entre 1.300 milímetros e 2.000 milímetros.

No Brasil, o tipo de vegetação que corresponde a esse clima é a **mata de Araucária** ou **mata dos Pinhais**. Essa floresta, de grande importância econômica para a indústria de móveis e de papel (celulose), vem sendo intensamente devastada.

Clima mediterrâneo

No litoral da Califórnia (EUA) e em alguns trechos do Chile, está presente o clima **mediterrâneo**. Suas temperaturas médias anuais variam entre 15 °C (meses mais frios) e 20 °C (meses mais quentes). O verão corresponde à estação seca, enquanto o inverno marca a estação das chuvas. A vegetação típica desse clima é a **mediterrânea**, que se caracteriza por árvores de pequeno porte e arbustos.

As uvas, que se dão muito bem nesse tipo de clima, são as responsáveis pelo sucesso da indústria vinícola na Califórnia e no Chile. Seus vinhos são exportados para o mundo inteiro.

Colheita de uva em vinícola de Santa Bárbara, Califórnia (2010).

Atividades

RETOME SEUS CONHECIMENTOS

1. Copie o quadro a seguir, completando-o com características do tipo de clima das áreas assinaladas no mapa.

Fonte: Elaborado pelos autores com base em *Géographie du monde*. Paris: Nathan, 2000. p. 13.

	Tipo de clima	
	Locais de ocorrência	
	Precipitações	
	Temperatura	
Vegetação	Áreas mais úmidas	
	Áreas menos úmidas	

2. Onde está localizada a maior parte das florestas temperadas do continente americano? Por que elas apresentam intensa devastação?

EXERCITE SEUS CONHECIMENTOS

3. Observe o mapa e responda às questões.
   a) As áreas de terras não agrícolas correspondem a quais tipos de clima e vegetação?
   b) É possível afirmar que as áreas de agropecuária e de criação extensiva estão associadas a determinado tipo de clima? Explique.
   c) Quais coberturas vegetais estão associadas aos trechos representados no mapa como "Florestas"? Apresente ao menos uma característica de cada cobertura.

O uso da terra na América (final do séc. XX e início do séc. XXI)

Fonte: *Atlas 2000. La France et le Monde*. Paris: Nathan, 1998. p. 111./ ÍSOLA, Leda; CALDINI, Vera. *Atlas geográfico Saraiva*. São Paulo: Saraiva, 2005. p. 51 (adaptado).

LIVROS

Três Garotos na Amazônia

Antonieta Dias de Moraes.
São Paulo: Letras e Letras, 1991.

Três garotos de origens distintas envolvem-se em situações que misturam realidade e imaginação ao desbravar a floresta Amazônica.

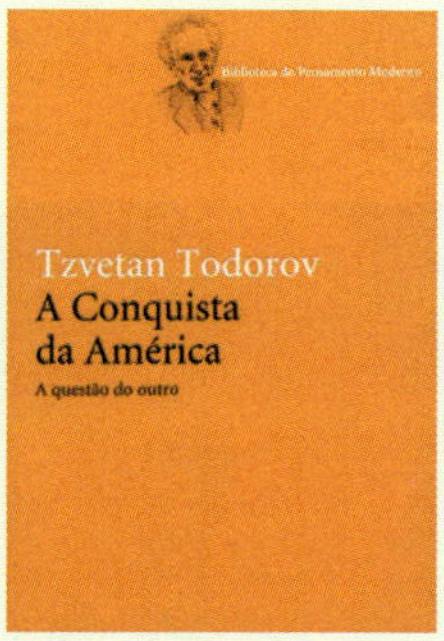

A conquista da América. A Questão do Outro

Tzvetan Todorov.
São Paulo: Martins Fontes, 2010.

O livro conta a história da descoberta e conquista da América, na tentativa de entender o que aconteceu nesse dia e durante o século seguinte, para posterior análise do comportamento humano.

A menina que fez a América

Ilka Brunhilde Laurito.
São Paulo: FTD, 2002.

O livro trata de uma menina que morava na Itália, cujos pais vêm ao Brasil em busca de emprego, deixando-a vivendo com os avós. Posteriormente, a menina também viaja ao Brasil e vive grandes aventuras.

Viagem ao Mundo Desconhecido

Francisco Marins.
São Paulo: Melhoramentos, 1990.

Narra a incrível jornada do navegador português Fernão de Magalhães, percorrendo os mares e contornando continentes, entre eles a América.

FILMES

Na natureza selvagem

Direção: Sean Penn.
EUA, 2007.

Com inebriantes paisagens de diversas regiões da América do Norte, o filme ilustra a experiência de um jovem recém--formado que decide viajar sem rumo pelos Estados Unidos em busca da liberdade, visando posteriormente o Alasca.

Narradores de Javé

Direção: Eliane Caffé.
Brasil, 2003.

Filme que trata dos impactos da construção de uma represa para a instalação de uma hidrelétrica. Um pequeno vilarejo será inundado e seus moradores tentam reverter a situação, procurando apresentar o lugar como patrimônio histórico.

SITE

National Geographic

<http://www.nationalgeographic.abril.com.br/ngbonline>.

Site que traz a versão eletrônica da revista *National Geographic*, contendo fotografias, curiosidades e valiosas informações sobre diversos conteúdos científicos e geográficos.

Obra de arte natural

8 **Grand Canyon**
Para o assunto ***Aspectos naturais do Grand Canyon,*** acesse e explore este OED.

Leia o texto.

A incrível força da natureza esculpindo as rochas

"Talvez seja a paisagem mais surpreendente neste planeta. Qualquer pessoa que chega na borda do Grand Canyon leva um susto: abismos roxos, penhascos rubros, precipícios alaranjados, torres douradas e mais inúmeras cores tingindo os desfiladeiros, formando um arco-íris rochoso. Todos que o veem pela primeira vez têm dificuldade de descrever uma paisagem tão diferente e espetacular. Na sua extensão total, quase todo situado no Arizona, sudoeste dos Estados Unidos, o Grand Canyon tem 445 km de comprimento, 1,5 km de profundidade e até 25 km de largura. Ele foi todo esculpido pela erosão, comandada pelo rio Colorado, com a cooperação de forças quase imperceptíveis, porém poderosas, dos flocos de neve, das gotas de chuva e do vento. Quem sabe quanto tempo levou?

Acredita-se em 2 a 10 milhões de anos, o que até é pouco tempo, em termos geológicos. O rio e os demais elementos continuam fazendo o seu trabalho de escavar o *canyon*, a ponto de se perceber pequenas avalanches nas encostas mais íngremes. As raízes das árvores que penetram na fenda das rochas fazem também seu trabalho de destruição. Musgos e liquens instalam-se nas fraturas das pedras, abertas pela força da chuva e pela enorme variação de temperatura entre o dia e a noite, ajudando no desgaste.

O rio Colorado e seus afluentes cortaram o terreno, exibindo as rochas que estavam escondidas abaixo do planalto. É uma dúzia de camadas de rochas, com idade variando de 400 milhões a 2 bilhões de anos, que estão sobrepostas horizontalmente. Com a mudança de camadas, mudam as cores e a inclinação do precipício, em função da resistência da rocha à erosão. E cada camada mais profunda é sinônimo de camada com rochas mais velhas.

Dessa forma, o Grand Canyon tornou-se um livro aberto dos eventos geológicos que ocorrem na região."

Horizonte Geográfico. Edição 46. São Paulo: Horizonte Geográfico, 1996. p. 28.

Grand Canyon, Arizona, EUA (2010).

ATIVIDADES

1. Por que se afirma que os vales profundos revelam a história natural da Terra?

2. Se considerarmos principalmente as informações do primeiro parágrafo do texto, que tipo de atividade econômica o Grand Canyon pode favorecer?

O texto e a fotografia anteriores apresentam informações sobre uma das belezas naturais do continente americano, que é extremamente rico neste aspecto. São muitíssimos e variados os exemplos de paisagens que a natureza estruturou ao longo de centenas, milhares ou até mesmo milhões de anos.

Assim como no caso do Grand Canyon, as demais belezas naturais da América também apresentam um grande potencial turístico, que pode ser aproveitado, desde que não cause problemas ambientais. Esse aproveitamento deve favorecer o desenvolvimento social das populações desses lugares.

Observe a seguir fotografias de mais duas belezas naturais da América:

Deserto de Atacama, Chile (2008).

Dunas do Cal em Ilha Grande de Santa Isabel, PI (2009).

Agora, vocês vão selecionar imagens da América que tenham as mesmas características das apresentadas até aqui nesta seção, ou seja, que foram estruturadas a partir de processos naturais, que tenham grande beleza e que podem ser aproveitadas pela atividade turística. Vão também escrever um texto sobre elas e montar um painel.

1. A classe será dividida em grupos e ficará estabelecido um critério para regionalizar a América, pois cada grupo vai se encarregar de selecionar ao menos três imagens dessas belezas naturais. Pensem nos critérios de regionalização já apresentados neste volume e realizem um sorteio para definir que região caberá a cada grupo.
2. Depois, cada grupo faz uma pesquisa sobre os lugares retratados nas imagens e elabora um pequeno texto sobre suas características, inclusive apontando alguns resultados (positivos ou negativos) em relação ao aproveitamento turístico para o ambiente e para a população do lugar.
3. Ao final, cada grupo irá expor sua produção em um painel ou por meio de algum recurso eletrônico da escola (computador, projetor). A classe, então, deverá eleger a mais bela obra de arte da natureza nas Américas. É preciso ter isso em mente durante a realização da pesquisa.

Seu professor vai ajudá-los na pesquisa e na elaboração dos painéis. Combine com ele também qual vai ser a ordem das exposições dos trabalhos e como será feita a votação.

Estados Unidos e Canadá

Wall Street, principal centro financeiro do mundo e a Bolsa de Valores de Nova York, com a bandeira dos EUA na fachada (2009).

Centro de Toronto, Canadá (2010).

UNIDADE V

Em 2011, os Estados Unidos gastaram 6 bilhões de dólares para desenvolver um avião do tipo drone, não tripulado (na fotografia, o modelo Predator). Em dezembro de 2011, o Irã interceptou um drone, que em princípio foi estruturado para ficar imperceptível a radares, e o capturou.

Enquanto o século XIX foi marcado pelo domínio da Inglaterra, a grande potência que se formou a partir da Primeira Revolução Industrial, o XX passou para a história como o "século americano". Nenhum país superou em capacidade produtiva a economia dos Estados Unidos, que se tornaram também a grande potência político-militar do planeta, desde a segunda metade do século XX. Nenhum país investiu tantos recursos em estrutura militar em toda a história.

O desenvolvimento econômico e social do Canadá também será retratado nesta unidade.

- Cite exemplos de poderio militar e econômico dos Estados Unidos que comprovem sua supremacia em nível mundial.
- Em relação ao item anterior, quais exemplos podem ser citados, considerando o seu dia a dia? Para isso, reflita também sobre o que já aprendeu no capítulo 6 deste volume.
- Quais informações você e seus colegas têm sobre o Canadá?

11

Estados Unidos da América: a superpotência mundial

PARA CONTEXTUALIZAR

Observe a fotografia e leia as informações do gráfico.

Em 2003, os EUA invadiram o Iraque, argumentando que o país desenvolvia armamentos de destruição em massa (armas nucleares, inclusive). No mesmo ano, ficou comprovado que os iraquianos não realizavam tal procedimento. A retirada das tropas militares norte-americanas do país ocorreu apenas em dezembro de 2011.

Domínio econômico

Índice para os três principais países a cada ano, em %*

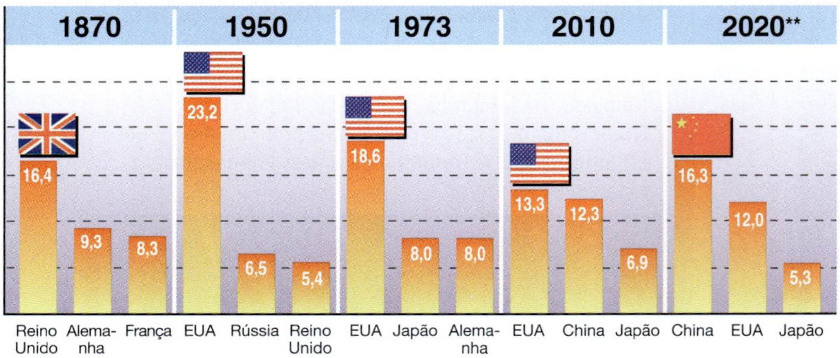

Metodologia: O índice, que varia de 0 a 100%, é a média ponderada das participações dos países no PIB mundial, no comércio e nas exportações líquidas de capital.

*Usando os mesmos pesos para as variáveis que o FMI utiliza para calcular os direitos de voto dos países integrantes.
** Os dados de 2020 expressam as previsões do economista indiano Arvind Subramanian.

Fonte: *Folha de S.Paulo*, 3 dez. 2011, p. B2.

Os cálculos do gráfico são do economista indiano Arvind Subramanian, que em 2011 lançou um livro sobre a migração de poder econômico dos EUA para a China. O autor, no entanto, admite que, para que isso ocorra, a China teria de passar por reformas importantes, inclusive em sua estrutura de poder político.

ATIVIDADES

Converse com seus colegas e com seu professor.

1. O que os dados do gráfico mostram, considerando o período compreendido?
2. Quais fatores podem ter contribuído para a ascensão dos Estados Unidos como grande potência mundial no século XX?
3. Cite algumas situações ou fatos que comprovem o que você considerou no item anterior.
4. Você conhece algo sobre outras intervenções militares dos Estados Unidos em alguns países?

A grande potência do século XX

Nos séculos XVIII e XIX, a Inglaterra havia conquistado colônias nas mais variadas longitudes da Terra, tanto a oeste quanto a leste do meridiano de Greenwich. Era uma época em que a exploração direta dos recursos naturais (principalmente minérios) e o cultivo de produtos agrícolas nas terras colonizadas proporcionavam matérias-primas a baixíssimo custo para a crescente atividade industrial. Essa forma de exploração garantia também seu mercado consumidor, que não tinha outra opção a não ser adquirir os produtos ingleses.

No século XX, entretanto, nenhum país superou em capacidade produtiva a economia dos Estados Unidos.

As formas de supremacia dos Estados Unidos se manifestam por meio de:

- capacidade tecnológica e grande investimento em pesquisa;
- poder financeiro;
- poder de influência nos grandes organismos internacionais (ONU, FMI e Banco Mundial);
- domínio das grandes multinacionais norte-americanas sobre as atividades produtiva e do setor terciário (comércio e serviços) mais lucrativas;
- influência nos hábitos, nos costumes, na cultura.

O domínio se completa com um amplo poderio militar, materializado por armamentos, equipamentos de precisão e capacidade destrutiva.

MAIS INFORMAÇÃO

A Guerra Fria

Após 1945, com o término da Segunda Guerra Mundial, as relações internacionais foram marcadas pela disputa entre os Estados Unidos e a União Soviética pela liderança mundial. Praticamente todos os acontecimentos político-militares, até o final da década de 1980, ocorreram nesse contexto. Aproveitando-se do apoio militar e financeiro dado às guerras regionais, as duas superpotências procuravam demarcar ou ampliar suas áreas de influência evitando, no entanto, um conflito direto entre elas.

Observe o gráfico a seguir.

Participação no PIB mundial (2001 e 2011) em % - Países selecionados

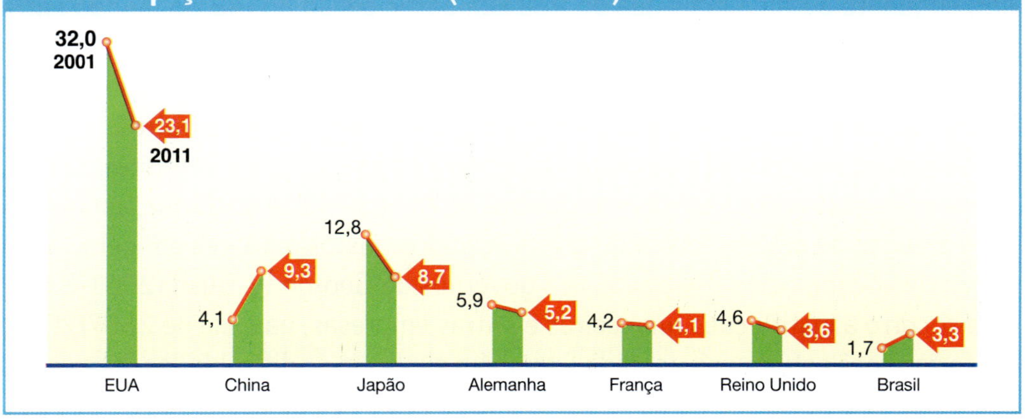

Fonte: Banco Mundial. Em: *Folha de S.Paulo*, Especial Mundo, 11 set. 2011. p. 3.

- Analise o gráfico, considerando o grupo BRICS.

Superpotência

Conforme você conversou e refletiu na seção **Para contextualizar**, os Estados Unidos ainda são a grande potência mundial da atualidade, não somente do ponto de vista econômico como também do político-militar e cultural. Pouco mais de 20% da produção de bens e geração de serviços no mundo é realizada por esse país, ou seja, ele é responsável por aproximadamente 1/5 do PIB mundial.

Com 5% da população do planeta, os norte-americanos consomem aproximadamente 1/4 da energia produzida no mundo, considerando todas as fontes energéticas (carvão mineral, petróleo, energia nuclear, energia hidrelétrica, energia solar, energia eólica etc).

Nos Estados Unidos estão as sedes das principais instituições financeiras do globo, como Citigroup, Bank of Boston, Chase Manhattan Bank, e as sedes de boa parte das mais poderosas empresas e grandes transnacionais, que atuam em vários setores da economia: General Motors, Ford e Chrysler (indústria automobilística); McDonald's e Burger King (*fast-food* — alimentação rápida); Coca-Cola, Pepsi, Kellog's (bebidas e alimentos); Nike (tênis e material esportivo); Exxon e Texaco (extração e comercialização de petróleo e seus derivados); Wal-Mart (comércio); Microsoft, Intel, IBM e Hewlett-Packard (informática); Boeing/McDonell-Douglas (aviões).

O poderio econômico norte-americano se revela também no mercado editorial interno e na produção de livros publicados em outros países, o que gera retorno em direitos autorais; nos filmes produzidos por Hollywood; nas firmas de consultoria que prestam serviços em dezenas de países; nos direitos pagos sobre o uso de tecnologia; nos diversos produtos que usam a imagem dos personagens Disney; nos milhares de turistas que anualmente se dirigem aos Estados Unidos. Isso sem contar as diversas empresas que atuam no ramo dos transportes aéreo e marítimo transcontinental ou terrestre em outros países (Federal Express, Brinks).

É preciso saber, no entanto, por quanto tempo essa supremacia durará, considerando a ascensão econômica e financeira chinesa. Por outro lado, é preciso avaliar qual deve ter sido o real impacto da **crise econômica e financeira** iniciada em 2007/2008, e que se agravou na Europa em 2011, no poderio econômico norte-americano, inclusive nos grandes grupos empresariais dos Estados Unidos, que inicialmente foram bastante afetados pela crise. No início de 2014, entretanto, a economia estadunidense dava bons sinais de recuperação.

Como você pôde constatar no gráfico Participação do PIB mundial, na página 173, enquanto a China mais que dobrou sua participação no PIB do mundo entre 2001 e 2011, os EUA tiveram uma redução acentuada. Isso aconteceu não porque a economia norte-americana encolheu, mas porque o seu ritmo de crescimento foi inferior ao de diversos países, como China, Índia, Brasil, Rússia e outros.

Além disso, no contexto da chamada "guerra ao terror", como veremos a seguir, os enormes gastos dos EUA com as guerras no Afeganistão e no Iraque, estimados em 4 trilhões de dólares, somados à elevação dos gastos militares em geral, além dos cortes de impostos realizados nos governos de George W. Bush (2001-2009) e do socorro a instituições financeiras e outras empresas, na crise de 2007/2008, conforme você estudou na unidade I, também explicam as dificuldades financeiras desse país, particularmente as relativas à reativação de sua economia.

Também como consequência disso, a dívida pública dos EUA atingiu praticamente o valor do PIB — cerca de 15 trilhões de dólares, em 2011. Tal fato, aliado às dificuldades para solucionar o problema, levaram ao rebaixamento da nota da dívida pública dos EUA por parte de uma agência que avalia os riscos financeiros para os investidores. Mesmo tendo abalado a imagem do poderio norte-americano, pois foi a primeira vez na história que isso aconteceu, o rebaixamento não trouxe efeitos significativos nas finanças e na economia do país — os títulos do tesouro norte-americano continuaram sendo procurados e considerados seguros.

O poderio militar dos Estados Unidos

Observe a charge.

Angeli. *Folha de S.Paulo*, 10 set. 2002.

- Converse com seus colegas e com seu professor.

1. O que aconteceu em 11 de setembro de 2001? Por que se afirma na charge que o mundo teria mudado a partir dessa data?
2. Você concorda com a visão do cartunista? Explique.

A supremacia ou o domínio econômico se completa com o poderio militar. Isso não ocorreu apenas no século XIX com a Inglaterra e no XX com os Estados Unidos. Ao longo da história, todos os impérios que se constituíram (todas as potências) acabaram formando poderosas forças militares.

Observe as fotografias e responda às questões a seguir.

Nova York (EUA). À esquerda, em 1999; à direita, em outubro de 2001.

1. As fotografias retratam o mesmo lugar? Há diferenças entre elas? Quais?
2. Converse com o professor e os colegas sobre a possível relação entre a interpretação da charge anterior e das fotografias acima.

A força militar dos impérios ou das potências foi fundamental para a defesa dos seus interesses, servindo sempre como elemento de pressão sobre povos inimigos ou, mais recentemente, sobre Estados-nação com uma capacidade militar inferior.

Os investimentos militares dos Estados Unidos representam cerca da metade dos investimentos realizados em todo o mundo.

Nas negociações internacionais, o poderio militar tem um peso muito grande. Os países poderosos, como os Estados Unidos, conseguem impor seus interesses, fazendo com que outros países acatem suas decisões. Essa situação também ocorre nas negociações comerciais. O poder militar possibilita, assim, a consolidação do poder político, ou seja, oferece uma capacidade de orientar ou de determinar os procedimentos de governantes de outros países.

O desenvolvimento da indústria de armamentos nos Estados Unidos, que contou com fortes investimentos do governo especialmente após a Segunda Guerra Mundial, contribuiu para o desenvolvimento da tecnologia utilizada na produção de novos bens de consumo. Nesse sentido, também houve enorme contribuição da indústria aeroespacial (satélites artificiais, foguetes, naves, ônibus espaciais) por meio da Nasa (agência espacial norte-americana) — um organismo civil federal. Mais de 3 mil novos produtos de consumo, lançados pelos Estados Unidos na segunda metade do século XX, foram criados a partir da tecnologia desenvolvida, inicialmente, para produtos ligados à indústria de guerra ou aeroespacial.

Astronautas das várias missões Apollo participam de entrevista coletiva na sede da Nasa, em julho de 2009, em Washington, DC, em evento de comemoração dos 40 anos do primeiro pouso na Lua, em 1969.

O poderio militar dos Estados Unidos possibilitou, por exemplo, a derrubada de governos contrários às orientações norte-americanas. Esse fato foi comum durante a Guerra Fria (1947-1989), período no qual o regime socialista vigorava em muitos países, e a URSS era a outra superpotência militar.

Em 2012, os gastos militares dos Estados Unidos foram em torno de 682 bilhões de dólares, ou cerca de 40% dos gastos mundiais no setor, quatro vezes mais do que a China, que era o segundo país no *ranking*, gastou. A força militar dos Estados Unidos está presente em todos os continentes — vários países abrigam tropas norte-americanas, com milhares de soldados —, e o planeta encontra-se, literalmente, dividido em setores: são os comandos militares norte-americanos, que dispõem de diversos armamentos de guerra. Apesar de todo esse aparato bélico-militar, a chamada "guerra contra o terror" empreendida pelos Estados Unidos, a partir de 11 de setembro de 2001, tem trazido novos desafios a essa gigantesca e complexa estrutura, uma vez que, nessa guerra, o "inimigo" não é um Estado-nação militarmente poderoso, como durante a Guerra Fria, mas uma rede mundial de terroristas. Nessa "guerra", a precisão para atingir o "inimigo" e o domínio de informações são imprescindíveis. Daí os Estados Unidos se imporem a necessidade de aeronaves como os drones, que você conheceu na introdução desta unidade.

Base militar norte-americana em Seul, Coreia do Sul (2009).

O crescimento econômico e a supremacia dos Estados Unidos

O modelo de colonização dos Estados Unidos, sobretudo da porção nordeste do território, foi diferente do implantado na maior parte da América, na África e em diversas regiões da Ásia. Esse modelo, baseado no trabalho livre e voltado para a consolidação do mercado interno, permitiu às treze colônias — onde teve início a colonização — maior autonomia em relação à Inglaterra.

Quando a Inglaterra, entre 1764 e 1775, decidiu aumentar impostos nas treze colônias da costa atlântica — que formaram o núcleo inicial dos Estados Unidos — e restringir as atividades econômicas nessa região, teve início a guerra pela Independência. Em 1776, os colonos vitoriosos proclamaram a independência dos Estados Unidos da América. A partir de então, iniciou-se um processo de expansionismo territorial, que se estendeu por todo o século XIX e construiu a configuração territorial dos dias de hoje.

PARA COMPREENDER Mapa

Observe o mapa.

Estados Unidos – Divisão política e expansão territorial (séculos XVIII-XX)

Fonte: BOUVET, Christian (dir.). *Géographie Tales*. Paris: Hachette Éducation, 1998. p. 80 (adaptado).

■ Responda às questões a seguir.

1. Em que sentido ocorreu a ocupação do território norte-americano pelos europeus? Considere as datas de conquista.

2. Na sua opinião, à medida que os colonizadores avançavam para o oeste, o que acontecia com as nações indígenas que ocupavam o território?

A partir da segunda metade do século XIX, com a Doutrina Monroe (leia o boxe a seguir), e posteriormente com a adoção de outras doutrinas geopolíticas, os Estados Unidos iniciaram uma fase de expansionismo que não foi caracterizada pela anexação de territórios, mas pela conquista de zonas de influência no mundo. Trata-se de um conjunto de ideias baseado na seguinte concepção: "Não somos donos do território, mas mandamos, temos o controle e, assim, impomos os nossos interesses econômicos, os interesses de nossas empresas".

Ao mesmo tempo que desenvolviam seu expansionismo, os Estados Unidos dinamizavam sua economia, aproveitando a enorme disponibilidade de recursos naturais (madeira, minérios, água, solos), promovendo a ocupação do território em direção a oeste (quando reservas de ouro e de outros minérios foram descobertas), concedendo terras, estimulando a imigração estrangeira e construindo extensas ferrovias, que facilitaram o deslocamento da população, o transporte de matérias-primas e o escoamento da produção.

No início do século XX, no final da Primeira Guerra Mundial (1914-1918), os Estados Unidos eram a maior economia mundial, e os seus tentáculos se estendiam por toda a América Latina.

Mas, mesmo assim, as grandes potências políticas eram a Grã-Bretanha e a França, que mantiveram, até a primeira metade do século XX, um vasto império colonial, espalhado por todo o planeta.

MAIS INFORMAÇÃO

A Doutrina Monroe

No capítulo 6 deste volume você estudou, no item "As relações de dependência na América", que muitos países da América, apesar de terem obtido a independência política, submeteram-se à dominação financeira e econômica das potências mundiais, inclusive dos EUA. Esse fato foi significativo na reorganização dos territórios de muitos países latino-americanos.

Em 1823, o presidente dos Estados Unidos, James Monroe, enviou uma mensagem ao Congresso, que ficou conhecida como Doutrina Monroe e pelo *slogan* que sintetiza os seus princípios: "A América para os americanos". Essa doutrina era uma clara advertência aos países europeus, particularmente à Espanha, para que não tentassem recolonizar o continente. Nessa época, boa parte das colônias norte-americanas já havia conquistado a independência. A Doutrina Monroe explicitava que a América não se sujeitaria a uma nova subordinação da Europa e demarcava o continente como zona de influência dos Estados Unidos. "A América para os americanos", além de impulsionar a expansão territorial estadunidense, marcou o início da fase imperial da nova nação.

A conquista da liderança mundial

Após a Segunda Guerra Mundial (1945), os Estados Unidos acrescentaram ao poder econômico o poder militar, que ainda mantêm nos dias atuais. A Europa estava arrasada pela guerra, e a Grã-Bretanha aos poucos via seu império desmoronar (lembre-se das discussões realizadas na seção **Para contextualizar**).

A partir de então, o mundo passou a ser moldado de acordo com os interesses estadunidenses, e os Estados Unidos conquistaram o principal papel nas decisões das grandes questões internacionais. Foram também os responsáveis, ao lado da URSS, pelas principais intervenções militares que marcaram o século XX. As grandes corporações multinacionais de origem norte-americana fortaleceram seu papel de decisão sobre as relações econômicas internacionais.

Acrescenta-se a isso o fato de o dólar ter se efetivado como a moeda mundial, sendo utilizado em todas as transações financeiras e comerciais entre países. É, portanto, uma "mercadoria" muito procurada e comprada por todo o mundo.

O modelo de desenvolvimento dos Estados Unidos — a maneira como atingiram um amplo poder político internacional e o próprio modo de vida da sua população — não pode ser considerado um exemplo a ser reproduzido pelos demais países, se levarmos em conta fatores como: a sua política externa, com a promoção de invasões e guerras; a participação em deposições de governos em vários Estados-nação; os vultosos gastos em armamentos; o intenso aproveitamento de recursos naturais (aproximadamente 25% do que todo o mundo consome); os elevados níveis de consumo da sociedade, que contribuem para gerar uma grande quantidade de lixo e poluentes.

Empresa prepara monitores de computadores para a reciclagem em Fresno, Califórnia, EUA (2010).

O modelo de desenvolvimento a ser atingido pelos governos dos países deve ter como prioridade a busca pela melhoria das condições de vida de toda a população, com a diminuição das desigualdades sociais, tendo sempre em mente a conservação dos recursos naturais e o equilíbrio dos ecossistemas existentes, ou seja, promovendo um desenvolvimento sustentável.

Atualmente, diversos fatores garantem o dinamismo da economia norte-americana: o grande mercado de consumo; os recursos minerais; o elevado grau de avanço tecnológico (aeroespacial, informática — equipamentos e programas — telecomunicações); a boa infraestrutura de transportes; a grande quantidade de empresas transnacionais; a forte influência cultural dos Estados Unidos sobre os demais povos do globo, especialmente sobre a população jovem; os investimentos do governo em educação e pesquisa (o Estado financia 50% das pesquisas nos setores de alta tecnologia); a grande capacidade de produção agrícola.

Particularmente a partir de 2008, para manter o dinamismo de sua economia, o governo e a sociedade civil dos Estados Unidos tiveram de enfrentar sérios problemas gerados pela crise financeira e econômica.

Como visto anteriormente, é difícil avaliar se a China superará a economia norte-americana na década de 2020 e, mais ainda, se, de fato, o poderio chinês se complementará por um poder político e militar superior ao dos EUA. Muitos analistas, em projeções de longo prazo, afirmam que, para atingir uma supremacia político-militar superior à dos EUA, os chineses terão de solucionar questões de minorias étnico-religiosas internas. Além disso, fica a pergunta de como os vizinhos poderosos — Japão, Coreia do Sul, Índia — aliados dos EUA, reagiriam a isso.

A política externa norte-americana

Os governantes dos países estabelecem formas de se relacionar com os outros Estados-nação. Ao fazerem isso, determinam a sua política externa: com quem vão comercializar mais intensamente; quais estratégias vão estabelecer para conseguir apoio de outro Estado-nação na votação de resoluções em organismos internacionais, como na OMC ou na própria ONU; com quais países vão fazer acordos comerciais ou econômicos; para quais países vão conceder empréstimos ou prestar auxílio em caso de guerra. Vale ressaltar que os países normalmente mantêm alianças ou pactos de auxílio mútuo em caso de conflito militar.

Casa Branca (à esquerda) e o Congresso dos EUA, em Washington, respectivamente, sede do Poder Executivo e do Poder Legislativo norte-americanos. Desses locais partem decisões importantes da política externa do país, que têm enorme repercussão em nível global.

Os países mais poderosos econômica ou militarmente procuram intervir com suas forças armadas quando seus interesses econômicos estão ameaçados. Foi isso que os Estados Unidos fizeram, por exemplo, em 1991, após o Iraque ter invadido o Kuwait — país rico em reservas petrolíferas e tradicional aliado dos norte-americanos.

Esses países também estabelecem estratégias para que, num determinado país, estejam no poder governantes que lhes proporcionem vantagens, como apoio militar ou benefícios às suas empresas.

Pentágono, sede do poder militar dos Estados Unidos. Washington DC (2011).

A Doutrina Monroe foi a orientação política seguida pelos Estados Unidos para conquistar áreas de influência na América e, ao mesmo tempo, neutralizar a influência europeia nesse continente. A Doutrina Truman, por sua vez, foi aplicada entre 1947 e 1989, período no qual os Estados Unidos rivalizaram com a URSS na disputa pelo poder mundial. Nesse período, conhecido por Guerra Fria, cada um criava estratégias para influenciar determinado número de governos, a fim de conquistar mais aliados.

O unilateralismo

Desde o fim da Guerra Fria, a política externa norte-americana, particularmente nos dois mandatos de Bill Clinton, passou a ser pautada pelo que alguns cientistas políticos chegaram a denominar "intervencionismo humanitário". Ou seja, o desejo de proteger os interesses dos Estados Unidos combinado com uma preocupação em solucionar problemas político-sociais e mesmo ambientais. Esses princípios estão demonstrados nas participações do governo norte-americano nos acordos de paz assinados entre israelenses e palestinos, em 1993, e na elaboração do Protocolo de Kyoto, em 1997.

Com a chegada de George W. Bush ao poder, em janeiro de 2001, o chamado unilateralismo tornou-se a marca da política externa norte-americana. De acordo com essa concepção, os Estados Unidos passaram a atuar na condução dos temas de interesse de todos os países quase exclusivamente na medida de seus próprios interesses.

Unilateralismo
Que é parcial, que só vê ou atende ao seu próprio interesse.

Foi seguindo essa orientação que o governo norte-americano tomou uma série de medidas: deixou de intermediar ativamente o conflito entre israelenses e palestinos — intensificando a insatisfação de vários grupos islâmicos contrários à influência político-militar dos Estados Unidos no Oriente Médio; recusou-se a ratificar o Protocolo de Kyoto, por não concordar com as metas para a redução da emissão de gases do efeito estufa (CO_2, principalmente); retirou-se da reunião contra a discriminação e o racismo realizada na África do Sul no início de setembro de 2001; não assinou os termos para a criação de um Tribunal Penal Internacional; aumentou o protecionismo em relação à agricultura e a alguns setores industriais, como o do aço, prejudicando as exportações de vários países para o seu território, a partir de 2002.

MAIS INFORMAÇÃO

Os atentados terroristas de 11 de setembro

No dia 11 de setembro de 2001, os Estados Unidos foram alvo de atentados que marcaram a história do país. Nesse dia, aviões comerciais sequestrados por integrantes da rede de terrorismo internacional Al Qaeda, liderada pelo saudita Osama Bin Laden, morto em 2011, foram lançados contra as torres gêmeas do World Trade Center, em Nova York, e contra o Pentágono, em Washington.

O World Trade Center era um dos principais centros financeiros e comerciais dos Estados Unidos e simbolizava a pujança do capitalismo norte-americano. O Pentágono é a sede do poder militar dos Estados Unidos. Os alvos foram, portanto, simbolicamente estratégicos.

A primeira e imediata reação dos Estados Unidos foi a guerra empreendida no Afeganistão, em 2001/2002, com o pretexto de eliminar os terroristas instalados no país, principalmente Bin Laden, e o governo dos talebans (religiosos islâmicos extremistas), que, segundo os Estados Unidos, abrigava e apoiava o líder terrorista.

Com o 11 de setembro de 2001, os Estados Unidos empreenderam a "guerra contra o terror", que provocou mudanças tanto internas como em sua relação com os outros países. Nesse contexto, além da ofensiva no Afeganistão, outras medidas foram tomadas: a identificação das nações que, segundo a visão norte-americana, dariam apoio ao terrorismo internacional (Coreia do Norte, Irã e Iraque); a invasão e a ocupação do Iraque, em março de 2003; a aprovação de leis de restrição aos direitos civis, como a permissão para grampear telefones e prender estrangeiros suspeitos. Os países que, segundo os Estados Unidos, apoiavam o terrorismo receberam a denominação, em seu conjunto, de "eixo do mal".

As Torres Gêmeas após o atentado em 11 de setembro de 2001.

A Doutrina Bush

A intervenção militar no Iraque é consequência imediata de uma doutrina, que justificava a ação dos Estados Unidos contra determinado país. Tratava-se da Doutrina Bush, numa referência ao presidente George W. Bush. Depois que foi comprovado que o Iraque não tinha armas de destruição em massa (químicas ou nucleares) — argumento usado para a invasão —, ficou claro que o objetivo da intervenção no país era a destituição de seu governante — Saddam Hussein, morto em 2006 —, que contrariava os interesses estadunidenses. Essa medida foi tomada sem a aprovação da ONU.

De acordo com a Doutrina Bush, o governo norte-americano:

- tinha o direito de se defender de modo preventivo e antecipado, realizando invasões e ataques a países que, na sua visão, constituem uma ameaça à sua segurança;
- promoveria o fortalecimento de alianças com outros países para derrotar o terrorismo no mundo;
- não permitiria a ascensão de qualquer país a uma situação de potência militar num nível que pudesse rivalizar com o seu poderio bélico (como ocorreu com a URSS, na Guerra Fria);
- apoiaria países que desejassem ampliar a sua abertura econômica e comercial, eliminando práticas protecionistas e intensificando o processo de globalização.

Com a Doutrina Bush, os Estados Unidos visavam, na verdade, consolidar ainda mais o seu *status* de superpotência global, defendendo seus interesses econômicos e dominando regiões que consideravam estratégicas. Era o caso das regiões que apresentam importantes reservas de petróleo e gás natural ou por onde passam oleodutos e gasodutos, como o Oriente Médio (Arábia Saudita, Kuwait, Iraque, Afeganistão) e a Ásia Central (Casaquistão, Turcomenistão).

O governo Obama

Em janeiro de 2009, com a chegada ao poder de Barack Obama, do Partido Democrata, era esperada uma série de mudanças socioeconômicas no país e na política externa, visando promover transformações em relação à forma de atuação de George W. Bush.

Internamente, os principais desafios do governo de Obama foram minimizar os efeitos da grave crise econômica de 2008 (que você estudou no capítulo 3), implementar medidas para retomar o crescimento econômico e reduzir o desemprego e seus efeitos e conseguir, gradativamente, uma redução da gigantesca dívida pública, conforme visto anteriormente, no início deste capítulo.

No decorrer do primeiro e do segundo mandatos de Obama, apesar de lenta, houve uma retomada nos investimentos e melhoria na atividade produtiva, graças, em boa parte, à ajuda governamental, apoiada num plano de reestruturação e fortalecimento econômico que injetou, por parte do Estado, quase um trilhão de dólares na economia. O índice de desemprego no final de 2013 atingiu o nível mais baixo desde novembro de 2008, com 7% da PEA desempregada.

Externamente, Obama abandonou a Doutrina Bush, mudando as orientações na política externa norte-americana, sobretudo no que diz respeito ao encaminhamento das questões ambientais e dos conflitos internacionais. No que se refere às questões ambientais globais, porém, a única decisão mais expressiva do governo Obama foi o compromisso de participar de um novo acordo (possivelmente em 2015) para redução de emissão dos gases do efeito estufa, que pode entrar em vigor a partir de 2020.

Nas questões de conflitos externos, algumas decisões foram importantes, como um plano para a retirada das tropas militares estadunidense do Iraque, concluído no final de 2011, conforme você pôde constatar na seção **Para contextualizar**, e a aproximação com a Rússia, a China e a União Europeia. No segundo semestre de 2013, estava em curso uma reaproximação entre os Estados Unidos e o Irã, que não mantêm relações diplomáticas há mais de 30 anos.

Prisão de Guantánamo, em Cuba (2012).

Apesar dessas medidas, o governo de Obama participou da ofensiva na Líbia, no âmbito da estrutura militar da Organização do Tratado do Atlântico Norte (Otan) para deposição do ditador Muamar Kadaffi, morto em 2011.

Além disso, no início de 2014, a prisão militar na base norte-americana de Guantánamo, Cuba (que abriga os acusados de terrorismo) continuava ativa, apesar de Obama ter manifestado o interesse de fechá-la.

PARA COMPREENDER Textos

Analise os trechos de discursos do ex-presidente dos Estados Unidos, George W. Bush, e do presidente Barack Obama.

Trecho do discurso do então presidente George W. Bush, em março de 2003

"Meus compatriotas, os acontecimentos no Iraque chegaram agora aos dias finais de decisão. Por mais de uma década, os Estados Unidos e outros países empreenderam esforços honrados e pacientes para desarmar o regime iraquiano sem uma guerra.

[...] Nossa boa-fé não foi retribuída. O regime iraquiano usou a diplomacia como um recurso para ganhar tempo e tirar vantagens. Desafiou uniformemente as resoluções do Conselho de Segurança exigindo completo desarmamento.

[...] Esforços pacíficos para desarmar o regime iraquiano fracassaram repetidas vezes porque não estamos lidando com homens pacíficos. Informações recolhidas pelo governo norte-americano e outros não deixam dúvida de que o regime iraquiano continua a ter e ocultar algumas das mais letais armas jamais desenvolvidas. Esse regime já empregou armas de destruição em massa contra os vizinhos do Iraque e contra o povo iraquiano.

O regime tem um histórico de agressão irresponsável no Oriente Médio. Seu ódio aos Estados Unidos e aos nossos amigos é profundo e ele ajudou, treinou e abrigou terroristas, incluindo agentes da Al Qaeda.

O perigo é claro. Usando armas químicas, biológicas e, um dia, nucleares, obtidas com a assistência do Iraque, os terroristas poderiam realizar suas ambições declaradas de matar dezenas ou centenas de milhares de pessoas inocentes em nosso país ou em outras nações. Os Estados Unidos e outras nações nada fizeram para merecer ou atrair essa ameaça, mas faremos tudo para derrotá-la. [...]

Antes que o dia do horror possa chegar, antes que seja tarde demais para agir, esse perigo será removido. Os Estados Unidos têm a autoridade soberana para usar a força com o objetivo de garantir sua segurança nacional. Esse dever me cabe como comandante-em-chefe de acordo com o juramento que pronunciei, e que pretendo honrar.

Reconhecendo a ameaça ao nosso país, o Congresso dos Estados Unidos votou por maioria esmagadora no ano passado apoiar o uso da força contra o Iraque. [...]"

Discurso de George W. Bush. Texto publicado em: 18 mar. 2003. Tradução de Paulo Migliacci. Disponível em: <http://www1.folha.uol.com.br/fsp/mundo/ft1803200304.htm>. Acesso em: 7 mai. 2014.

Trecho do discurso de posse do presidente Barack Obama, em janeiro de 2009

"Lembrem-se de que gerações anteriores derrotaram o fascismo e o comunismo não apenas com tanques e mísseis, mas com alianças vigorosas e convicções duradouras. Elas entenderam que nosso poder sozinho não pode nos proteger, nem nos dá direito a fazer o que quisermos. Ao contrário, elas sabiam que nosso poder cresce com seu uso prudente; nossa segurança emana da justeza de nossa causa, da força de nosso exemplo, das qualidades temperantes da humildade e da contenção.

Somos os guardiões desse legado. Guiados por esses princípios mais uma vez, podemos enfrentar essas novas ameaças que exigem esforços ainda maiores, uma cooperação e compreensão ainda maiores entre as nações. Vamos começar a entregar de forma responsável o Iraque ao seu povo, e forjar uma paz muito duramente conquistada no Afeganistão. Com velhos amigos e antigos inimigos, vamos trabalhar incansavelmente para reduzir a ameaça nuclear, fazer retroceder o espectro de um planeta em aquecimento. Não vamos nos desculpar por nosso modo de vida, nem vamos esmorecer em sua defesa, e para aqueles que buscam fazer avançar suas metas pela indução ao terror e massacrando inocentes, dizemos a vocês agora que nossa determinação é mais forte e não pode ser quebrada; vocês não podem nos esgotar e vamos derrotar vocês.

Pois sabemos que a colcha de retalhos de nossa herança é uma força, não uma fraqueza. Somos uma nação de cristãos e muçulmanos, judeus e hindus e não religiosos. Somos moldados por cada idioma e cultura, vindo de cada canto desta Terra; e porque experimentamos o gosto amargo da guerra civil e da segregação, e emergimos daquele capítulo obscuro mais fortes e mais unidos, não podemos evitar acreditar que os velhos ódios um dia vão passar; que as linhas tribais em breve se dissolverão; que, enquanto o mundo se torna menor, nossa humanidade comum se revelará; e que os Estados Unidos têm de desempenhar seu papel em conduzir uma nova era de paz. [...]"

Discurso de Barack Obama. Texto publicado em: 21 jan. 2009. Tradução de Clara Allain. Disponível em: <http://www1.folha.uol.com.br/fsp/especial/fj2101200902.htm>. Acesso em: 7 mai. 2014.

Responda às questões a seguir.

1. Que diferenças você notou entre os dois discursos? E as semelhanças? Explique.
2. Relacione o trecho do discurso de Bush com a Doutrina Bush, destacando-o.
3. Qual a justificativa de Bush para a guerra contra o Iraque? Você concorda com seus argumentos? Explique.
4. Qual é a proposta de Obama para alcançar a paz entre as nações?

Atividades

RETOME SEUS CONHECIMENTOS

1. Observe a charge e responda.
   a) Qual característica da superpotência norte-americana está presente na charge?
   b) "Guerra boa é guerra na casa dos outros." Em sua opinião, o que o militar quis dizer?

God bless America:
"Deus abençoe a América." Nessa expressão, América significa Estados Unidos.

– Ali, eu soltando a bomba de Hiroshima; na outra, bombardeando o Vietnã; ao lado, eu explodindo o Camboja; depois, lutando na Coreia, invadindo o Iraque... meu filho, guerra boa é guerra na casa dos outros.

2. O que foi a Doutrina Monroe e o que ela representou para as relações dos Estados Unidos com os demais países da América?

EXERCITE SEUS CONHECIMENTOS

3. Os gráficos a seguir mostram os principais mercados de compra de produtos brasileiros, considerando continentes, regiões, blocos econômicos ou países.

Principais destinos das exportações brasileiras (2008-2010) (em %)

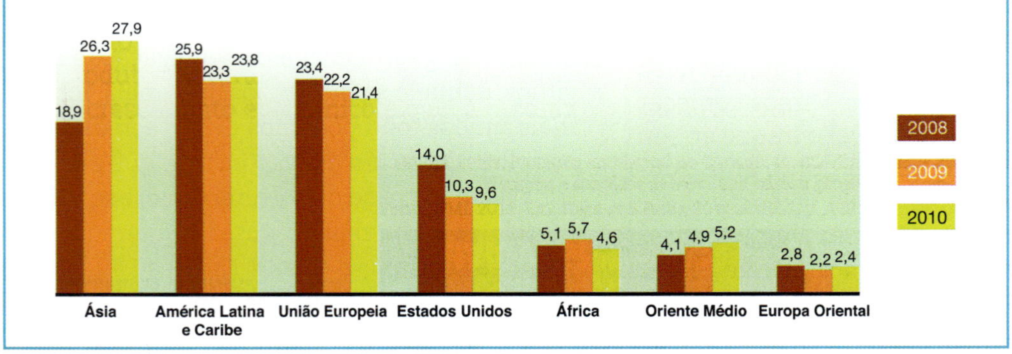

Fonte: Secex/MDIC, 2011.

   a) Considerando o período, quais lugares apresentaram crescimento constante de importação de produtos brasileiros e em quais houve decréscimo?
   b) Individualmente, o maior parceiro comercial do Brasil atualmente é a China, e os EUA vêm em segundo lugar. Analise a representatividade das compras desse país no conjunto de nossas exportações e, considerando o que foi estudado nas unidades I e II deste livro, justifique as variações das importações de produtos brasileiros pelos EUA.

4. O poderio norte-americano é garantido não só pelo sucesso econômico, mas também pela supremacia militar. Procure, em jornais e revistas, artigos que evidenciem questões militares e econômicas mundiais que envolvem a participação dos Estados Unidos. Converse com seus colegas e com o professor sobre a importância e as consequências de algumas dessas questões.

12 Estados Unidos – realidade socioeconômica

PARA CONTEXTUALIZAR

Leia as informações do mapa e da tabela a seguir.

Estados Unidos – Organização do espaço

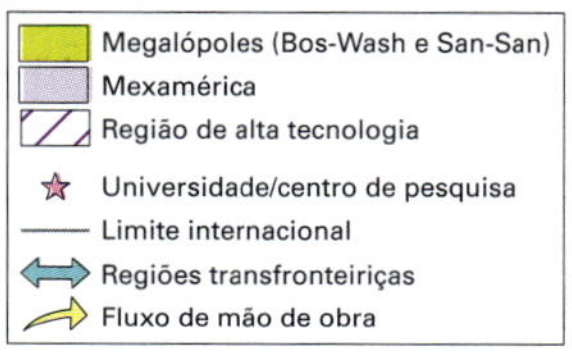

Fonte: CALDINI, Vera; ÍSOLA, Leda. *Atlas geográfico Saraiva*. São Paulo: Saraiva, 2009. p. 109 (adaptado).

Países com maior número de migrantes internacionais — 2013

País	Número de imigrantes (em milhões)	População total do país (em milhões)
Estados Unidos	45,8	316,2
Federação Russa	11,0	143,5
Alemanha	9,8	80,6
Arábia Saudita	9,1	30,1
Emirados Árabes Unidos	7,8	9,3
Reino Unido	7,8	64,1
França	7,4	63,9
Canadá	7,3	35,3
Austrália	6,5	23,1
Espanha	6,5	46,6

Fontes: ONU. Department of Economic and Social Affairs. Population Division. Global migration statistics reveal. Disponível em: <http://esa.un.org>; Population Reference Bureau, *World Population Data Sheet, 2013*. Disponível em: <www.prb.org>. Acessos em: out. 2013.

ATIVIDADES

Converse com seus colegas e com seu professor.

1. De acordo com o mapa, onde estão concentradas as regiões de alta tecnologia? Você acha que os setores que concentram alta tecnologia têm grande importância e participação expressiva na economia do país? Explique.
2. Há relação entre essas regiões do item anterior e a concentração populacional?
3. Por que grande número de imigrantes procura ingressar nos EUA?

Demografia nos Estados Unidos

Os Estados Unidos têm a terceira maior população do planeta.

Os dez países mais populosos do mundo* (2013)

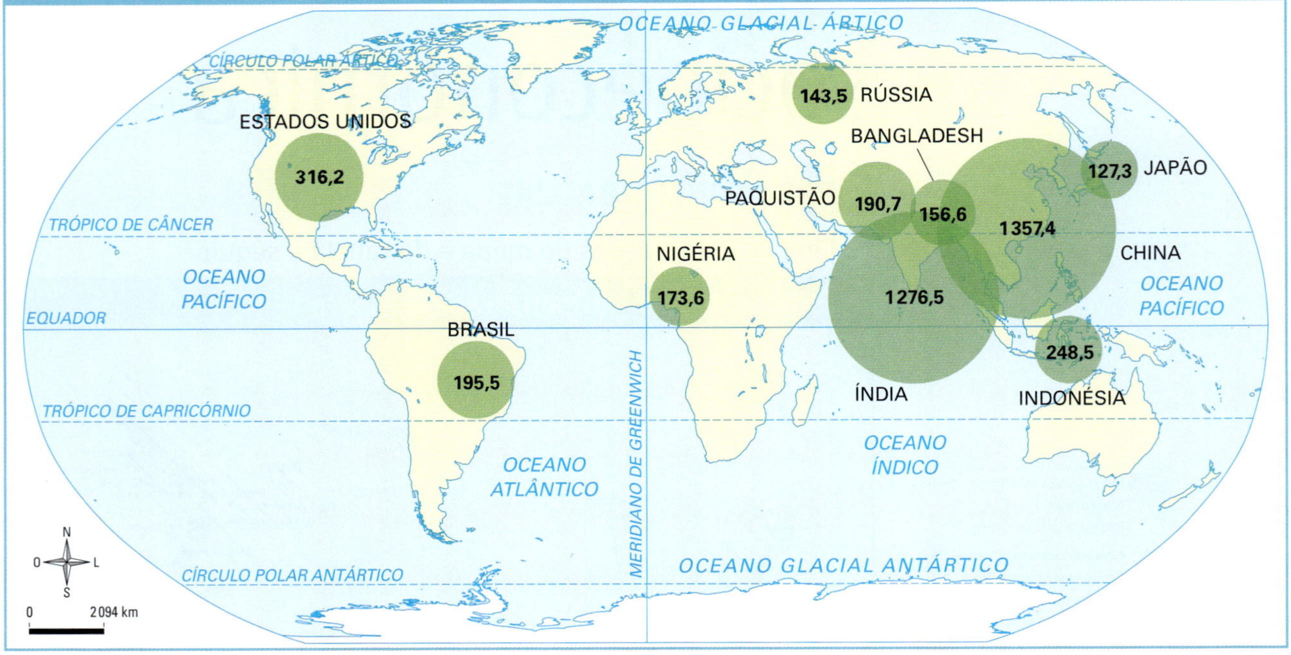

*Em milhões de habitantes

Fonte: Population Reference Bureau, *World Population Data Sheet*, 2013. Disponível em: <www.prb.org>. Acesso em: 7 mai. 2014.

O crescimento populacional foi consequência da elevada taxa de crescimento vegetativo que o país apresentou até a década de 1920 e fundamentalmente da recepção de imigrantes (cerca de 40 milhões entre 1800 e 1955, predominando os de origem europeia). Após a independência (1776), as fronteiras ultrapassaram os montes Apalaches e em menos de um século atingiram a Califórnia, na costa do Pacífico. A imigração, sobretudo europeia, foi necessária para a conquista e a ocupação do oeste.

Nas últimas décadas ocorreram mudanças na origem dos imigrantes. A partir de 1980 o país passou a receber sobretudo pessoas provenientes da América Latina (mexicanos, cubanos, porto-riquenhos, brasileiros).

A maioria entrou ilegalmente no território e muitos acabaram se integrando ao mercado de trabalho de baixa qualificação (lavadores de carros, faxineiros, lavadores de pratos, engraxates). Esse fato provocou um endurecimento do controle da fronteira entre o México e os Estados Unidos, por onde entra ilegalmente a maioria dos imigrantes da América Latina.

Conforme dados de 2013, já observados na seção **Para contextualizar**, o número de imigrantes vivendo nos Estados Unidos atingiu 45,8 milhões (cerca de 14,5% da população norte-americana). Desses, pouco mais de 50% são provenientes da América Latina; aproximadamente 25%, da Ásia; e pouco menos de 15%, da Europa. De acordo com o instituto norte-americano Pew Hispanic Center, aproximadamente 11,7 milhões desses imigrantes eram ilegais.

Em 1990, os Estados Unidos contavam com 19,8 milhões de imigrantes. Houve um aumento, portanto, de aproximadamente 23 milhões em duas décadas.

O grupo mais numeroso de imigrantes é composto de mexicanos, que acabam se concentrando nos estados do sul e do sudoeste.

Os Estados Unidos são o país que mais atrai imigrantes em todo o mundo, apesar da ampliação nas restrições e na fiscalização nos últimos anos, especialmente após os atentados terroristas de 2001, no contexto da "guerra ao terror".

Esses imigrantes, sobretudo os ilegais, engrossam as fileiras dos pobres no país mais rico do mundo. Não têm direitos trabalhistas nem acesso à seguridade social e ao financiamento da casa própria. Boa parte da renda que obtêm remetem aos familiares em seus países de origem.

Estima-se que mais de dois milhões de mulheres, a maior parte delas imigrantes ilegais, trabalham em situação análoga à de escravidão nos EUA, sobretudo como empregadas domésticas. De acordo com Mariana Viturro, da Aliança Nacional de Trabalhadoras do Lar, as imigrantes estão sujeitas a abusos, uma vez que a legislação trabalhista dos EUA somente se aplica àquelas que têm situação regularizada, o que não é o caso das que entraram ilegalmente no país.

Em 2012, o governo dos EUA estabeleceu novas regras para a legalização de imigrantes que tenham chegado ao país com menos de 16 anos e residam no país desde junho de 2007, com a condição de que tenham ficha criminal limpa e menos de 30 anos de idade.

Agente americano da Patrulha de Fronteira dos Estados Unidos, na divisa com o México, próximo a San Diego, Califórnia (2009).

MAIS INFORMAÇÃO

Redes dedicadas ao tráfico humano

"[...] A Organização Internacional do Trabalho (OIT) confirmou, em 2011, que, no mundo, mais de 12 milhões de seres humanos vivem como escravos. Outros órgãos especializados calculam que o número se eleva até os 27 milhões. [...]

Apesar dos convênios e tratados internacionais assinados a respeito, a servidão não tem sido erradicada e persiste em nível global, segundo reconheceu a ONU [...]

De acordo com cifras conservadoras, nos Estados Unidos as redes dedicadas ao tráfico humano — as quais sustentam o revoltante mal da escravidão no século XXI — propiciam a entrada anual de quase 18 mil pessoas a esse país para ser submetidas, vendidas, obrigadas a se prostituir.

Sucede que, como indicou uma reportagem publicada em 2008 pela *WorldNews*, os comerciantes de humanos exploram o desespero, a vulnerabilidade, a pobreza e as escassas perspectivas de vida."

Correio do Brasil, Ano XI — Número 4379. Disponível em: <http://correiodobrasil.com.br/estadosunidosescravasemtemposmodernos2/316890/>. Acesso em: 4 jan. 2014.

Crescimento populacional reduzido

Hispânico
Denominação que se dá ao imigrante latino-americano de língua espanhola e seus descendentes.

O maior crescimento vegetativo nos Estados Unidos verifica-se entre afrodescendentes, asiáticos e hispânicos. Entre os brancos, as taxas de crescimento populacional estão próximas de zero.

A média de crescimento populacional está na faixa de 1% ao ano praticamente desde o final dos anos 1960.

Em virtude do elevado padrão de vida de boa parte da população, a expectativa de vida é alta: em média 79 anos em 2012.

As taxas de crescimento populacional e a elevada expectativa de vida vêm acarretando uma transformação gradual na estrutura etária da população norte-americana: o aumento na proporção de idosos. Conforme projeção do governo dos Estados Unidos, em 2030 haverá mais idosos do que crianças no país.

O aumento da pobreza e o racismo

O número de pessoas pobres nos Estados Unidos vem crescendo nos últimos anos. Em 2010, esse número atingia cerca de 43,6 milhões de pessoas, correspondendo a aproximadamente 15% da população. São consideradas pobres as famílias de quatro pessoas com renda anual igual ou inferior a 22,31 mil dólares.

A pobreza é maior entre os hispânicos e afrodescendentes, dos quais cerca de 27% vivem abaixo do limite de pobreza. Essa situação se reflete na expectativa de vida da população negra, que é de 71 anos, enquanto a dos brancos é de 80 anos. No caso das crianças negras, a taxa de pobreza é bem mais elevada — chega a 39%, sendo três vezes maior que a verificada entre as crianças brancas, nas quais atinge cerca de 12%.

Um dado preocupante revelado pelo censo de 2010 foi o número de pessoas sem seguro-saúde: 50 milhões. Em 2013, cerca de 10 milhões de norte-americanos estavam desempregados. Isso representava uma taxa de desemprego de 7%.

Homem sem moradia, sentado ao lado de seus cobertores, tenta se proteger do frio. Washington DC (2011).

Americanos procuram recolocação no mercado de trabalho em feira que oferta vagas de emprego. Nova York (2009).

Outro grave problema da sociedade norte-americana é o racismo, que atinge os imigrantes (hispânicos e asiáticos) e principalmente os afrodescendentes. Segundo o FBI, a polícia federal dos Estados Unidos, em cada dez crimes, três são motivados por racismo contra esses grupos. Sobre a questão dos afrodescendentes nos Estados Unidos, você irá desenvolver um **Projeto especial** que está no final desta unidade.

Nos estados do sul, onde, no período colonial, a economia se baseava na monocultura do algodão, foi utilizada intensamente a mão de obra de africanos escravizados. Nesses estados, o racismo manifestou-se com mais intensidade.

Até o início dos anos 1960, em três estados do sul — Alabama, Mississípi e Carolina do Sul — havia discriminação racial até mesmo na educação: escolas para afrodescendentes e escolas para brancos. Apesar de a discriminação racial ser considerada crime nos Estados Unidos desde 1964, a segregação ainda persiste.

Considerando o que foi exposto, a eleição de Barack Obama, primeiro presidente afrodescendente dos Estados Unidos, representou um marco na sociedade norte-americana, e ao mesmo tempo vem demonstrar que as lutas dos afrodescendentes por melhores condições de vida e uma participação mais ativa na sociedade vão surtindo efeitos bastantes positivos.

Barack Obama é o primeiro afrodescendente a assumir a presidência dos Estados Unidos. Fotografia de 2012.

MAIS INFORMAÇÃO

O problema racial americano e os direitos civis

"Em 1960, um século depois da emancipação, o americano negro provavelmente era (e ainda é hoje) mais pobre, dependendo com mais frequência da assistência social, com mais frequência desempregado, vivendo em moradias bem piores e dotado de menos saúde do que o branco americano. Esse problema costumava ser no sul, mas a migração o transformara em nacional. [...] Também ficou claro que o problema não era exclusivamente de direitos legais e constitucionais, mas também de privação econômica e cultural. [...]

Então, a política dos negros americanos, há muito debatida legalmente, foi alterada radicalmente para melhor, e de forma incontestável. Uma luta por 'direitos civis', dos quais o mais importante era o exercício irrestrito do direito de voto (sempre formalmente, mas não de fato disponível em alguns estados do sul), se iniciara na década de 1950. Decisões da Suprema Corte, de que a segregação de diferentes raças no sistema escolar público era inconstitucional e que deveria ter um fim onde existisse num espaço de tempo razoável, ampliaram a questão e ameaçaram a prática social em muitos Estados do sul, e assim, por volta de 1963, crianças brancas e negras frequentavam juntas algumas escolas públicas em todos os Estados da União (embora a integração ainda estivesse longe de se completar).

Kennedy também iniciara um programa de medidas (a serem amadurecidas pelo seu sucessor) que abrangiam desde a questão do direito a voto até o ataque a muitos tipos desfavoráveis de discriminação e privação. Contudo, a legislação parecia impotente em reduzir a essência da pobreza e do ressentimento dos negros. Isso explodiu numa rebelião e num incêndio premeditado das que vieram a ser chamadas de áreas de 'guetos' das grandes cidades americanas no final da década de 1960. Pobreza, moradias de baixa qualidade e escolas ruins em áreas urbanas degradadas eram sintomas de profundos desvios na sociedade americana, e as desigualdades produzidas tornaram-se mais estressantes pela crescente frequência com que aconteciam, mesmo quando foi dada maior ênfase à sua eliminação por Lyndon Johnson, sucessor de Kennedy na presidência quando este foi assassinado, em 1963."

ROBERTS, J. M. *O livro de ouro da história do mundo*: da pré-história à idade contemporânea. 8. ed. Rio de Janeiro: Ediouro, 2001.

A distribuição populacional

A maior concentração populacional no território dos Estados Unidos verifica-se na porção nordeste, onde as densidades demográficas ultrapassam 80 habitantes por quilômetro quadrado. Por ser a região de ocupação mais antiga e pelo notável desenvolvimento industrial que alcançou (tradição manufatureira dos povoadores e proximidade das áreas produtoras de matérias-primas), essa região é a área mais povoada do país.

Em virtude do alto grau de mecanização das atividades agropecuárias, as áreas rurais são pouco povoadas; a maioria da população vive nas cidades (82%).

É no nordeste, incluindo a região dos Grandes Lagos, que se encontram algumas das maiores cidades do mundo, entre elas: Nova York, Chicago, Filadélfia e Detroit.

Na faixa litorânea nordestina, desde a cidade de Boston, ao norte, até Washington (capital), existe enorme concentração urbana, praticamente contínua, conforme você constatou na seção **Para contextualizar**. É a megalópole **Bos-Wash**, que abrange grandes cidades, como Nova York, Filadélfia e Baltimore. Bos-Wash abrange uma área urbana de 900 quilômetros de comprimento por 250 a 300 quilômetros de largura, ao longo do Atlântico. Observe novamente o mapa da seção **Para contextualizar**.

Boston (2010).

Historicamente, essa área foi o berço do poder econômico e político do país. Os portos dos vastos estuários abertos na costa ainda hoje asseguram sua preponderância no comércio exterior, em particular nas relações com a Europa.

Todos os dias, Bos-Wash assiste a uma das maiores migrações pendulares do mundo, por meio de uma rede extremamente densa de vias férreas, de autoestradas e de linhas aéreas: cerca de 2 milhões de trabalhadores dirigem-se para a ilha de Manhattan, 1 milhão para Newark, 500 mil para a Filadélfia, 300 mil para Washington. Bos-Wash paga um terço dos salários do país e é responsável por um quarto da produção industrial.

População urbana e rural nos Estados Unidos entre 1970 e 2010

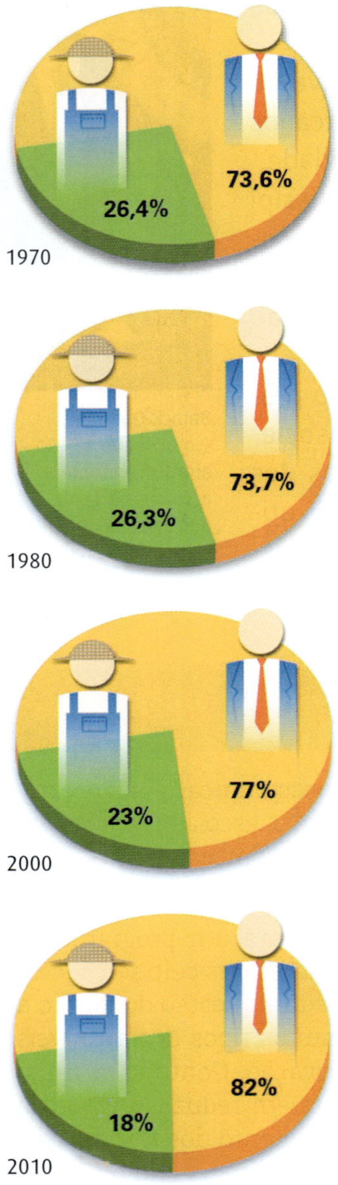

Fonte: *L'état du Monde* (1970 a 2000). World Urbanization Prospects. Disponível em: <http://esa.un.org/unpd/wup/unup/p2k0data.asp>. Acesso em: 7 mai. 2014.

Migração pendular
Movimento diário do trabalhador que se desloca de sua residência para um local de trabalho distante, muitas vezes em outra cidade.

Chicago (2010).

San Francisco (2010).

Na região dos Grandes Lagos, também é grande a concentração populacional. Essa região abriga as áreas metropolitanas de Pittsburgh, Buffalo, Cleveland, Detroit, Chicago e Milwaukee. Trata-se da megalópole de **Chi-Pitts**.

Na costa do Pacífico, algumas regiões também apresentam altas densidades demográficas. É o caso de Los Angeles e San Francisco, que, juntamente com San Diego, formam a megalópole da costa oeste, conhecida por **San-San**. Observe novamente o mapa da seção **Para contextualizar**.

No sul, e sobretudo no centro-oeste, a concentração populacional é mais baixa. Nas altas montanhas (Rochosas) e nas áreas desérticas encontram-se as menores densidades demográficas do país.

A população norte-americana desloca-se com muita intensidade. Atualmente, os principais deslocamentos são em direção ao sul e à costa oeste, regiões que vêm apresentando grande dinamismo econômico.

Nos Estados Unidos, o uso do automóvel é intenso e há grandes avenidas e complexas interligações que facilitam os deslocamentos. A utilização desse meio de transporte em larga escala eleva o consumo de combustíveis e proporciona o lançamento de enormes quantidades de poluentes na atmosfera.

Nova York (2009).

O espaço econômico dos Estados Unidos

Parte da riqueza dos Estados Unidos provém de recursos originados de outros países: da comercialização ou exploração de produtos da indústria cultural (filmes de Hollywood, uso de imagens de artistas, direitos autorais de livros e músicas), da remessa de lucros das multinacionais, do pagamento de juros de empréstimos bancários, dos direitos autorais de *softwares*, de patentes, entre outros.

O espaço geográfico dos Estados Unidos abriga áreas de forte dinamismo econômico. Há áreas com produção industrial elevada e centros de alta tecnologia (indústria aeroespacial, informática, telecomunicações, química) no nordeste, na região dos Grandes Lagos, no sul, no oeste e no noroeste. Em toda a região central do país sobressai a agricultura altamente mecanizada e integrada à indústria.

Especialmente após a grande crise de 1929, o amparo do Estado à atividade econômica esteve presente, como visto na Unidade I, não só na injeção de recursos em pesquisas de alta tecnologia, mas também na concessão de empréstimos a juros baixos aos agricultores e na elevação das taxas de importação dos produtos agrícolas. Em períodos de supersafra, o governo garante um preço mínimo aos produtos agrícolas ou paga os agricultores para não produzirem nada, a fim de manter a estabilidade dos preços no mercado. Essa ajuda do Estado à economia é chamada subvenção ou subsídio e é contestada pelos países exportadores de produtos agrícolas.

A agropecuária

Os Estados Unidos têm a mais extensa superfície cultivada da Terra: 21% de suas terras são aproveitadas para a agricultura (no Brasil, esse percentual é de aproximadamente 10%). A atividade agrícola emprega pouca mão de obra (2,9% da População Economicamente Ativa), mas, em virtude de seu alto índice de mecanização, é o maior exportador agrícola mundial. Observe a tabela.

Principais países exportadores de produtos agrícolas (2012)

Ranking	País	Exportações (em bilhões de US$)
	Mundo	1.656,7
1º	Estados Unidos	171,9
2º	Alemanha	91,7
3º	Brasil	86,4
4º	França	78,7
5º	Canadá	62,8
6º	China	66,2
7º	Indonésia	45,0
8º	Argentina	43,1
9º	Itália	42,6
10º	Tailândia	42,0

Obs.: A União Europeia exportou 612,9 bilhões de dólares em 2012.

Fonte: International Trade Statistics 2013 - OMC (Organização Mundial do Comércio). Disponível em: <www.wto.org>. Acesso em: 7 mai. 2014.

Existem regiões agrícolas bem diferenciadas, especializadas no cultivo de determinado produto, chamadas *belt* (cinturão). As principais são: *corn belt* (cinturão do milho), *wheat belt* (cinturão do trigo) e *cotton belt* (cinturão do algodão). Entretanto, há combinação de culturas predominantes com culturas secundárias. Por exemplo: milho com soja, no *corn belt*.

No litoral do golfo do México, onde o clima é subtropical, são cultivados produtos como a cana-de-açúcar e o arroz. Na Flórida são produzidas principalmente frutas cítricas, destacando-se a laranja. No vale da Califórnia, de clima semiárido, com a utilização das águas dos rios Sacramento e São Joaquim para a irrigação e a aplicação de técnicas agrícolas sofisticadas, como o *dry farming*, são produzidos diversos tipos de frutas e legumes.

A agricultura dos Estados Unidos apresenta o melhor nível mundial de integração com a indústria e o comércio. Essa integração é resultado da associação de grandes fazendeiros com as empresas comerciais e as indústrias multinacionais, que utilizam os produtos agropecuários como matéria-prima.

> ***Dry farming***
> Processo que consiste na escolha de um solo profundo e permeável, arado para que o pouco volume das chuvas regionais não escoe ou evapore, mas penetre o solo e fique retido. Existe o cuidado de cultivar certo número de plantas de acordo com a reserva de água medida periodicamente.

PARA COMPREENDER Mapa

Observe o mapa.

Estados Unidos – Agropecuária (início do século XXI)

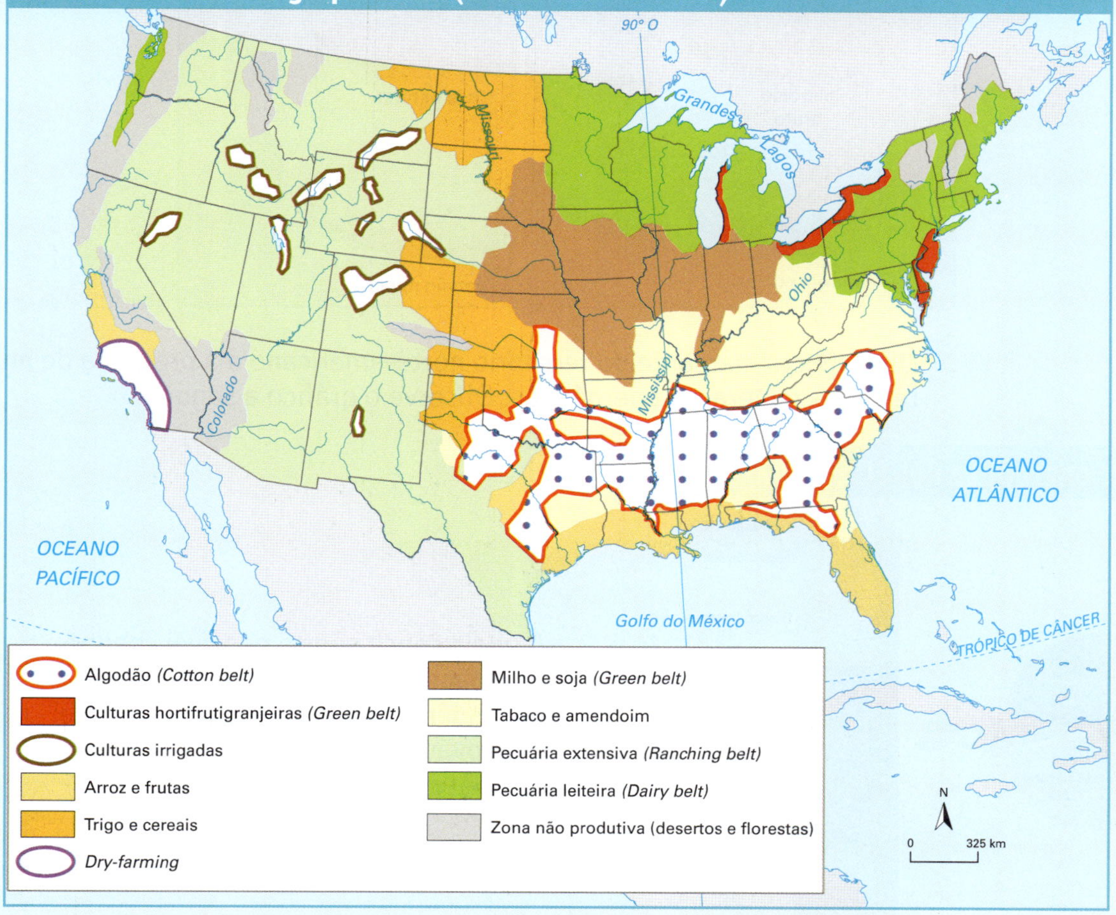

Fonte: LANGROGNET, Michel (Dir.). *Le Grand Atlas Geo — Gallimard pour le XXIe. Siècle*. Paris: Gallimard, 2008. p. 19.

■ Relacione as seguintes áreas aos seus produtos agropecuários:

a) Califórnia; b) Flórida; c) Grandes Lagos; d) Golfo do México;

Determinados plantadores de trigo, cebola, legumes e verduras e criadores de animais, por exemplo, têm sua produção destinada à rede McDonald's, que orienta e fiscaliza as plantações e as criações.

Os Estados Unidos possuem um dos maiores rebanhos do mundo, cuja criação é feita tanto sob a forma intensiva como extensiva. Seu principal rebanho é o de bovinos.

Em uma faixa próxima dos Grandes Lagos — *dairy belt* (cinturão do leite e seus derivados) —, a criação de gado leiteiro (intensiva) constitui a principal atividade.

Também merece destaque a criação de gado para corte, praticada nos estados do meio-oeste, do sudoeste e da costa oeste (Colorado, Nebraska, Texas, Arizona, Novo México e Califórnia).

As extensas terras semiáridas do meio-oeste, que se destinam à criação extensiva, recebem a denominação de *ranching belt*.

Os recursos minerais e a energia

Participação dos Estados Unidos na produção mundial de alguns minerais e fontes de energia (2008)

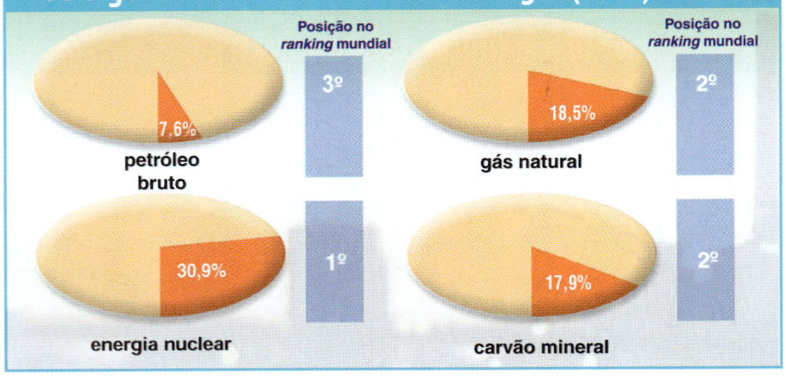

Fonte: *L'état du Monde*, 2009.

Um aspecto marcante do território norte-americano é a presença de muitos recursos minerais e energéticos. Observe o gráfico a seguir.

Matriz energética dos EUA (2007)

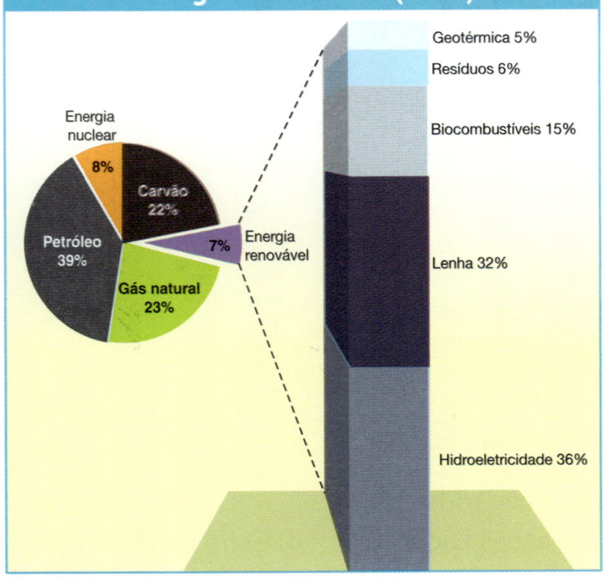

- A quais conclusões é possível chegar analisando o gráfico, considerando: dependência de energia não renovável e renovável e características da matriz energética em termos de variedade?

Fonte: SILVA, Cylon Gonçalves da. *De Sol a Sol – energia no século XXI*. São Paulo: Oficina de Textos, 2010. p. 81.

Obs.: Vem crescendo nos EUA, nos últimos anos, a utilização de energia solar e sobretudo de energia eólica, ambas renováveis e não poluidoras.

Na produção de carvão destacam-se os montes Apalaches — com suas minas a céu aberto, cuja produção é obtida a custos reduzidos — e as montanhas Rochosas. O carvão norte-americano destina-se sobretudo à produção de energia, por meio das usinas termelétricas.

Usina termelétrica
Usina que usa o calor produzido pela queima do carvão, do gás natural ou do petróleo como fonte de energia.

Apesar de possuírem grandes reservas de petróleo, os Estados Unidos são obrigados a importá-lo. Isso ocorre pelo elevado consumo de energia e pela política de preservação das reservas internas.

Suas principais áreas produtoras situam-se ao longo do litoral do golfo do México, no Texas e na Louisiana; seus principais fornecedores no exterior são o Canadá, a Arábia Saudita, a Venezuela e o México.

Existem importantes jazidas petrolíferas também no Alasca, cuja produção chega à outra porção territorial do país através de um extenso oleoduto que atravessa todo o oeste canadense.

Possuidor das maiores reservas de urânio, os Estados Unidos apresentam a maior produção de energia nuclear, que supera inclusive o potencial das usinas hidrelétricas. Porém, a maior parte da energia gerada no país provém das usinas termelétricas.

Usina nuclear em Braceville, Illinois, EUA (2011).

A atividade industrial

O setor industrial norte-americano é bastante diversificado e um dos mais completos do mundo, com indústrias siderúrgicas, químicas, automobilísticas, aeronáuticas, de informática, eletrônicas, de equipamentos de telecomunicações, entre outras.

Estados Unidos – Atividade industrial (início do século XXI)

Fonte: *World Atlas*. Londres: Dorling Kindersley, 1999. p. 51; ÍSOLA, Leda; CALDINI, Vera. *Atlas geográfico Saraiva*. São Paulo: Saraiva, 2009. p. 109 (adaptado).

A maior concentração industrial do país está localizada no nordeste, cujo subsolo é rico em recursos minerais, abrangendo uma extensa faixa, desde o sul dos Grandes Lagos até o Atlântico. Essa região é denominada *manufacturing belt* (cinturão fabril) e responde por quase 50% da produção industrial do país, ocupando cerca de 80% da mão de obra que trabalha no setor secundário.

Instalações abandonadas da empresa de autopeças Continental em Detroit (2009). A cidade perdeu em média 150 mil pessoas por década entre 1950 e 1990.

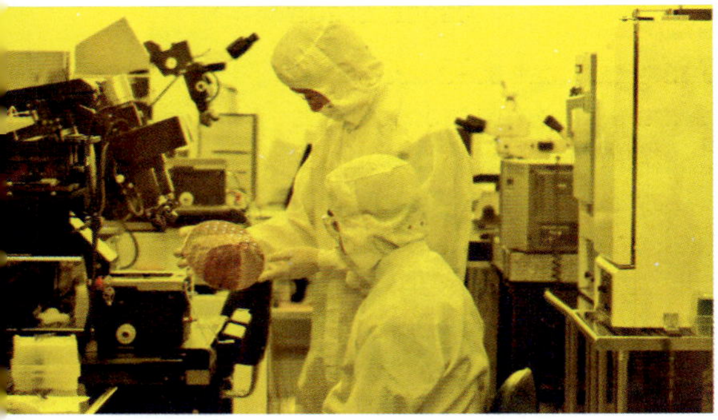

Centro de tecnologia no vale do Silício, na Califórnia (2010).

Nos arredores da cidade de Pittsburgh, instalaram-se as atividades siderúrgica e metalúrgica. Em Detroit e Chicago, situam-se as maiores indústrias automobilísticas do mundo, tais como a General Motors e a Ford. Algumas dessas cidades entraram em decadência na década de 1980 em função de dois fatores principais: maior competição da indústria automobilística de outros países, particularmente a do Japão, e mais recentemente a da Coreia do Sul, e a não modernização das indústrias metalúrgicas e siderúrgicas, que não conseguem sobreviver sem a proteção do Estado, que mantém elevadas taxas de importação de produtos como aço e laminados, produzidos por esse setor industrial. Por essa razão, algumas cidades dessa região, particularmente Detroit, sofreram forte evasão populacional.

Recentemente se formou no eixo Califórnia-Texas uma expressiva área industrial, o *sun belt* (cinturão do sol). Nessa região destaca-se o Silicon Valley (Vale do Silício), na Califórnia, onde se instalaram, desde 1980, as indústrias de informática e de tecnologia de ponta. Essas indústrias empregam trabalhadores altamente especializados e se caracterizam pela intensa automação em suas atividades. Outros importantes centros industriais estão localizados na costa do Pacífico: Los Angeles, San Francisco, Portland e Seattle.

PARA COMPREENDER Mapa

Manufacturing belt e indústrias (início do século XXI)

Fonte: BOUVET, Christian (Dir.). *Géographie Tales*. Paris: Hachette Éducation, 1998. p. 121; ÍSOLA, Leda; CALDINI, Vera. *Atlas geográfico Saraiva*. São Paulo: Saraiva, 2009. p. 109 (adaptado).

■ Tomando por base este mapa e o que há na seção **Para contextualizar**, compare a localização dos parques tecnológicos e das sedes de empresas de informática (apresentadas aqui) e as universidades e centros de pesquisas que estão apontadas lá. A quais conclusões podemos chegar?

O comércio e os transportes

Os Estados Unidos exportam enorme variedade de produtos — matérias-primas (algodão), produtos agrícolas (trigo), maquinaria industrial e agrícola, veículos, produtos químicos, roupas, calçados — e importam principalmente petróleo, produtos têxteis, agrícolas e maquinaria. Seus principais parceiros comerciais são Canadá, México, Japão, China e Taiwan.

Além de possuir alguns dos maiores portos do mundo, como os de Nova York, Baltimore, Boston, e uma ampla navegação de cabotagem (costeira), os Estados Unidos apresentam uma importante rede de hidrovias, como o rio Hudson, o Mississípi e seus afluentes.

Em 1825, foi construído um canal fluvial para interligar Nova York e Buffalo, na região dos Grandes Lagos. Depois, em 1833, foi feita a ligação entre os lagos Erie e Ontário, através do canal de Welland. Assim, toda a região passou a se constituir no complexo fluvial lacustre mais movimentado do mundo, com saída pelos Estados Unidos (porto de Nova York) ou pelo Canadá (rio São Lourenço).

As rodovias ultrapassam os 6 milhões de quilômetros, sendo quase todas asfaltadas. O país abriga um terço das vias férreas do mundo, com mais de 500 mil quilômetros de extensão. As ferrovias são o meio de transporte de carga mais usado no país. Por elas são transportados quase 2 bilhões de toneladas por ano.

A Amtrak, empresa estatal federal de transporte ferroviário, estende-se por quase 40 mil quilômetros, interligando mais de 500 cidades dos Estados Unidos e do Canadá.

Transportes nos Estados Unidos

Fonte: BOCHICCHIO, Vicenzo Raffaele. *Atlas Mundo Atual*. São Paulo: Atual, 2009. p. 55.

Em virtude da grande produção petroquímica, outras importantes formas de transporte são os gasodutos e os oleodutos, cuja importância cresceu com a intensificação na exploração do gás de xisto. A produção desse tipo de gás não convencional abastecia, em 2013, cerca de 20% da demanda de gás no país.

MAIS INFORMAÇÃO

O Nafta

Formado por Estados Unidos, Canadá e México, o Nafta (Tratado Norte-Americano de Livre Comércio) entrou em vigor em 1994. Trata-se de um mercado de aproximadamente 450 milhões de habitantes. O acordo prevê que em 2015 estará plenamente funcionando a zona de livre-comércio, na qual cairão todas as tarifas de importação para as mercadorias que circulam entre os países. Atualmente, existe uma lista de produtos que circulam livremente nesse mercado, sem tarifa de importação.

O acordo estimulou a instalação de empresas norte-americanas no México, onde podem produzir com custos menores, em razão dos baixos salários pagos aos trabalhadores mexicanos. Percebendo essa tendência e temendo perder seus empregos, muitos trabalhadores dos Estados Unidos, principalmente operários, posicionaram-se de forma contrária à constituição do Nafta. O argumento, porém, apresentado pelo governo norte-americano era o de que a instalação de indústrias no México poderia reduzir a migração clandestina de mexicanos para o país. Sabemos que tal fato, no entanto, não se verificou.

Por outro lado, as empresas mexicanas ressentiram-se da concorrência das empresas dos outros dois países associados. Muitas não conseguiram sobreviver. O Nafta não trouxe benefícios significativos em termos de avanços tecnológicos para o México, pois muitas das novas indústrias que lá se instalaram são apenas montadoras, e boa parte dos componentes que integram os produtos vem de fora, principalmente dos Estados Unidos. Além disso, muitos agricultores mexicanos também foram afetados pela forte concorrência dos produtores norte-americanos.

A economia mexicana apresentou crescimento econômico após a adesão ao Nafta, bem como os investimentos norte-americanos no país dispararam. No entanto, essas conquistas podem ser afetadas, pois a economia mexicana ficou fortemente sujeita às decisões das grandes empresas e do governo dos EUA e as conquistas sociais não foram proporcionais aos ganhos econômicos.

Nafta (2011)

Fonte: ÍSOLA, Leda; CALDINI, Vera. *Atlas geográfico Saraiva*. São Paulo: Saraiva: 2009. p. 104.

Atividades

RETOME SEUS CONHECIMENTOS

1. A organização do espaço agrário dos Estados Unidos ocorre em *belts* (cinturões agrícolas). Observe o mapa e responda às questões a seguir.

Estados Unidos – Cinturões agrícolas (início do séc. XXI)

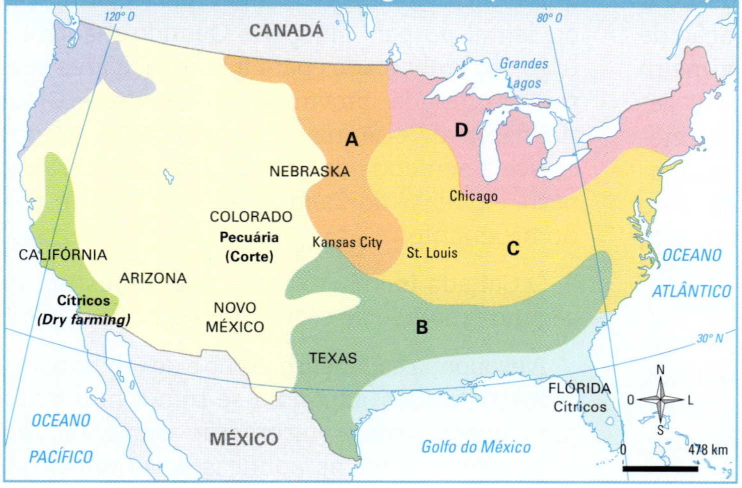

Fonte: KINDERSLEY, Dorling. *World Atlas*. Londres: Dorling Kindersley. 1999. p. 53 (adaptado); BOCHICCHIO, Raffaele. *Atlas Mundial Atual*. São Paulo: Atual, 2009. p. 57 (adaptado).

a) Identifique cada *belt* de acordo com as letras.

b) Justifique a localização do cinturão indicado pela letra B.

EXERCITE SEUS CONHECIMENTOS

2. Compare a população brasileira com a norte-americana sob dois aspectos: a imigração estrangeira ao longo da história e os problemas relacionados ao preconceito racial.

3. Observe o mapa a seguir.

Estados Unidos – Distribuição da população (início do século XXI)

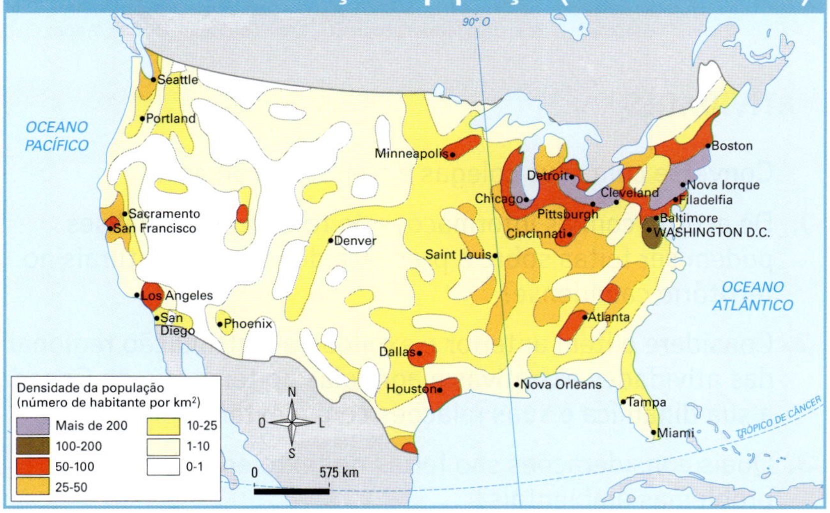

Fonte: *Atlante Geografico Metodico De Agostini*. Instituto Geografico De Agostini: Novara, 2009. p. 136.

a) Quais as áreas de maior concentração populacional? E as de menor concentração?

b) Relacione as informações desse mapa com os mapas de agropecuária e os que mostram aspectos da atividade industrial nos Estados Unidos, presentes neste capítulo. Elabore um pequeno texto com as conclusões a que você chegou.

13 Canadá

PARA CONTEXTUALIZAR

Leia o texto a seguir.

Rumos da economia

"A economia canadense baseou-se, desde o começo, sobretudo na exploração e extração de recursos naturais. O período colonial, primeiro sob dominação francesa, depois britânica, determinou os rumos de crescimento da economia. O comércio daquilo que veio a ser chamado de 'produtos básicos' foi o fator principal no desenvolvimento canadense. Até o século XIX, couros e peixes eram produtos básicos bastante apreciados e reclamados nas metrópoles. A economia canadense dependia em larga escala dessa demanda externa. Durante o século XIX, outros recursos, outros produtos básicos passaram a ser bem valorizados nos mercados internacionais, sobretudo [...] do Império Britânico. Cereais e trigo, em particular, eram exportados para a Europa juntamente com a madeira. No século XX, novos produtos abriram caminho no mercado internacional: minerais, petróleo, gás, sem prejuízo da tradicional demanda de cereais. Portanto, o Canadá sempre associou seu desenvolvimento econômico à demanda externa de seus produtos naturais. Um dos aspectos desse tipo de crescimento econômico é que, à medida que o mercado exige couros e peixes, a porção ocidental do país prospera. Quando madeira e trigo são embarcados para a Europa, a área central do Canadá, províncias de Quebec e Ontário, desenvolve-se mais rapidamente. E quando cresce a demanda de petróleo, gás e minerais, o oeste e o norte do Canadá central crescem economicamente.

O Canadá ingressou no mundo industrial na segunda metade do século XIX. [...]

A economia canadense, como a de tantos países industrializados, expandiu-se sem a necessária preocupação com a preservação ambiental. Nos anos 1950 e 1960, as políticas governamentais proclamaram a urgência de modernizar os setores econômicos tradicionais. [...] Os problemas ambientais se multiplicavam.

Para começar, os canadenses perceberam que a degradação do ambiente não era um fenômeno que atingia unicamente as nações populosas. As pressões sobre a terra, os recursos, o ar e a água são tão fortes aqui [no Canadá] como em qualquer outra parte. [...]"

GUAY, Louis. Proteção ambiental no Canadá. In: SOUZA, Maria Adélia Aparecida de; e outros (Org.). *Natureza e sociedade de hoje*: uma leitura geográfica. 2. ed. São Paulo: Hucitec/Anpur, 2002.

ATIVIDADES

Converse com seus colegas e com seu professor.

1. De acordo com as informações do texto, quais análises podem ser feitas sobre a presença de recursos naturais no território canadense?
2. Considere o item anterior e explique a distribuição regional das atividades extrativas e agrícolas no território do Canadá, a sua dinâmica e suas relações com o exterior.
3. Quais considerações são feitas no texto em relação aos problemas ambientais?
4. Quais suas impressões sobre as condições de vida da população no Canadá?
5. Você teria interesse em conhecer o país? Por quê?

O elevado nível de vida e a intensa relação com os Estados Unidos

O Canadá conquistou, no decorrer do século XX, um elevado grau de desenvolvimento econômico e social. Isso ocorreu, entre outros fatores, em razão dos fortes investimentos do Estado em educação e saúde; de um ritmo de crescimento econômico bem superior ao ritmo de crescimento populacional e do bom aproveitamento dos numerosos recursos naturais presentes em seu extenso território. Em virtude disso, a população do país desfruta de uma das melhores qualidades de vida do planeta, conforme você, seus colegas e o professor conversaram na seção **Para contextualizar**.

A província de Quebec conta com 4 mil quilômetros de ciclovia, que recebe o nome de "A Rota Verde". As vias são bem sinalizadas e com infraestrutura para uso. Na fotografia, biclicletas públicas na cidade de Montreal (2011).

No final do século XX, o Canadá foi, por várias vezes, líder mundial em desenvolvimento humano (IDH); nos anos de 2002 e 2004 ficou em quarto lugar, mas seus índices continuam a ser considerados altos. O país também vem ocupando as primeiras posições no *ranking* do Índice de Desenvolvimento por Gênero (IDG), que leva em conta o grau de participação da mulher na força de trabalho, nos cargos de chefia, na política e nas profissões técnicas. As mulheres canadenses apresentam uma expectativa de vida de 83 anos e 99% delas são alfabetizadas.

Apesar de manter relações comerciais com a América Latina, a Europa Ocidental e o Japão, entre outros, cerca de 80% das exportações do Canadá são destinadas aos Estados Unidos, país do qual importa aproximadamente 60% de suas mercadorias, o que demonstra a forte integração entre as economias canadense e norte-americana. Além disso, as empresas norte-americanas dominam vários setores da economia canadense. Os investimentos dessas empresas vão desde a exploração de recursos do subsolo, como o petróleo, até a produção automobilística e eletroeletrônica. Muitos canadenses, por sua vez, investem em empresas do território norte-americano.

MAIS INFORMAÇÃO

Grande miscigenação

"Segundo maior país em extensão territorial do mundo, menor apenas que a Rússia, o Canadá é uma monarquia constitucional e uma democracia parlamentar. O chefe de Estado do país é a rainha Elizabeth II, do Reino Unido — um símbolo dos laços históricos do Canadá com o país colonizador.

Dividido por seus dois idiomas oficiais (o francês e o inglês), o Canadá é um dos países de maior miscigenação do continente. O oeste do país foi colonizado pelos ingleses e norte-americanos fugindo da Guerra de Secessão (1861-1865). Ao leste, representado principalmente pelo estado de Quebec, ficam os descendentes franceses. Além das comunidades asiáticas, árabes e italianas, há bairros nas grandes cidades com população nativa, descendente dos esquimós.

Além da divisão cultural, o clima e a vegetação fazem um traço de divisão horizontal no meio do país. Ao norte, a taiga — uma floresta de pinheiros e abetos — se adapta ao frio e possui uma região com baixa densidade demográfica. O sul, com um clima um pouco mais ameno, é a região mais povoada do país."

UOL Pan 2007. Disponível em: <http://pan.uol.com.br/pan/2007/paises/canada/>. Acesso em: 12 mai. 2014.

Demografia do Canadá

PARA COMPREENDER Mapa

Observe o mapa.

Canadá – Divisão política e distribuição da população (início do século XXI)

Fonte: *Grand atlas mondial*. Paris: Marshall Cavendish, 2002. p. 33 (adaptado).

1. Localize as áreas com menos de 1 hab./km². Justifique esse fato do ponto de vista da localização geográfica do território canadense.

2. Em qual região estão localizadas as áreas mais densamente povoadas? Por quê?

Inuíte explica técnicas de pesca para o ministro da Economia do Canadá, em Iqaluit (2010).

Há grande contraste entre o extenso território do Canadá (9.970.610 km²) e o pequeno número de habitantes que o ocupa (35,3 milhões de habitantes em 2013). A densidade demográfica canadense é de aproximadamente 3 habitantes por quilômetro quadrado, quase dez vezes menor que a dos Estados Unidos.

Na porção norte do território, a ocupação é dificultada pelos rigores do clima, que é extremamente frio. Nessa região, principalmente na porção noroeste, numa faixa que se estende do norte de Manitoba ao oceano Ártico, incluindo diversas ilhas e a Terra de Baffin, vive o povo inuíte, também conhecido como esquimó.

Até 1950, os inuítes também habitavam áreas das províncias de Manitoba, Quebec e Saskatchewan, estando, portanto, mais distribuídos pelo território canadense. Desde então, o governo do país, a fim de garantir a soberania do extremo norte do Canadá, provocou o deslocamento da população inuíte para essa região.

Um acordo entre o governo canadense e os inuítes criou, em 1º de abril de 1999, a província de Nunavut ("terra do povo", na língua inuíte), um desmembramento dos territórios do noroeste, e que possui 1.976.000 km^2 (área maior que a do Nordeste do Brasil).

As áreas mais povoadas do Canadá encontram-se numa pequena faixa — de uma costa a outra, no sul do país, ao longo da fronteira com os Estados Unidos — que abriga mais de 75% do total da população. As áreas de maior concentração populacional são o vale do rio São Lourenço e a região dos Grandes Lagos, onde estão localizadas a maioria das indústrias e as principais atividades econômicas.

Das províncias canadenses, as duas mais populosas, abrangendo cerca de 63% do total da população, são as de Ontário e Quebec.

As principais cidades canadenses são:

- Toronto, com cerca de 4,7 milhões de habitantes. Situada às margens do lago Ontário, é a cidade mais populosa do país, destacando-se pela diversidade de povos, provenientes de várias partes do mundo.
- Montreal, com cerca de 3,4 milhões de habitantes. Situada na província de Quebec, é uma importante cidade industrial e o primeiro porto em movimentação de cargas do país.
- Vancouver, com mais de 2 milhões de habitantes. Situada na costa do Pacífico, é a terceira cidade mais importante do país.
- Ottawa, a capital do Canadá, com pouco mais de 1 milhão de habitantes.

Praça Jacques-Cartier em Montreal, Quebec (2011).

Como em todos os países industrializados, a população urbana do Canadá está na faixa dos 80,8% e o crescimento vegetativo é baixo (próximo de 0,4% ao ano).

No processo de colonização, franceses e ingleses formaram a base da população canadense. Na província de Quebec, porém, predominou a colonização francesa, que determinou o idioma, a cultura e as tradições que a população preserva até hoje.

No país, há duas línguas oficiais, o inglês e o francês. A população de origem britânica é maioria no país (em torno de 44%). A de origem francesa constitui cerca de 30% e os descendentes dos primeiros habitantes (poucos indígenas e inuítes), cerca de 4%. O restante é formado por descendentes de outros europeus e imigrantes asiáticos.

Devido às diferenças em relação ao restante do Canadá, a província de Quebec está constantemente envolvida em questões de emancipação, o que parece ser um eterno problema para o país. Em 1980, foi realizado um plebiscito nessa província para que seus moradores aprovassem a separação em relação ao Canadá. Entretanto, a separação foi rejeitada por 59,5% dos eleitores. Desde então, quando o Partido do Quebec, que é separatista, sobe ao poder, a questão da separação é mais cogitada e debatida. Foi o que ocorreu em 1995, quando houve um novo plebiscito e os separatistas perderam por uma diferença de apenas 50 mil votos (menos de 1%).

A província de Quebec responde por cerca de um quinto de tudo o que é produzido no país e por um quarto da população, possuindo, dessa forma, peso considerável na vida econômica e política do Canadá.

Multiculturalismo
Refere-se à existência e convivência de muitas culturas em uma sociedade, seja cidade ou país, sem que uma delas predomine sobre as outras.

Em julho de 1988, o governo do Canadá criou uma legislação que reconhece a contribuição de vários povos na construção do país: o Ato de Multiculturalismo. Esse ato declara que todo cidadão, não importando sua origem, tem chances iguais de participação em todos os aspectos da vida coletiva do país. No ano seguinte, em 1989, o governo também lançou uma campanha anual antirracismo.

O espaço econômico canadense

O Canadá é um dos países que dependem da imigração para suprir suas necessidades de mão de obra, recebendo, assim, um grande número de estrangeiros de todas as partes do mundo. Lembre-se da tabela sobre os países com maior população imigrante no mundo, do início do capítulo 12 — o Canadá era o oitavo, com 7,3 milhões, em 2013.

Como você leu no início deste capítulo, o Canadá é um país com muitos recursos naturais.

Na economia do Canadá destacam-se:

- elevada produção de cereais nas planícies centrais, região onde a atividade agrícola é altamente mecanizada e integrada à indústria;
- intensa exploração de madeira na floresta de coníferas (províncias de Colúmbia Britânica, Ontário e Quebec). Essa atividade está estreitamente ligada à indústria de papel e celulose (duas atividades muito importantes também);
- extração de recursos minerais (zinco, urânio, níquel, cobre, chumbo, gás natural);
- industrialização do alumínio, sendo o Canadá um dos maiores produtores e o maior exportador mundial desse produto. A empresa multinacional Alcan é a maior desse setor no país e uma das maiores do mundo. A presença da Alcan é muito forte na produção de alumínio no Brasil, onde se aproveitam a disponibilidade de energia elétrica e a abundância de bauxita.

Uma importante região de exploração de petróleo no Canadá está na porção nordeste da província de Alberta, cujos depósitos estão em areias betuminosas, onde a produtividade é baixa e os problemas ambientais decorrentes da exploração são signficativos. A importância da região para o fornecimento de petróleo aos EUA é grande. Leia a notícia a seguir.

Indústria de alumínio na província de Quebec (2008).

MAIS INFORMAÇÃO

Cresce a dependência dos EUA frente ao petróleo canadense

"Num novo relatório, ela [a empresa de consultoria IHS Cambridge Energy Research Associates – CERA] prevê que a produção das areias petrolíferas [de Alberta] poderá representar até 36% das importações de petróleo dos EUA em 2030. 'A incerteza e a redução das permissões para perfuração no golfo [do México] ressaltam a crescente importância das areias petrolíferas canadenses, que durante a última década deixaram de ser uma fonte de energia secundária e assumiram uma grande importância estratégica', diz Daniel Yergin, historiador do petróleo e presidente da IHS CERA. 'Pensando no futuro, a importância delas deve ficar ainda maior'.

Na semana passada, uma legião de diplomatas canadenses aproveitaram uma viagem a Washington para promover as areias petrolíferas como uma alternativa segura em relação à extração em águas profundas, uma vez que os vazamentos seriam mais facilmente detectados e controlados. [...]

Do ponto de vista do fornecimento, há muitos argumentos para recomendar as areias petrolíferas, também conhecidas como areias de alcatrão. O Canadá tem 178 bilhões de barris de reservas de petróleo comprovadas, praticamente todas localizadas em areias petrolíferas. [...]

Os Estados Unidos produzem cerca de 5 milhões de barris de petróleo por dia e importam outros 10 milhões. O Canadá responde por cerca de 1,9 milhão de barris dessas importações diárias, cerca de metade deles proveniente das areias petrolíferas. [...]

Quaisquer que sejam as vantagens, a produção de petróleo a partir das areias petrolíferas implicam sérios problemas e riscos ambientais.

A maioria dos grandes locais de produção são imensos poços de escavação, acompanhados de açudes de detritos tão tóxicos que as companhias procuram afastar as aves com espantalhos e canhões de propano.

Extrair petróleo das areias produz muito mais gases de efeito estufa do que a perfuração, dizem grupos ambientais, e o processo requer três barris de água para cada barril de petróleo produzido, para separar a terra. Hoje, os açudes de resíduos já cobrem 130 quilômetros quadrados de terra ao longo do rio Athabasca. [...]

Os defensores das areias petrolíferas admitem que o processo de extração gera poluição. Mas dizem que os novos projetos estão usando tecnologias mais eficientes. [...]"

KRAUSS, Clifford; ROSENTHAL, Elisabeth. Tradução de Eloise De Vylder. Texto publicado em: 24 mai. 2010. Disponível em: <http://noticias.bol.uol.com.br/internacional/2010/05/24/apesar-dos-riscos-cresce-a-dependencia-dos-eua-frente-ao-petroleo-canadense.jhtm>. Acesso em: 8 mai. 2014.

Observe as tabelas e a fotografia a seguir.

Maiores produtores de cereais (2013*)		
Países	Milhões de toneladas	% do total
China	551,9	22,3
Estados Unidos	422,4	17,0
Índia	291,4	11,7
Brasil	99,3	4,0
Indonésia	90,4	3,6
Rússia	90,0	3,6
França	58,7**	2,4
Canadá	55,4	2,2

* Estimativas de produção.
** Dados de 2009.

Fonte: FAO. *Crop Prospects and Food Situation*, 2013. Disponível em: <www.fao.org>. Acesso em 8 mai. 2014.

Maiores exportadores de cereais (2008/2009)		
Países	Milhões de toneladas	% do total
Estados Unidos	100,0	30,0
França	27,9	8,5
Austrália	25,6	7,8
Argentina	22,8	7,0
Canadá	17,1	5,2

Fonte: *L'état du monde*, 2008/2009.

- O que as tabelas mostram em relação ao Canadá?

Armazenamento e transporte de cereais na província de Alberta (2011).

Em função do predomínio de climas frios em grande parte do território canadense, a atividade agrícola é praticada em apenas algumas áreas do país: no sudeste, nas planícies centrais e no sudoeste.

Apesar de ocupar poucas áreas, a agricultura é bastante modernizada, apresenta alta produtividade e emprega sofisticado maquinário e pouca mão de obra. Em virtude disso, o Canadá está entre os maiores exportadores mundiais de grãos, como você pôde constatar no capítulo 12 e refletir na seção **Para contextualizar** deste capítulo.

No sudeste, principalmente nas províncias de Ontário e Quebec e nas províncias marítimas (Nova Escócia e Nova Brunswick), predominam a policultura (cereais, batata, beterraba) e a criação intensiva de gado leiteiro. A maior parte dessa produção destina-se aos mercados dos Estados Unidos, notadamente às metrópoles do nordeste.

As planícies centrais (pradarias) constituem a mais importante região agrícola do país. Sua ocupação teve início no começo do século XX por imigrantes que introduziram nessas áreas o cultivo de cereais. Com clima, solo e relevo favoráveis, essa região é hoje uma das mais importantes produtoras de trigo.

No sudoeste, próximo a Vancouver, além da policultura, pratica-se a criação intensiva de gado, também destinada à produção de leite.

O extrativismo, a indústria e a energia

Observe o mapa a seguir.

PARA COMPREENDER Mapa

Canadá – Recursos minerais e energéticos e indústria (início do século XXI)

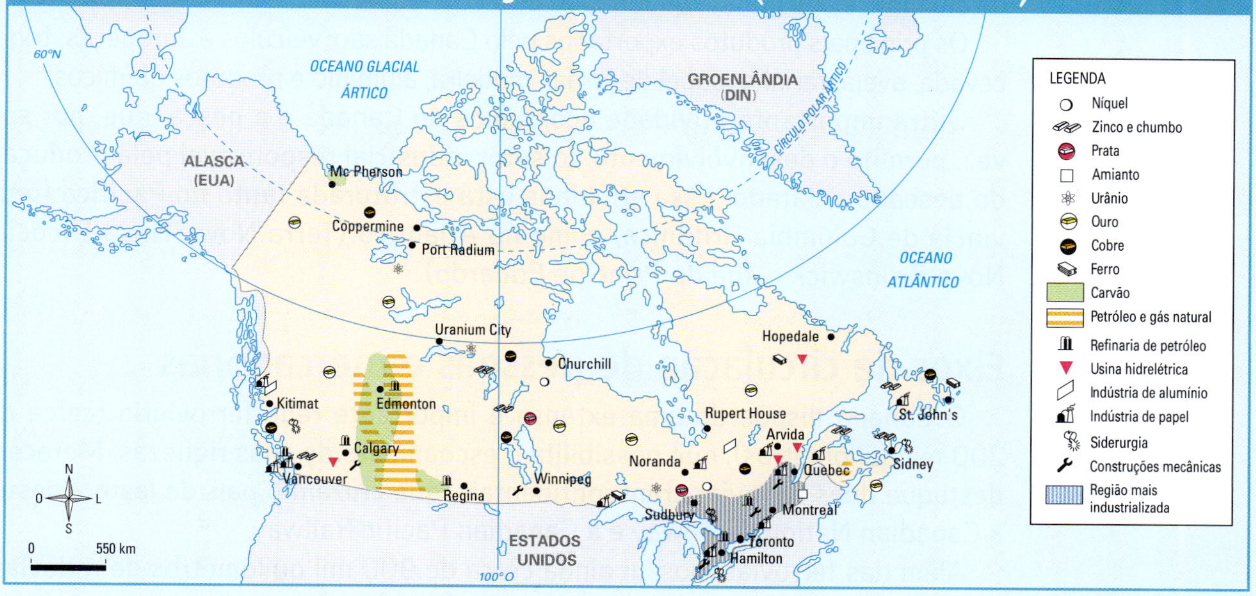

Fonte: *Atlas 2000*. La France et le monde. Paris: Nathan, 1999. p. 100; ÍSOLA, Leda; CALDINI, Vera. *Altlas geográfico Saraiva*. São Paulo: Saraiva, 2009. p. 106 (adaptado).

1. Localize as jazidas de recursos minerais no território canadense. O que se pode concluir a partir das informações do mapa?
2. Observe agora as áreas industriais. Comparando-as com as áreas densamente povoadas do território (ver mapa da página 204), o que você verifica?
3. E em relação à região mais industrializada dos Estados Unidos (nordeste e Grandes Lagos), como se localiza a área industrializada do Canadá?

O Canadá apresenta uma grande variedade de recursos naturais e é um dos países mais ricos em recursos minerais.

É um dos maiores produtores mundiais de zinco, urânio e níquel e ainda extrai em grande quantidade ouro, prata, cobre, chumbo e minério de ferro.

A maioria desses recursos encontra-se nos terrenos antigos do escudo Canadense. Nessa região, surgiram várias cidades a partir da exploração de suas riquezas minerais (Uranium City, Port Radium, Coppermine etc.).

Além de ser industrializados, esses recursos são exportados em grande quantidade, principalmente para EUA, Reino Unido, Japão e França.

O Canadá possui reservas de carvão, petróleo (como visto anteriormente), gás natural (uma das maiores do mundo) e um grande potencial hidrelétrico. Suas principais usinas hidrelétricas estão localizadas nos afluentes do rio São Lourenço.

A atividade industrial está concentrada na região dos Grandes Lagos e no vale do rio São Lourenço, principalmente nas cidades de Toronto e Montreal, configurando-se numa extensão da região mais industrializada dos Estados Unidos (nordeste e Grandes Lagos).

Entre as principais atividades industriais desenvolvidas no país, destacam-se as que empregam a madeira como matéria-prima (papel e polpa para papel) e a que transforma a bauxita (importada principalmente da Jamaica) em alumínio, aproveitando a abundância de energia hidrelétrica, pois a fabricação de alumínio exige grande quantidade de eletricidade.

Os principais produtos exportados pelo Canadá são: veículos e autopeças, trigo, cevada, aveia, farinha, papel de jornal, madeira, alumínio e produtos químicos.

Outra importante atividade econômica no Canadá é a pesca, que, por sua vez, permite o desenvolvimento do setor industrial responsável pela produção do pescado enlatado. Essa atividade está estruturada tanto no Pacífico (província de Colúmbia Britânica) como no Atlântico (Terra Nova, Nova Escócia, Nova Brunswick e ilha do Príncipe Eduardo).

Eixos de circulação de pessoas e mercadorias

O Canadá dispõe de uma extensa e importante rede ferroviária (cerca de 200 mil quilômetros), que possibilita o escoamento de suas riquezas. Merecem destaque duas ferrovias transcontinentais, que cruzam o país de leste a oeste: a Canadian National Railway e a Canadian Pacific Railway.

Além das ferrovias, possui ainda cerca de 900 mil quilômetros de rodovias, sendo mais de 80% pavimentadas.

A rede hidroviária formada pelos Grandes Lagos e pelo rio São Lourenço constitui importante eixo de ligação entre as grandes cidades localizadas no interior do país e o oceano Atlântico.

Entre os portos mais importantes, destacam-se: Quebec e Montreal, no rio São Lourenço; Toronto e Hamilton, no lago Ontário; Halifax e Saint John's, no Atlântico; e Vancouver, no Pacífico.

Pesqueiro na província de Nova Escócia (2010).

Ponte Burrard, em Vancouver (2008).

PARA COMPREENDER Texto

Leia o texto.

O gigante do Norte

"Certa ocasião, William Lyon Mackenzie King, um primeiro-ministro canadense, observou que, enquanto alguns países têm muita história, o Canadá tem muita geografia. Com uma área de cerca de 10 milhões de km², ele ocupa 7% da superfície da Terra, só perdendo em tamanho para a Rússia. Do lago Erie, no sul, até sua extremidade norte, no oceano Ártico, o país mede 4,8 mil km. De leste a oeste, estende-se por mais de 5 mil km, o que faz com que Vancouver, na costa do Pacífico, esteja mais próxima da cidade do México do que de Halifax, na costa do Atlântico.

As características naturais dessa terra assumem dimensões fantasticamente grandes. O Canadá tem 2 milhões de lagos — mais da metade do total mundial —, que contêm 50% de toda a água doce do planeta. Possui 18 ilhas, cada qual com mais de 10 mil km² de área. Dentre elas Baffin, quase tão grande quanto a França, e Ellesmere, que tem uma geleira aproximadamente duas vezes maior que a Suíça. Só a área de suas pradarias abrange mais do que as superfícies somadas da Índia, do Paquistão e do Nepal.

Grande parte desse enorme país, contudo, é ainda uma vastidão silenciosa [...]. Trata-se de uma área setentrional de tundra e floresta de coníferas, picos montanhosos gelados e fiordes íngremes — uma paisagem moldada pelo gelo."

O Canadá. Rio de Janeiro: Cidade Cultural, 1988. p. 17 (Coleção Nações do Mundo).

Os fiordes são reentrâncias estreitas e profundas nos litorais de costas altas em algumas regiões frias da Terra, como nos litorais do Canadá, da Noruega, da Islândia e da Groenlândia. Essas reentrâncias se formaram a partir do processo erosivo causado pelo deslocamento de geleiras, em vales ou depressões do relevo. Nos fiordes são instalados portos para barcos pesqueiros. Na fotografia, vista de fiorde do Gros Morne National Park, na Ilha de Terra Nova, Canadá (2011).

Responda às questões a seguir.

1. O que o primeiro-ministro quis dizer com a afirmação "enquanto alguns países têm muita história, o Canadá tem muita geografia"? O que ele considerou "geografia"? Você acha que no texto faltaram informações sobre a geografia do Canadá?

2. O autor utiliza o termo "vastidão silenciosa" para caracterizar o Canadá. Você concorda com esse termo?

Atividades

RETOME SEUS CONHECIMENTOS

1. Quais fatores ajudam a explicar o desenvolvimento canadense?

EXERCITE SEUS CONHECIMENTOS

2. Observe a tabela e responda.

Canadá e Estados Unidos – Indicadores socioeconômicos (2012)

Indicadores socioeconômicos	Canadá	Estados Unidos
Expectativa de vida (anos)	81	79
Mortalidade infantil ‰	4,9	5,9
Investimento em educação (% do PIB), 2009	5	5,4
Investimento em defesa (% do PIB), 2010	1,1	4,6

Fonte: Population Reference Bureau. *World Population Data Sheet*, 2013. Disponível em: <www.prb.org>. Acesso em: 5 jan. 2014.

De acordo com os dados da tabela e com o que você estudou sobre os Estados Unidos e o Canadá, qual desses países deve apresentar o melhor padrão de vida da população em geral? Por quê?

3. Um viajante parte de Halifax, na costa leste, e chega a Vancouver, na costa oeste, seguindo pela bacia do rio São Lourenço e dos Grandes Lagos e depois passando por Winnipeg e Edmonton. Quais tipos de paisagens ele irá observar ao longo dos cerca de 6.300 km? Para responder à pergunta, baseie-se no mapa físico e nas informações do texto do capítulo.

Canadá – Físico

Fonte: ÍSOLA, Leda; CALDINI, Vera. *Atlas geográfico Saraiva*. São Paulo: Saraiva, 2009. p. 105 (adaptado).

4. Apesar de fazer parte do grupo dos sete países mais ricos e de ter um imenso território, com paisagens diferenciadas, o Canadá é pouco mencionado nos meios de comunicação. Ele aparece geralmente quando é divulgado o *ranking* do IDH. Pergunte a algumas pessoas o que sabem sobre o Canadá. Depois, na sala de aula, compare as respostas que obteve com as dos colegas, apontando algumas semelhanças e diferenças.

DIVERSIFICANDO

LIVROS

Revendo o Sonho Americano: 1890-1972

Marco Antônio Pamplona.
São Paulo: Atual, 1996.

A obra traz assuntos de diversas diretrizes que caracterizam a nação norte-americana, considerando-se política, economia, sociedade e militarismo. Entre os assuntos estão: cultura de massas, industrialização, consumismo, contestações sociais, guerra do Vietnã, entre outros.

Estados Unidos – A consolidação da nação

Mary A. Junqueirai.
São Paulo: Contexto, 2001. (Coleção Repensando a História)

A ideia de imperialismo norte--americano influi tanto na política como nas relações internacionais dos Estados Unidos. Para compreender a origem e o processo de amadurecimentos dessas ideias, esta obra retoma a conquista do Oeste, os massacres indígenas, a Guerra Civil, entre outros temas que explicam como os norte-americanos cristalizaram um ideal de nação destinada ao sucesso.

FILMES

Uma História Americana

Direção: Richard Pearce.
EUA, 1990.

O filme tem como contexto o forte racismo presente na década de 1950 nos Estados Unidos. É o relato do preconceito sofrido pelos afrodescendentes, tendo como personagem principal uma empregada doméstica negra, que, passa, junto com sua patroa, a lutar pela igualdade racial.

11 de Setembro – 11'09"01

Direção: Youssef Chahine, Amos Gitai, Alejandro González Iñárritu, Shohei Imamura, Claude Lelouch, Ken Loach, Samira Makhmalbaf, Mira Nair, Idrissa Ouedraogo, Sean Penn, Danis Tanovic.
Egito, Estados Unidos, França, Irã, Japão, México, Inglaterra, 2002.

Coletivo de curtas-metragens produzidos por 11 diretores de diversos países a respeito dos atentados terroristas aos EUA em 11 de setembro de 2001, sob a ótica de suas diferentes culturas e visões.

Mississipi em chamas

Direção: Alan Parker.
EUA, 1988.

No ano de 1964, em Mississipi, dois agentes do FBI investigam a morte de três militantes de direitos civis em uma pequena cidade onde a segregação divide a população em brancos e negros, e a violência contra os negros é uma tônica constante.

SITES

Embaixada do Canadá no Brasil

<http://www.canadainternational.gc.ca/brazil-bresil/index.aspx?lang=por&view=d>.

Site da Embaixada do Canadá no Brasil. Contém diversas informações sobre o país e notícias sobre a relação Brasil--Canadá.

Embaixada dos Estados Unidos da América no Brasil

<http://www.embaixada-americana.org.br>.

Site da Embaixada americana no Brasil possui informações sobre política, inclusão social, energia e clima, mídias sociais e também notícias relacionadas à missão diplomática dos Estados Unidos no Brasil.

PROJETO ESPECIAL

"Eu tenho um sonho"

O texto a seguir apresenta um trecho de um discurso do líder norte-americano Martin Luther King, que lutou pelos direitos dos afrodescendentes em seus país. Por esse motivo, ganhou o prêmio Nobel da Paz em 1964, mas, em 1968, foi assassinado em Memphis, EUA.

Leia, com seus colegas e com o professor.

"Estou contente de me reunir hoje com vocês nesta que será conhecida como a maior demonstração pela liberdade na história de nossa nação.

Há dez décadas, um grande americano, sob cuja sombra simbólica nos encontramos hoje, assinou a Proclamação da Emancipação. Esse magnífico decreto surgiu como um grande farol de esperança para milhões de escravos negros que arderam nas chamas da árida injustiça. Ele surgiu como uma aurora de júbilo para pôr fim à longa noite de cativeiro.

Mas, cem anos depois, o negro ainda não é livre. Cem anos depois, a vida do negro ainda está tristemente debilitada pelas algemas da segregação e pelos grilhões da discriminação. Cem anos depois, o negro vive isolado numa ilha de pobreza em meio a um vasto oceano de prosperidade material. Cem anos depois, o negro ainda vive abandonado nos recantos da sociedade na América, exilado em sua própria terra. Assim, hoje viemos aqui para representar a nossa vergonhosa condição.

De uma certa forma, vimos à capital da nação para descontar um cheque. Quando os arquitetos da nossa república escreveram as magníficas palavras da Constituição e da Declaração da Independência, eles estavam assinando uma nota promissória da qual todos os americanos seriam herdeiros. A nota era uma promessa de que todos os homens, sim, negros e brancos igualmente, teriam garantidos os 'direitos inalienáveis à vida, à liberdade e à busca da felicidade'. É óbvio neste momento que, no que diz respeito a seus cidadãos de cor, a América não pagou essa promessa. Em vez de honrar a sagrada obrigação, a América entregou à população negra um cheque ruim, um cheque que voltou com o carimbo de "sem fundos".

No entanto, recusamos a acreditar que o banco da justiça está falido.

Martin Luther King discursa em Montgomery, Alabama, a favor do direito de voto dos afrodescendentes americanos, em 25 de março de 1965.

Recusamos a acreditar que não haja fundos suficientes nos grandes cofres de oportunidades desta nação. E, assim, viemos descontar esse cheque, um cheque que nos garantirá, sob demanda, as riquezas da liberdade e a segurança da justiça.

[...]

Não ignoro que alguns de vocês enfrentaram inúmeros desafios e adversidades para chegar até aqui. Alguns de vocês recentemente abandonaram estreitas celas de prisão. Alguns de vocês vieram de regiões onde a busca por liberdade deixou-os abatidos pelas tempestades da perseguição e abalados pelos ventos da brutalidade policial. Vocês são os veteranos do sofrimento profícuo. Continuem a lutar com a fé de que o sofrimento imerecido é redentor. Voltem para o Mississípi, voltem para o Alabama, voltem para a Carolina do Sul, voltem para a Geórgia, voltem para a Louisiana, voltem para os cortiços e para os guetos das cidades do Norte, conscientes de que, de algum modo, essa situação pode e será transformada. Não afundemos no vale do desespero.

E digo-lhes hoje, meus amigos, mesmo diante das dificuldades de hoje e de amanhã, ainda tenho um sonho, um sonho profundamente enraizado no sonho americano.

Eu tenho um sonho de que um dia esta nação se erguerá e experimentará o verdadeiro significado de sua crença: 'Acreditamos que essas verdades são evidentes, que todos os homens são criados iguais'.

Eu tenho um sonho de que um dia, nas encostas vermelhas da Geórgia, os filhos dos antigos escravos sentarão ao lado dos filhos dos antigos senhores, à mesa da fraternidade.

Eu tenho um sonho de que um dia até mesmo o estado do Mississípi, um estado sufocado pelo calor da injustiça, sufocado pelo calor da opressão, será um oásis de liberdade e justiça.

Eu tenho um sonho de que os meus quatro filhos pequenos viverão um dia numa nação onde não serão julgados pela cor de sua pele, mas pelo conteúdo de seu caráter. Hoje, eu tenho um sonho!

Eu tenho um sonho de que um dia, lá no Alabama, com o seu racismo vicioso, com o seu governador de cujos lábios gotejam as palavras 'intervenção' e 'anulação', um dia, bem no meio do Alabama, meninas e meninos negros darão as mãos a meninas e meninos brancos, como irmãs e irmãos. Hoje, eu tenho um sonho."

CURY, Fernanda. *Martin Luther King, o pacificador*. São Paulo: Minuano, s.d. p. 84 e 86 (Coleção Iluminados da Humanidade).

Protestos de afrodescendentes nos Estados Unidos contra a segregação racial nas escolas, em Saint Louis (1963).

Rosa Parks é chamada de Mãe do Movimento pelos Direitos Civis nos EUA. Ela não cedeu o seu lugar num ônibus público a um homem branco no estado do Alabama (EUA), em 1955.

ATIVIDADES

No texto, é possível perceber características que denotam a situação dos afrodescendentes nos EUA. Explique.

A classe será divida em grupos e, de acordo com as propostas de temas abaixo, o professor irá oferecer a vocês sugestões de fontes para pesquisas:

a) Resumo da vida de Martin Luther King;

b) Discursos que ele proferiu (apresentação de alguns trechos);

c) Protestos de afrodescendentes nos anos 1950 e 1960 nos EUA e resumo de filmes que tratam da temática (ver também seção **Diversificando**);

d) Situação atual dos afrodescendentes nos EUA (vejam alguns dados no capítulo 12 também);

e) Comparação entre a situação dos afrodescendentes nos EUA e no Brasil (este grupo se apoia também nas informações do grupo referente ao item anterior). Em relação a esse item, é importante fazer um levantamento das possibilidades de investigação de informações, considerando os gráficos comparativos entre rendimentos, anos de estudo, desemprego, considerando os diversos grupos étnicos;

f) Cidadãos brasileiros que lutaram e vêm lutando pelos direitos dos afrodescendentes em nosso país.

No final, cada grupo exporá para a classe o que pesquisou, sob a forma de seminário.

América Latina

Memorial da América Latina em São Paulo, SP (2011).

UNIDADE VI

Visão aérea da cidade de Nezahualcóyotl, que faz parte da área metropolitana da Cidade do México (2010)

Andinos protestam contra o projeto de mineração de ouro de uma companhia norte-americana. Região de Cajamarca, Peru (2011).

A diversidade cultural, natural e socioeconômica da América Latina faz dela uma região extremamente rica em termos de variedade e complexidade de paisagens e de manifestações culturais. São marcantes também os contrastes sociais.

Historicamente, os modelos de desenvolvimento implementados nos países da região não contribuíram para a formação de sociedades menos desiguais. Integrar-se num mundo globalizado de maneira menos dependente tem sido um desafio para os países latino-americanos neste início de século.

São esses os temas desta unidade.

- Uma das fotografias que você observa nesta abertura de unidade é do Memorial da América Latina, um espaço criado com o objetivo de promover a interação de relações sociais, econômicas e culturais entre os países latino-americanos, que apresentam grande riqueza em termos de cultura. Quais diversidades culturais da América Latina você conhece?
- Cite exemplos de contrastes e desigualdades sociais existentes na América Latina.
- Quais são as potencialidades da América Latina?

14 Países subdesenvolvidos com atividade industrial diversificada

PARA CONTEXTUALIZAR

Observe a tabela a seguir.

Participação no PIB latino-americano 2010 em % (países com os maiores PIBs)	
Brasil	43,3%
México	21,5%
Argentina	7,7%
Venezuela	6,0%
Colômbia	5,9%
Chile	4,2%
Peru	3,2%

Fonte: FMI, 2011. Em: *Folha de S.Paulo*, 20 mai. 2011. p. A18.

ATIVIDADES

Converse com seus colegas e com seu professor.

1. Quais os países que detêm os três maiores percentuais, em termos de participação no PIB latino-americano? Somados esses percentuais, qual o total de participação desses três países?
2. Com base no que você aprendeu na Unidade III deste volume, apresente uma diferença entre esses três países e os demais da América Latina, considerando a estrutura produtiva da economia.
3. Como você avalia a participação do Brasil?
4. Quais características socioeconômicas do México e da Argentina você conhece?

América Latina no início do século XXI

A América Latina neste início de século conhece uma consolidação dos regimes democráticos de governo. Trata-se de uma situação de estabilidade política que se estende desde 2002/2003, aproximadamente, apesar de continuarem existindo casos graves de corrupção. Desde então, até 2011, o ritmo de crescimento econômico foi, em média, 4% ao ano, alavancado, entre outros fatores, pelo aumento de preços e pela maior necessidade de produtos primários (matérias-primas agrícolas, alimentos, minérios e recursos energéticos, como o petróleo) no mercado internacional.

O crescimento econômico, com aumento do nível de emprego, aliados à aplicação de programas de transferência de renda, proporcionou uma queda nos níveis de pobreza.

Em 2002, existiam na América Latina 225 milhões de pobres e 99 milhões de indigentes; em 2012, esses números haviam caído para 164 milhões e 66 milhões, respectivamente, de acordo com dados do informe *Panorama Social 2013*, da Comissão Econômica para a América Latina e o Caribe (Cepal). Em números percentuais, em 2012, 28,2% dos latino-americanos eram pobres e 11,3% eram indigentes, o que reflete também uma distribuição de renda muito ruim. Com efeito, a América Latina continuava com o título de região mais desigual do mundo nesse período.

Observe os gráficos a seguir.

América Latina – Evolução da pobreza e da indigência (1980-2012)*

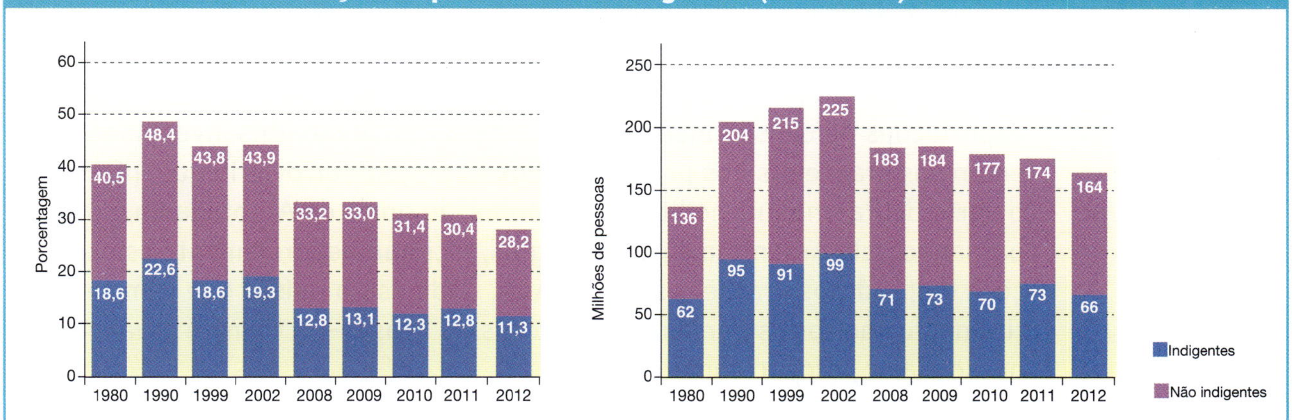

Fonte: Cepal. *Panorama Social 2011*; 2013, p. 12; 11.

* Em porcentagem e milhões de pessoas.

- Analise a evolução da pobreza e da indigência na América Latina considerando o período e elabore um breve texto conclusivo.

Do ponto de vista da industrialização, os setores industriais do México, do Brasil e da Argentina não chegaram a dar um salto em termos de produção, em larga escala, de bens de maior nível tecnológico, em razão, principalmente, da falta de uma política de incentivos por parte do Estado. Nesses países, bem como em toda a América Latina, são baixos os gastos em inovação, pesquisa e desenvolvimento. E são justamente os produtos de elevado nível tecnológico os de maior valor no mercado internacional.

No atual contexto mundial, escasseiam os recursos naturais, e a interferência humana na natureza acarreta sérios problemas ambientais e sociais. Esses fatores exigem novos padrões de desenvolvimento. Também as particularidades da geografia da América Latina e a necessidade urgente de melhorias nas condições de vida de milhões de pessoas, que vivem em situação de pobreza ou miséria no continente, trazem novos desafios à política, à sociedade e à economia de seus países.

Entre as particularidades do espaço geográfico latino-americano, podemos destacar: a possibilidade de produzir fontes energéticas renováveis (biocombustíveis, por exemplo), a disponibilidade de recursos hídricos (águas superficiais e subterrâneas), as reservas de petróleo e gás natural em alguns países, as extensas áreas que podem ser destinadas à agropecuária, a enorme biodiversidade presente nos ecossistemas, a grande diversidade étnico-cultural.

Criar condições para que se promova o fim da exclusão social, a conservação da natureza e a preservação das identidades culturais locais (dos povos indígenas, por exemplo) deveriam ser aspectos presentes nos projetos governamentais.

Infraestrutura
Sistemas de serviços públicos, como redes de esgoto, água, energia elétrica, gás canalizado, transportes, telefonia etc.

Um dos fatores que historicamente dificultaram o maior crescimento econômico da América Latina é a carência em termos de infraestrutura.

No caso dos transportes, diversas obras de redes viárias (rodovias, ferrovias e hidrovias) nos territórios de países sul-americanos vêm sendo realizadas, algumas interligando também esses países. No entanto, ainda predominam muitas redes rodoviárias, sobretudo no Brasil, o que encarece o custo da circulação, tanto de pessoas como de mercadorias, pois o transporte por rodovias é mais caro que o ferroviário e o hidroviário.

Para o Brasil, particularmente, as obras viárias de interligação do continente sul-americano são muito importantes. Além de facilitar o escoamento de produtos (os países da América do Sul compram cerca de dois terços das exportações de bens industrializados brasileiros), há muitos investimentos de empresas brasileiras nos países vizinhos. O projeto ferroviário que interligaria o porto de Paranaguá, no litoral do Paraná, ao porto de Antofagasta, no Chile, passando pela Argentina e pelo Paraguai, facilitaria enormemente as exportações de produtos brasileiros para a Ásia, onde estão países que vêm se constituindo como fortes parceiros comerciais do Brasil — a China é atualmente o nosso maior parceiro comercial.

A expansão das redes de infraestrutura para deslocamento de produtos (gasodutos, oleodutos, rodovias, ferrovias, hidrovias, redes de transmissão de energia elétrica) e de pessoas, a construção de usinas geradoras de energia (hidrelétricas, por exemplo), além da própria exploração dos recursos naturais, devem levar em consideração a conservação do ambiente e os benefícios que trarão para toda a sociedade e não apenas para um grupo de pessoas e de empresas. Diversas dessas obras sofrem resistência por parte de comunidades indígenas, como você pôde verificar ao analisar uma das fotografias da abertura desta unidade.

Como você pôde constatar na seção **Para contextualizar**, o Brasil tem um peso significativo na economia latino-americana, e sua influência política e econômica vem crescendo no contexto, em que se afirma como uma potência emergente no âmbito internacional, como você já estudou nas unidades iniciais.

Várias obras de infraestrutura energética (hidrelétricas e gasodutos) e de transportes (metrôs, pontes, aeroportos, rodovias e ferrovias) na Argentina, no Chile, na Venezuela, no Paraguai, entre outros países da América do Sul, são administradas por empresas brasileiras. O fortalecimento da infraestrutura regional sul-americana é fundamental também para dar seguimento aos processos de integração no continente. Entretanto, essa influência do Brasil em diversos países vem despertando reações contrárias. Leia o texto a seguir.

MAIS INFORMAÇÃO

Estrada deixa grupos indígenas em pé de guerra

"Manifestantes indígenas calçando sandálias insultaram seu presidente, chamando-o de 'lacaio do Brasil'. Manifestações iradas na frente da embaixada do Brasil aqui [La Paz, Bolívia] denunciaram suas tendências 'imperialistas'. Intelectuais bolivianos criticaram a 'burguesia de São Paulo', comparando-a aos caçadores de escravos que expandiram as fronteiras do Brasil colonial.

Essas palavras aquecidas costumavam ser reservadas aos Estados Unidos. Mas, enquanto a dominação americana na região recua e o Brasil utiliza sua nova força política e econômica, também começa a experimentar as armadilhas do poder: uma reação contra a potência ascendente do hemisfério. [...]

As recentes iniciativas brasileiras estão encontrando desconfiança em muitos países vizinhos. [...]

Na Argentina, as autoridades suspenderam um grande projeto de uma companhia mineradora brasileira, acusando-a de não contratar um número suficiente de moradores locais. A tensão no Equador sobre uma usina hidrelétrica levou a uma amarga batalha jurídica, e protestos dos índios asháninka na Amazônia peruana puseram em questão um projeto brasileiro de barragem.

Mas talvez nenhum projeto brasileiro na região tenha provocado tanta ira quanto este na Bolívia.

Financiado pelo Banco Nacional de Desenvolvimento Econômico do Brasil (BNDES) [...], o plano era construir uma estrada através de um remoto território indígena boliviano. Mas ele provocou uma revolta; centenas de manifestantes indígenas chegaram aqui em outubro depois de uma terrível marcha de dois meses que os levou pelos picos dos Andes, denunciando seu antigo campeão, o presidente Evo Morales, por apoiá-lo.

Morales, o primeiro presidente indígena da Bolívia e um ambientalista confesso, se viu em atrito com uma parte importante de sua base política, defendendo um projeto brasileiro que poderia aumentar o desflorestamento. Ele finalmente cedeu às exigências dos manifestantes e cancelou a estrada em seu território.

Empresas de outros países, notadamente a China, também estão se expandindo rapidamente na América Latina e às vezes enfrentam hostilidade. Mas o Brasil é o maior país da região, com uma população de 200 milhões, e o tamanho e a ousadia de sua ascensão na última década ajudam a explicar parte da tensão que ele provoca. [...]

O Brasil conta com um corpo diplomático sofisticado, pagamentos crescentes de ajuda estrangeira e os grandes bolsos de seu banco de desenvolvimento, que financia cada vez mais projetos na América Latina e na África [...].

A estrada tem uma importância estratégica para os plantadores de coca, talvez o eleitorado mais fiel de Morales, formado principalmente por indígenas das etnias quíchua e aymara. [...]

'É óbvio que o Brasil quer apenas nossos recursos', disse Marco Herminio Fabricano, 47, um artesão do grupo indígena mojeño, que estava entre os manifestantes na capital La Paz. 'Evo acha que pode nos trair com seus aliados brasileiros'."

ROMERO, Simon; SHAHRIARI, Sara. Influência do Brasil incomoda vizinhos. Texto publicado em 14 nov. 2011. Disponível em: <http://www1.folha.uol.com.br/fsp/newyorktimes/8747influenciadobrasilincomodavizinhos.shtml>. Acesso em: 8 mai. 2014.

A integração econômica e comercial entre os países da América do Sul e mesmo da América Latina é um dos grandes desafios para os governantes. Nesse sentido, merecem destaque os diversos acordos nos âmbitos do Mercosul e da Comunidade Sul-Americana de Nações, blocos que são tratados no final deste capítulo.

O processo de diversificação industrial

Brasil, México e Argentina têm um peso enorme na economia latino-americana. Quase 90% da produção industrial da América Latina é realizada nesses três países. Como visto na seção **Para contextualizar**, a soma de seus PIBs equivale a cerca de três quartos de toda a produção da América Latina. Colômbia, Chile, Venezuela, na América do Sul, e Costa Rica, na América Central, são países relativamente industrializados.

Brasil, México e Argentina apresentam um parque industrial diversificado, com expressiva produção. Seus processos de industrialização, iniciados na década de 1930, apresentam algumas diferenças, como o desenvolvimento do setor de indústria de base (petrolífero ou siderúrgico), as etapas de maior/menor crescimento industrial, a principal origem dos investimentos e das multinacionais que ali se instalaram (Estados Unidos ou países europeus), entre outros fatores. Entretanto, muitas são as semelhanças, o que permite uma caracterização geral, praticamente comum aos três países. Entre essas semelhanças destacam-se:

- mercado consumidor de porte considerável, principalmente no Brasil e no México;
- abundância de matérias-primas agrícolas e minerais;
- oferta de mão de obra barata;
- fortes investimentos do Estado em infraestrutura (transportes, energia);
- criação de empresas estatais em diversos setores, como processamento de matérias-primas, indústria de base, geração de energia, serviços de telefonia;
- presença de empresas multinacionais em diversos setores industriais;
- interesse do governo e da elite econômica em produzir internamente o que antes era importado.

A interrupção do fornecimento de alguns produtos ao mercado latino-americano, principalmente por causa da Segunda Guerra Mundial, estimulou a vinda de empresas estrangeiras. As classes média e alta da América Latina desejavam (e desejam), de modo geral, o ideal de consumo dos países desenvolvidos. Na fotografia, linha de montagem de indústria automobilística estrangeira instalada em São Paulo, SP, em 1958.

Como o objetivo foi produzir internamente bens industrializados que antes eram importados, o processo de crescimento industrial de Brasil, Argentina e México, a partir da década de 1950, ficou conhecido como Industrialização por Substituição de Importações (ISI).

A aplicação desse modelo de desenvolvimento econômico trouxe algumas consequências negativas. Com a instalação das multinacionais ou transnacionais, muitas empresas nacionais não suportaram a concorrência e faliram; outras tantas foram compradas pelos grupos transnacionais.

Por outro lado, houve durante duas ou três décadas crescimento econômico expressivo e geração de empregos. Além disso, verificou-se uma ampliação do mercado consumidor e uma diversificação na pauta de produtos exportados, com a presença de diversos bens industrializados.

Outro aspecto negativo desse modelo, além do grande endividamento externo analisado anteriormente, foi o fato de ter permitido um crescimento econômico expressivo, mas com grande concentração de riquezas nas mãos de poucas pessoas.

Nesse sentido, apesar de terem ocorrido melhorias relativas nas condições de vida da população, faltaram políticas por parte do Estado para distribuir melhor a renda, como, por exemplo, investimentos maiores em educação, habitação e saúde, em cursos de reciclagem para mão de obra menos qualificada e reajustes maiores no valor dos salários e das aposentadorias da parcela mais pobre da população.

A abertura econômica e as privatizações

No final dos anos 1980 e início dos anos 1990, o modelo baseado na proteção das empresas locais e na forte presença do Estado em diversos setores da economia foi sendo substituído por uma política marcada, entre outros aspectos, pela abertura econômica e pelas privatizações, cujas características e consequências foram analisadas anteriormente.

México

Alguns indicadores socioeconômicos (2012)	
PIB total (PPA*, em bilhões de dólares)	1.788
PIB por habitante (dólares)	15.600
Taxa de inflação (%)	4,1
Investimentos públicos em educação (% PIB), 2009	5,3
Investimentos públicos em defesa (% PIB)	0,5
Importações (bilhões de dólares)	371,2
Exportações (bilhões de dólares)	371,4
Dívida externa total (bilhões de dólares)	347,1

* Calculado com base na paridade do poder de compra em dólar em cada país.

Fonte: *The World Factbook*, 2013. Disponível em: <www.cia.gov>. Acesso em: 5 jan 2014.

Diferentemente do processo de industrialização do Brasil — que contou com uma participação razoavelmente equilibrada de empresas multinacionais europeias e norte-americanas — e da Argentina — que recebeu principalmente empresas europeias —, a industrialização mexicana contou, em maior número, com multinacionais norte-americanas.

O México apresenta muitas riquezas minerais, como prata, chumbo, zinco, cobre e petróleo, uma das mais importantes fontes de divisas do país.

Fonte de divisas
Fonte de dinheiro que entra no país.

Empresa maquiadora na Ciudad Juárez, no estado mexicano de Chihuahua, na divisa com os EUA (2010).

A abundância desses minerais e a expansão da produção de energia elétrica, das indústrias petroquímicas, siderúrgicas e automobilísticas favoreceram o desenvolvimento industrial mexicano. O México possui uma das maiores reservas mundiais de petróleo e gás natural.

Em virtude do aumento do número de indústrias multinacionais de produtos eletroeletrônicos, de eletrodomésticos e de automóveis no México, as vendas de bens industrializados para o exterior também cresceram.

Atualmente essas indústrias somam mais de 3 mil empresas — a maioria dos setores eletroeletrônico e automobilístico. Algumas delas são: Canon, Hewlett-Packard, Kodak, Motorola, General Electric, Phillips, Samsung, Sony, Ford, BMW, Honda e General Motors. Essas multinacionais se beneficiam da barata mão de obra mexicana, de impostos e encargos sociais mais baixos (subsídios do governo), e em sua maioria estão estrategicamente instaladas nas áreas de fronteira com os Estados Unidos. Essas indústrias multinacionais são chamadas de **maquiadoras**.

Em razão desses benefícios e do acordo de livre-comércio (Nafta), os produtos produzidos pelas maquiadoras são vendidos nos Estados Unidos, seu principal mercado consumidor, por um preço reduzido. Assim, para muitas multinacionais, o México acaba sendo uma ótima porta de entrada para o mercado estadunidense.

Pelo acordo de livre-comércio com os Estados Unidos e o Canadá, 60% dos componentes dos produtos fabricados nas maquiadoras ou em qualquer outra indústria mexicana têm de ser nacionais.

Embora as maquiadoras tenham peso significativo na economia (aproximadamente 50% das exportações), nos anos iniciais do século XXI verificou-se um crescimento das empresas mexicanas, sobretudo no setor alimentício e de telecomunicações, que também fazem negócios com outros países.

A formação do Nafta aprofundou as relações entre Estados Unidos e México, tornando este último ainda mais dependente financeira, econômica e culturalmente dos estadunidenses. Cerca de 80% de tudo o que o México produz destina-se aos Estados Unidos, e aproximadamente 50% das importações mexicanas provêm desse país.

Com o Nafta, os postos de trabalho no México com maiores salários e benefícios sociais foram reduzidos, enquanto os de rendimento mais baixo, com menos estabilidade e benefícios sociais aumentaram.

Cerca de 30% dos empregos que foram criados pelas maquiadoras nos anos 1990 deixaram de existir nos primeiros anos da década de 2000. Isso ocorreu porque muitas multinacionais transferiram algumas de suas unidades de produção para a Ásia, principalmente para a China, onde os custos de produção são ainda mais baixos, especialmente os de mão de obra.

O espaço socioeconômico

Com exceção da área localizada entre as cidades de Tampico e Veracruz, a costa do golfo do México (Atlântico) é pouco habitada. Nos extremos norte e sul do país encontram-se as menores densidades demográficas.

O mais importante centro urbano mexicano é sua capital, a Cidade do México, no planalto de Anáhuac. É uma cidade cercada por vulcões, dos quais os mais famosos são o Orizaba, o Popocatépelt e o Paricutin.

A Cidade do México é a mais antiga das grandes cidades do continente e uma das que mais crescem no mundo. Conta com mais de 18 milhões de habitantes em sua área metropolitana.

Paseo de La Reforma, uma das principais avenidas da Cidade do México (2011).

Essa cidade é uma das mais poluídas do mundo. Isso se deve à grande quantidade de veículos particulares e à presença de indústrias, além das características topográficas da área ocupada pela cidade, pois as elevações não favorecem a dispersão dos poluentes.

No México, em várias regiões, mas, sobretudo, no norte, atuam diversos grupos de cartéis de narcotraficantes, pois o país é uma porta de entrada para drogas nos EUA, o maior mercado mundial de narcóticos. Com a chegada ao poder do presidente Felipe Calderón, em 2006, o governo mexicano optou por colocar o exército para enfrentar os narcotraficantes, empreendendo uma "guerra aberta" que, estima-se, tenha provocado cerca de 50 mil mortes até 2011, entre essas, de muitos inocentes, assassinados pelos cartéis como retaliação ao enfrentamento que vêm sofrendo do governo. Entre 2010 e 2011, o número de vítimas teve uma redução de aproximadamente 28% e o Movimento pela Paz com Justiça e Dignidade ganhou força nos últimos anos.

É grande a concentração de renda no México: cerca de 40% dos mexicanos vivem em condição de pobreza.

No estado de Chiapas, o mais pobre do país, quase metade das habitações não está conectada à rede de esgoto. Além disso, cerca de 30% da sua população é analfabeta, contra os 6,5% do país.

Nesse estado, quem mais sofre com a miséria é a população indígena. Foi nesse local que surgiu o grupo guerrilheiro Exército Zapatista de Libertação Nacional (EZLN), que tem como objetivo pressionar o governo para que ocorram mudanças sociais e econômicas na região. Em 1994, esse grupo organizou uma rebelião contra o governo mexicano, que, por sua vez, para sufocá-la, convocou as forças do exército.

A persistência das condições de pobreza em Chiapas intensifica o clima de tensão e a atuação do EZLN. No México os estados do sul apresentam os piores indicadores socioeconômicos. Foi nessa região do país que, em meados da década de 2000, surgiu outra revolta popular, no estado de Oaxaca.

Entre os principais produtos agrícolas cultivados no México, destacam-se milho, algodão, café e cana-de-açúcar. O milho e o feijão são a base da alimentação dos mexicanos. O primeiro é utilizado na fabricação da tortilha, um tipo de pão de massa bem fina, redonda e chata, como um disco, que, por sua vez, é usada para a preparação de pratos, como *tacos*, *quesadillas* e *enchiladas*. A tortilha já era produzida pelos astecas, antes da chegada dos espanhóis.

Com a aplicação das práticas neoliberais nos últimos anos do século XX, o governo mexicano deixou de subsidiar a produção de milho, e empresas estatais que faziam a distribuição do produto pelo país deixaram de fazê-lo. Como consequência, os preços subiram e passaram a depender mais das variações no mercado internacional.

México – Espaço econômico (início do século XXI)

Fonte: SADER, Emir; JINKINGS, Ivana (Coord.). *Latino-americana* – Enciclopédia contemporânea da América Latina e do Caribe. São Paulo: Boitempo, 2006. p. 767.

O turismo

O turismo é uma importante atividade econômica do México. O país é o mais visitado da América Latina, tendo recebido, em 2012, cerca de 23 milhões de visitantes. Nesse aspecto sobressaem, na costa oeste (Pacífico), a região de Acapulco e da Baixa Califórnia e, na costa leste (Atlântico), a região de Cancún. Além de serem atraídos pelas belas praias dos litorais do Atlântico e do Pacífico, os turistas se dirigem ao México para visitar monumentos e ruínas históricas das civilizações asteca e maia.

Hotéis em Cancún (2008).

Argentina

Alguns indicadores socioeconômicos (2010)	
PIB total (PPA*, em bilhões de dólares)	755,3
PIB por habitante (dólares)	18.400
Taxa de inflação (%)	25,3
Investimentos públicos em educação (% PIB)	5,8
Investimentos públicos em defesa (% PIB)	0,5
Importações (bilhões de dólares)	65,5
Exportações (bilhões de dólares)	80,9
Dívida externa total (bilhões de dólares)	113,7

* Calculado com base no poder de compra em dólar em cada país.
Fonte: *The World Factbook*, 2013. Disponível em: <www.cia.gov>. Acesso em: 8 mai. 2014.

Obelisco e trecho da avenida Nueve de Julio, em Buenos Aires, capital da Argentina (2012).

Desde a década de 1940 até o início dos anos 1960, os argentinos desfrutavam de um elevado padrão de vida. Na década de 1960, porém, viram esse padrão cair em razão de problemas internos, como a má administração pública, a corrupção e o aumento sensível da dívida externa, que se agravou nos anos 1970 e 1980. Contribuíram também para essa queda as reduções nos preços das matérias-primas da agropecuária, como o trigo, a carne e a lã, alguns dos principais produtos de exportação da Argentina.

Outro aspecto da crise vivida pela Argentina, principalmente nas décadas de 1970 e 1980, foi a forte repressão política implantada pela ditadura militar. Todos os que se opunham ao regime eram punidos. Nesse período, os militares foram responsáveis por cerca de 100 mil mortes.

Foi justamente no período da ditadura militar que a dívida externa cresceu acentuadamente, passando de 5 bilhões de dólares em 1975 para 50 bilhões em 1983. Nesse período, a inflação aumentou muito, chegando, no final dos anos 1980, a 90% ao mês.

Em 1991, o governo argentino optou por um plano econômico de combate à inflação (plano de conversibilidade) baseado na valorização da moeda (o peso argentino passou a ter o valor do dólar até 2001), na venda de empresas estatais (programa de privatização) e na abertura da economia, com a redução de impostos de importação.

Em consequência, a economia se estabilizou, mas acabou provocando a redução das exportações, pois a valorização da moeda fez com que os produtos argentinos se tornassem mais caros no mercado internacional. As importações, por sua vez, aumentaram. Em consequência, o saldo da balança comercial reduziu-se drasticamente, diminuindo os recursos para o pagamento da dívida externa e levando o país a recorrer a novos empréstimos. Além disso, algumas empresas multinacionais que atuavam no país e empresas nacionais encerraram suas atividades, diminuindo a oferta de empregos.

Em primeiro plano, favela em Buenos Aires (2009).

Como resultado, um número maior de argentinos passou a viver em situação de pobreza. Apenas em Buenos Aires, atualmente, o número de pessoas vivendo em favelas é de 2 milhões; entre elas encontram-se também bolivianos, peruanos e paraguaios. Essa cidade, em 1991, tinha somente 51 mil pessoas nessa condição.

No final de 2001, a suspensão do pagamento da dívida externa argentina se deu em meio a um caos político e socioeconômico. Tal fato possibilitou ao país a retenção de 18 bilhões de dólares em juros, que deveriam ser pagos aos credores entre dezembro de 2001 e junho de 2004. A aplicação desses recursos na economia, o aumento nas exportações, com a desvalorização do peso, e a ampliação da produção industrial contribuíram para uma recuperação econômica a partir de 2003. A estabilidade política, com a eleição de Nestor Kirchner, no mesmo ano, também foi um fator favorável para a retomada da economia.

Em meados de 2004, o governo argentino lançou um programa de reestruturação de sua dívida externa com os credores, retomando o pagamento dos juros. Entretanto, em 2013, o país passou a enfrentar novos problemas cambiais diante da necessidade de dólares para o pagamento da dívida. Isso num contexto em que o perfil intervencionista do governo desencorajava investidores estrangeiros a aplicar recursos no país.

O espaço socioeconômico

O território argentino subdivide-se em quatro regiões: Pampa, Chaco, Patagônia e região Andina. No **Pampa**, uma das áreas mais produtivas do globo, é praticada intensa atividade agrícola, ao lado de uma excelente criação de bovinos e ovinos. O solo da região do Pampa é muito fértil, o que favorece a alta produtividade, principalmente de trigo. É dessa região que os argentinos obtêm metade de sua produção agrícola.

O rebanho bovino argentino possui cerca de 60 milhões de cabeças, menos da metade do rebanho brasileiro, e destina-se principalmente à produção de carne. A pecuária é praticada tanto sob a forma extensiva como sob a intensiva.

A Argentina exporta grande quantidade de carnes, cereais (trigo e soja) e lã. Esses produtos representam cerca de 2/3 das exportações argentinas.

O Pampa é a região mais dinâmica do espaço geográfico argentino, concentrando grande parte da produção agropecuária e industrial. É onde se situa a capital, Buenos Aires, além das duas outras cidades mais importantes: Rosário e Córdoba. Essa região concentra cerca de 70% da população do país.

Região ocupada pelos indígenas Guarani, o **Chaco** apresenta baixa densidade demográfica, predomínio da pecuária extensiva de bovinos, além de espaços agrícolas dedicados ao cultivo do algodão, do sorgo e do milho.

Na região da **Patagônia**, a menos povoada do país, predominam as grandes propriedades rurais, nas quais, em boa parte, pratica-se a criação de ovinos em caráter extensivo. É expressiva também a produção de petróleo e gás natural. Recentemente, vem se expandindo o cultivo de uva para a produção de vinhos.

A principal cidade da região **Andina** é Mendoza, mas merece destaque também San Carlos de Bariloche, conhecida apenas como Bariloche, importante centro turístico do país. Sobretudo na região de Mendoza, predominam o cultivo de frutas, principalmente de uva, e de oliveiras. A região destaca-se pela produção de vinhos e de azeite. Há também extração de petróleo e gás natural. No cultivo da uva, utiliza-se o método da irrigação, aproveitando-se a água do degelo na cordilheira dos Andes.

Armazenamento de petróleo em Río Gallegos (2011).

Cultivo de uvas na região de Mendoza (2009).

Argentina – Espaço geoeconômico (início do século XXI)

Fonte: SADER, Emir; JINKINGS, Ivana (Coord.). *Latinoamericana – Enciclopédia contemporânea da América Latina e do Caribe*. São Paulo: Boitempo, 2006. p. 110.

O setor industrial

Os setores industriais mais expressivos da Argentina são o de alimentos (carne) e o têxtil (couro e lã), que aproveitam a grande disponibilidade de produtos agropecuários, principalmente a carne. Outros setores industriais são o automobilístico, o metalúrgico e o da construção civil. As empresas multinacionais controlam boa parte dessas indústrias, pois, como vimos, é marcante a presença do capital estrangeiro na economia argentina.

As indústrias argentinas concentram-se principalmente na Grande Buenos Aires (siderúrgicas, estaleiros navais, refinadoras de petróleo, indústrias mecânica, têxtil e alimentícia). Outros centros industriais importantes são: Rosário, Córdoba, Santa Fé e Mendoza.

Apesar da produção reduzida de minerais, merecem destaque: chumbo, zinco, prata, cobre e urânio, utilizado nas centrais nucleares, responsáveis pela geração de uma pequena parte da energia consumida pelos argentinos (aproximadamente 2,5%).

O livre-comércio estabelecido com o Mercosul (ver a seguir) acabou beneficiando alguns setores da produção argentina. Ao entrar em vigor, esse bloco econômico favoreceu a ampliação do faturamento de alguns setores agropecuários argentinos, como cereais, carnes, laticínios e lã, cuja produtividade é bastante elevada em comparação à do Brasil ou à do Paraguai. Entretanto, no setor industrial, as maiores vantagens são dos empresários brasileiros.

Apesar de ter 20 vezes menos empregados no setor de *software* e tecnologia, a Argentina vem se destacando na exportação de *software* e aplicativos, inclusive para o Brasil. O custo da mão de obra argentina em tecnologia da informação é até 40% mais barato que no Brasil, e as universidades da Argentina formam programadores com habilidades específicas. Muitas empresas do setor estão concentradas no bairro de Palermo, em Buenos Aires, o que levou à criação da expressão Palermo Valley, numa alusão ao Silicon Valley, na Califórnia (EUA).

O Mercosul

9 Países do Mercosul
Para o assunto ***Mercosul***, acesse e explore este OED.

O Mercosul foi criado em 1991, quando Brasil, Argentina, Paraguai e Uruguai assinaram um tratado de livre-comércio, o Tratado de Assunção. Os primeiros acordos comerciais, porém, foram feitos ainda na década de 1980, entre Brasil e Argentina, depois de longos períodos de ditadura militar nesses países.

Somente após a assinatura do Protocolo de Ouro Preto, em 1994, é que se deu a efetivação do livre-comércio, quando cerca de 95% das mercadorias produzidas nesses quatro países passaram a circular entre eles sem cobrança de tarifa de importação. Em 1995, o Mercosul também adotou a tarifa externa comum (TEC).

Com a TEC, desde que a união aduaneira esteja efetivamente funcionando, os países do bloco têm um mesmo imposto de importação. Assim, por exemplo, se o imposto de importação de tecidos da China no Brasil é de 15%, os demais países integrantes também devem cobrar essa mesma porcentagem para essa mercadoria.

Chile, Bolívia, Peru, Equador e Colômbia são países associados ao Mercosul, participando da zona de livre-comércio, mas não da união aduaneira. A Venezuela, no final de 2005, foi admitida como membro provisório e, em 2012, no contexto de suspensão do Paraguai (cujo Senado se opunha à entrada da Venezuela no Mercosul) sua adesão foi efetivada, tornando-a membro pleno.

Nos anos 1990, a formação do Mercosul possibilitou um aumento no comércio de mercadorias entre os países-membros, principalmente entre os de maior peso econômico — Brasil e Argentina somam cerca de 97% do PIB do bloco.

No entanto as crises econômicas, sobretudo a que a Argentina passou a enfrentar a partir do começo dos anos 2000, e as situações de desacordo na aplicação das normas previstas inicialmente acarretaram alguns problemas. O ritmo de crescimento do comércio entre os países diminuiu, e diversos objetivos não foram atingidos, retardando o cumprimento das metas de integração. Passados mais de dez anos da assinatura do Protocolo de Ouro Preto, o Mercosul, cujo fim é se tornar um mercado comum, não constituía sequer uma união aduaneira completa.

Como ocorre na formação de todo bloco comercial, o estabelecimento do Mercosul trouxe consequências para as empresas e a população dos cinco Estados-nação integrantes.

Os agricultores argentinos de cereais, especialmente de trigo, aumentaram suas exportações para o Paraguai e sobretudo para o Brasil. O setor agrícola de cereais argentino apresenta elevados índices de produtividade, pois dispõe de melhores solos, maiores investimentos em tecnologia e apoio do governo, o que possibilita preços mais competitivos.

Por causa disso, os produtores de cereais do Brasil, principalmente de trigo, foram bastante afetados, já que não conseguem colocar no mercado produtos com preços capazes de competir com os dos produtos argentinos. Isso também ocorre no setor de carne e de laticínios (leite e seus derivados), pois a produtividade da Argentina e a do Uruguai são maiores que a do Brasil.

No entanto, boa parte das indústrias brasileiras são mais competitivas que as dos outros países-membros do Mercosul, o que preocupa os empresários do setor industrial da Argentina, do Paraguai e do Uruguai.

Mercosul (2014)

Fonte: *Atlas geográfico escolar*. Rio de Janeiro: IBGE, 2009. p. 41. Atualizado pelos autores.

O que seria desejável para fortalecer o Mercosul, em termos de produção industrial, é a implementação da "integração produtiva", que é, inclusive, uma meta inserida no Tratado de Assunção. Com ela, os países do Mercosul formariam cadeias produtivas, tendo, por exemplo, o Brasil, país mais dinâmico industrialmente, como eixo principal. Isso minimizaria também as críticas, segundo as quais o nosso país tem um superávit elevado com os demais parceiros do bloco. Por outro lado, à medida que o Brasil ampliasse exportações de bens industrializados dessa cadeia produtiva para outros blocos e países, todos os demais membros do Mercosul sairiam ganhando. Isso acontece em relação à China e diversos países do seu entorno.

De qualquer forma, empresários de diversos setores acabaram se beneficiando com a implantação do Mercosul, passando a ter um mercado de consumo importante e bem mais amplo: o mercado brasileiro, que corresponde ao triplo da população dos outros três países juntos.

Brasil: negócios com os parceiros do Mercosul — 2012

Indicadores — 2012

Países	PIB (em US$)	Desemprego (em %)	População (em milhões)
Brasil	2,2 trilhões	5,5%	194 milhões
Paraguai	25 bilhões	8,1%	6,7 milhões
Uruguai	49 bilhões	6,2%	3,4 milhões
Argentina	474 bilhões	7,2%	40,8 milhões
Venezuela	382 bilhões	8,1%	28,4 milhões

Fonte: CEPAL/OIT. *Informe Coyuntura Laboral en América Latina y el Caribe*. p. 24. Disponível em: <www.ilo.org>; World Bank. *World Development Indicators Database*, 2013. Disponível em: <http://databank.worldbank.org>; Population Reference Bureau. *World Population Data Sheet*, 2012. Disponível em: <www.prb.org>. Acesso em: 8 mai. 2014.

- No comércio exterior, quando as exportações são maiores que as importações, diz-se que houve superávit comercial; quando as exportações são menores que as importações, diz-se que ocorreu déficit comercial. Com base nos gráficos, responda às questões a seguir.

1. Em 2012, o Brasil apresentou déficit ou superávit comercial com seus sócios do Mercosul?
2. Que país apresentou maior evolução comercial?

Desde os entendimentos iniciados nos anos 1990, o Mercosul e a União Europeia (UE), principal compradora dos produtos brasileiros, conduzem negociações para estabelecer uma zona de livre-comércio. Nas negociações, alguns acordos dependem das rodadas da Organização Mundial do Comércio (OMC).

Essa aproximação entre os dois blocos não é benquista pelo governo dos Estados Unidos, que vê o Mercosul e toda a América Latina como um importante mercado consumidor de seus produtos.

Os Estados Unidos, particularmente no governo George W. Bush, queriam agilizar a concretização da Área de Livre Comércio das Américas (Alca), cujo objetivo era a eliminação dos impostos de importação entre os países integrantes ainda na década de 2000. Esse projeto fracassou.

Outros blocos econômicos do continente americano

Além do Mercosul, do Nafta e mesmo da própria Associação Latino-Americana de Integração (Aladi), um bloco formado por doze países (Argentina, Bolívia, Brasil, Chile, Colômbia, Cuba, Equador, México, Paraguai, Peru, Uruguai e Venezuela), que tem como objetivo o estabelecimento de um mercado comum, formaram-se na América outros blocos. São eles:

- Comunidade Andina (CAN) — Integrada por Bolívia, Colômbia, Equador e Peru.
- Mercado Comum Centro-Americano (MCCA) — Reúne Guatemala, Honduras, El Salvador, Nicarágua, Costa Rica e Panamá, mas ainda não constitui uma zona de livre-comércio, apesar da denominação. Em função da pequena consistência da economia dos países integrantes, o MCCA tem pouca expressividade.
- Caricom (sigla, em inglês, de Comunidade do Caribe, também chamado de Mercado Comum do Caribe) — Reúne algumas possessões, como ilhas Virgens britânicas, ilhas Turks e Caicos e a ilha de Montserrat, mais 13 países: Antígua e Barbuda, Bahamas, Barbados, Belize, Dominica, Granada, Guiana, Jamaica, São Cristóvão e Névis, Santa Lúcia, São Vicente e Granadinas, Suriname e Trinidad e Tobago. O Caricom também ainda não constitui uma zona de livre-comércio.
- Associação dos Estados Caribenhos (AEC) — Criada em julho de 1994, reúne 25 países da região caribenha, incluindo México, Colômbia, Venezuela e Cuba. A AEC foi estabelecida para preparar as condições necessárias à fundação de uma zona de livre-comércio entre seus países-membros. Entretanto, ainda não foi estipulada uma data.
- Aliança do Pacífico — Criada em junho de 2012, reúne Chile, Colômbia, México e Peru e tem como objetivo a livre circulação de mercadorias, a integração econômica e o estabelecimento de acordos com outros blocos e países.

Além desses blocos, há diversos acordos trilaterais e bilaterais no continente americano. Em dezembro de 2004, na cidade de Cuzco, no Peru, os países da América do Sul (exceto a Guiana Francesa, que é território da França) criaram a União de Nações Sul-Americanas (Unasul), para facilitar a integração política, comercial e física na região. Dela fazem parte: Argentina, Bolívia, Brasil, Chile, Colômbia, Equador, Guiana, Paraguai, Peru, Suriname, Uruguai e Venezuela.

Entre os objetivos da Unasul estão a criação de área de livre-comércio, aproximando países do Mercosul com o Chile e os países da Comunidade Andina; a promoção de obras de infraestrutura para melhorar o trânsito e o transporte entre os países; e propiciar maior agilidade aos acordos de cooperação econômica e social.

MAIS INFORMAÇÃO

Celac

"Uma ampla reunião que acontecerá na tarde desta sexta-feira em Caracas marcará a criação oficial da Comunidade dos Estados Latino-Americanos e Caribenhos (Celac), que integrará os 33 países da região, com exceção dos Estados Unidos e do Canadá. O novo organismo pretende ser um espaço para tratar de questões políticas e promover a cooperação entre seus membros. A Celac nasce da união da Cúpula da América Latina e Caribe (Calc), que tratava mais da cooperação entre os países, e o Grupo do Rio, com atuação mais política. Para o [então] presidente da Venezuela, Hugo Chávez [falecido em março de 2013], a Celac, no futuro, poderá substituir a Organização dos Estados Americanos (OEA), que conta com Estados Unidos e Canadá. O Brasil, com posicionamento mais moderado, valoriza a criação da Celac, mas evita afirmar que um mecanismo substituirá o outro.

Apesar de realçar que há espaço para mais de um organismo regional, o embaixador Antonio José Simões, subsecretário do Itamaraty para assuntos de América do Sul e Caribe, disse que a Celac terá um papel cada vez mais importante.

— Há espaço para cada organismo ter o seu papel. No atual momento político, a Celac tem um papel importante e terá um papel cada vez mais importante — destacou.

Ele procurou minimizar um possível conflito de ações entre a OEA e a Celac:

— A Celac não joga contra a OEA. Muita coisa que é discutida e falada na Celac, a OEA nunca fez. Nossa preocupação não é trabalhar contra ninguém, mas a favor da região.

[...]

A Celac, ao contrário da OEA, não tem previsão financeira nem terá uma secretaria neste início. A presidência será rotativa e as cúpulas ocorrerão anualmente. A próxima será no Chile, depois em Cuba e, logo após, na Costa Rica. [...]

Como em outros organismos regionais, a exemplo da Unasul, que reúne os países da América do Sul, a Celac tem uma cláusula democrática que prevê a suspensão do país que violar esse princípio. No entanto, não está claro qual é o nível de violação — se um golpe, fraude em eleições ou ameaça à liberdade de expressão. A tomada de decisão do grupo deverá ocorrer por consenso, como é comum em alguns organismos internacionais. O Brasil defende esse tipo de atuação.

Para Simões, o consenso irá permitir que os países expressem suas diferenças.

— O Brasil prefere o consenso. O consenso não é uma unanimidade, mas busca o equilíbrio. Numa votação, pode haver uma situação em que um país que não ganhou sinta-se isolado. No consenso, os países podem expressar suas diferenças — disse."

GOIS, Chico de. Celac será criada oficialmente nesta sexta-feira, na Venezuela. Texto publicado em 2 dez. 2011. Disponível em: <http://oglobo.globo.com/mundo/celac-sera-criada-oficialmente-nesta-sexta-feira-na-venezuela-3369940>. Acesso em: 8 mai. 2014.

Governantes dos 33 países da América Latina e Caribe participam de reunião da Celac, em Caracas, Venezuela, em 2 de dezembro de 2011.

PARA COMPREENDER **Texto**

Leia o texto.

Dívida e meio ambiente na América Latina

"Na América Latina, assim como no resto dos Estados Capitalistas Periféricos (ECP), a questão do meio ambiente é particularmente delicada, pois o ritmo de exploração dos recursos e de geração (e importação) de poluentes ultrapassa a capacidade dos ecossistemas. Trata-se de um dos principais resultados da constante e crescente transferência de riqueza, que tem como pilar principal o pagamento das dívidas externas e que só foi possível mediante o aumento genuíno da produtividade, o empobrecimento das pessoas dos países devedores e o abuso da natureza. Tal transferência não se limita ao século XX e princípio do século XXI. Suas origens remontam à época colonial. [...] Os impactos ecossociais da exploração de minerais, ainda que devastadores, não alcançaram as dimensões insustentáveis que atualmente se registram, promovidas pelo emprego de tecnologias e técnicas próprias dos séculos XX e XXI.

A América Latina foi fonte não só de recursos valiosos, como o ouro e a prata, mas também de diversas matérias-primas de baixo preço e que são extraídas fundamentalmente para exportação a granel. Esse papel é exercido ainda na atualidade, mas é realizado não mais pelo aparato de 'funcionários' da colônia, e sim por atores empresariais dos Estados Capitalistas Centrais (ECC) e por atores nacionais/locais — embora, muitas vezes, estes últimos terminem sendo sócios dos primeiros.

Esse mecanismo de transferência da riqueza natural vem se consolidando, por um lado, com o pagamento de juros das dívidas externas, e por outro, graças a um comércio sustentado e ecologicamente desigual. Tal desigualdade transparece na enorme discrepância do tempo necessário para a produção dos bens exportados pelos ECP, muito mais longo que o requerido pelos bens industriais e os serviços dos ECC. A essa desigualdade acrescenta-se ainda a questão dos preços das exportações dos ECP, nos quais estão incorporados os custos ambientais.

No mesmo teor e como resposta a tal saque, especialistas no assunto [...] vêm falando corretamente — desde 1992 [...] — de uma dívida ecológica dos países do Norte com os do Sul, já que estes têm de aumentar sua produtividade e super explorar seus recursos naturais."

SADER, Emir; JINKINGS, Ivana (Coord.). *Latinoamericana – Enciclopédia contemporânea da América Latina e do Caribe.* São Paulo: Boitempo, 2006. p. 76.

Estados Capitalistas Periféricos
Os países subdesenvolvidos do hemisfério Sul.

Impactos ecossociais
Efeitos no ambiente e na sociedade, nesse caso, decorrentes da exploração mineral.

Estados Capitalistas Centrais
Países desenvolvidos do hemisfério Norte.

Extração de mineral metálico (prata, zinco e chumbo) em Lipez, Potosí, Bolívia (2010).

Responda às questões a seguir.

1. Por que a questão do meio ambiente é particularmente delicada na América Latina?
2. Escolha uma frase do texto para explicar a relação entre o meio ambiente, o empobrecimento da população e a dívida externa dos países latino-americanos.

Atividades

RETOME SEUS CONHECIMENTOS

1. Industrialização com substituição de importação, protecionismo e presença de multinacionais são características marcantes do modelo econômico adotado na Argentina, no Brasil e no México, aproximadamente entre 1940 e 1980.

   Responda.

   a) Quais foram as consequências desse modelo para a economia desses países?

   b) Quais foram as consequências sociais desse modelo econômico?

2. Cite as consequências da formação do Mercosul para o setor agrícola e o setor industrial dos países-membros.

EXERCITE SEUS CONHECIMENTOS

3. Leia as informações do texto e do mapa a seguir.

> "Apesar de todas as dificuldades, comuns nas diferentes unidades de conservação, o Parque Nacional do Iguaçu é um modelo para os demais parques brasileiros. [Apolônio] Rodrigues [Chefe de manejo do parque em território brasileiro] conta que, em 1999, Iguaçu foi escolhido pelo Ibama para ser usado como laboratório de um novo modelo de gestão. Entre os motivos da escolha estão a facilidade de acesso ao local, graças à infraestrutura de transporte da tríplice fronteira, e o pioneirismo do parque, o primeiro a ter um plano de manejo no Brasil. O trabalho é feito pelo Parque do Iguazu em parceria com o Jica (Japan International Cooperation Agency)."

MARTINO, Natália. Onde os mundos se encontram. *Horizonte geográfico*. São Paulo: Horizonte Geográfico, dez. 2010. p. 40.

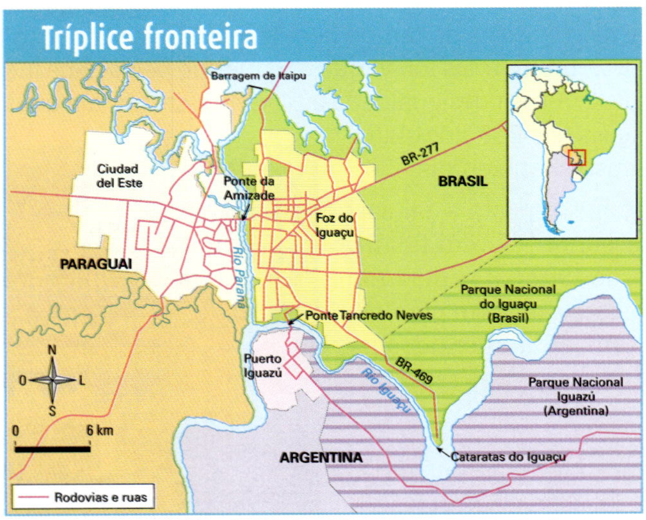

Fonte: *Horizonte geográfico*, dez. 2010. p. 37.

Responda.

a) Por que o título do mapa é "Tríplice fronteira?"

b) Identifique os elementos geográficos presentes e crie legendas para eles, de acordo com as cores e as formas que estão no mapa.

c) O que definem os limites entre Brasil, Argentina e Paraguai?

d) Qual a importância ambiental das áreas hachuradas?

e) A quem pertencem as cataratas do Iguaçu?

15 Países subdesenvolvidos com atividade industrial pouco ou relativamente diversificada

Mina de cobre em Rancagua, Chile (2011).

PARA CONTEXTUALIZAR

Observe a fotografia e leia as informações da tabela.

Indicadores sociais – Países da América (2012)

Países	Mortalidade infantil (‰)	Expectativa de vida (anos)
Subdesenvolvidos		
Bolívia	40,0	67
Colômbia	17,0	74
Costa Rica	9,1	79
Desenvolvidos		
Canadá	4,9	81
Estados Unidos	5,9	79

Fonte: Population Reference Bureau. *World Population Data Sheet*, 2013. Disponível em: <www.prb.org>. Acesso em: 8 mai. 2014.

ATIVIDADES

Converse com seus colegas e com seu professor.

1. O que a fotografia retrata? Considerando os países estudados no capítulo e o que você já estudou na unidade III, em que sentido ela se relaciona a esse conjunto de países?
2. Considere os dados da tabela, no que se refere aos países subdesenvolvidos:
   a) É possível afirmar que a situação social desses países é semelhante? Explique.
   b) Compare os dados dos países subdesenvolvidos com os dos países desenvolvidos. Como são os indicadores dos países latino-americanos em relação aos da América Anglo-Saxônica?

Diversidade entre os países

De modo geral, os países com pouca ou relativa diversificação industrial na América Latina caracterizam-se pela dependência tecnológica e financeira em relação aos países desenvolvidos. A atividade industrial, em geral, não é fortemente competitiva.

Apesar dessas características comuns, no entanto, é importante ressaltar que esses países apresentam algumas situações distintas. A atividade industrial do Chile, da Colômbia e da Venezuela, por exemplo, é mais diversificada que a dos demais; no Uruguai e em alguns países da América Central — Bahamas e ilhas Bermudas (possessão do Reino Unido) —, o turismo é uma importante fonte de renda.

Como você pôde constatar na seção **Para contextualizar**, há diferenças entre os níveis de vida dos países do conjunto que será estudado no capítulo. No Uruguai, no Chile e na Costa Rica, o nível de vida da população é mais elevado em relação aos demais; as taxas de mortalidade infantil do Haiti e da Bolívia são superiores a 40‰, aproximando-se dos níveis da maioria dos países africanos; o Uruguai é um dos países com uma das mais altas porcentagens de estudantes universitários do mundo, contando com uma taxa de analfabetismo de apenas 1,9%.

Aspectos de uma paisagem do Uruguai (Punta del Leste, famoso balneário, 2010 — à esquerda) e do Haiti (Petit Goave, 2010) reveladores das condições socioeconômicas de cada um desses países latino-americanos.

América Central

O espaço geográfico desses países centro-americanos foi formado sob forte influência dos interesses norte-americanos. Exemplo dessa situação é o Haiti, um dos primeiros países da América Central a se libertar do domínio colonial. Esse país é um dos mais pobres do mundo. Cerca de 85% de seus habitantes vivem abaixo da linha de pobreza, ou seja, sem que o mínimo de suas necessidades (alimentação, saúde, educação, saneamento básico) seja atendido.

Em vários países da América Central, como Nicarágua, Panamá, Honduras e El Salvador, a baixa condição de vida da maioria da população, os grandes desníveis sociais e a ação de governos autoritários ligados aos interesses da pequena classe dominante têm provocado crises e revoltas populares.

Para conter revoltas, algumas socialistas, os Estados Unidos interferem nesses países, justificando suas ações por meio de diversos argumentos: proteger a democracia; restaurar a paz; promover a estabilidade interna; proteger o continente americano de agressões externas.

Entretanto, há alguns anos os Estados Unidos apoiavam ditaduras militares e, agora, apoiam governos civis. Isso mostra que o que está em jogo e preocupa de fato os norte-americanos são seus interesses e a necessidade de demonstrar seu poderio político-militar.

América Central continental ou ístmica

Observe o mapa.

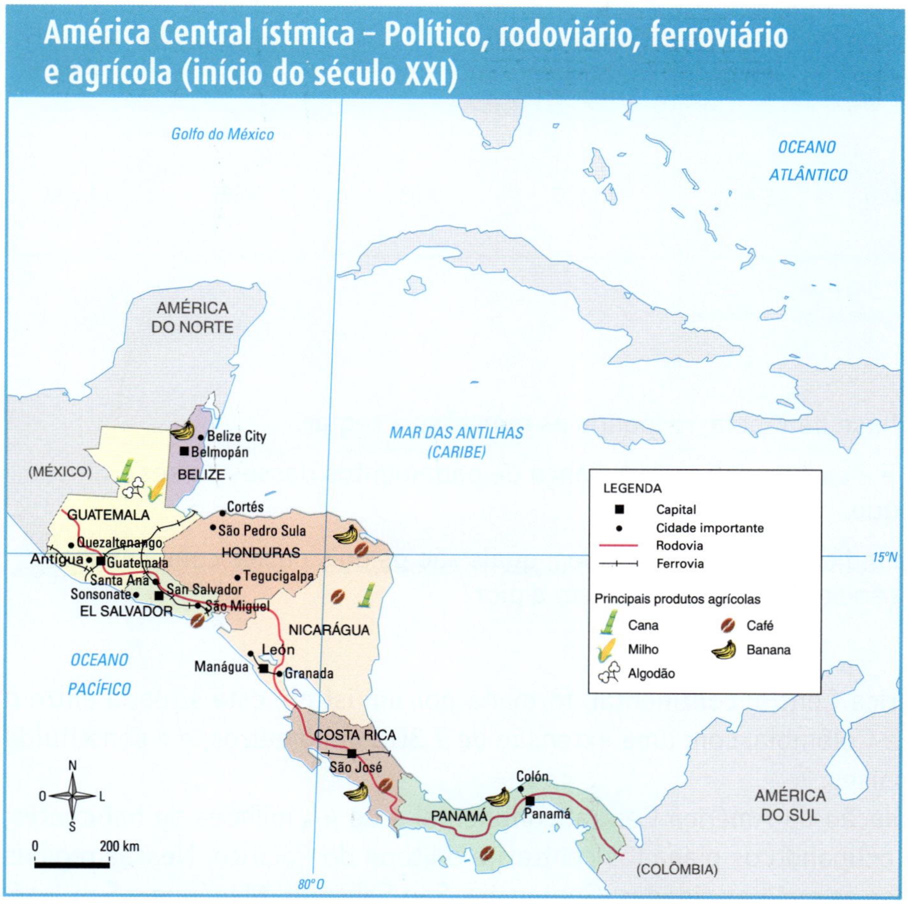

Fonte: *Compact world atlas*. Londres: Dorling Kindersley, 2001. p. 30 (adaptado); SADER, Emir; JIKINGS, Ivana (Coord.). *Latinoamericana* – Enciclopédia contemporânea da América Latina e do Caribe. São Paulo: Boitempo, 2006.

- Compare os trechos do território da América Central ístmica próximos à costa do Pacífico e à costa do mar do Caribe. O que é possível concluir sobre a distribuição espacial das principais cidades?

Agora leia as informações da tabela.

Indicadores socioeconômicos e demográficos – Alguns países da América Central Continental (2012)							
Países / Indicadores	Belize	Costa Rica	El Salvador	Guatemala	Honduras	Nicarágua	Panamá
População (mil), 2013	334	4.695	6.108	14.373	8.448	5.788	3.599
Mortalidade infantil (‰)	20,8	8,95	19,05	24,32	19,28	21,09	11,01
Expectativa de vida (anos)	68,4	78,0	73,9	71,4	70,8	72,4	78,1
PIB (PPA* – milhões US$)	3.048	59.790	47.090	79.970	38.420	27.100	58.020
Importações (milhões de dólares)	837	16.750	9.912	15.840	11.180	6.450	18.880
Exportações (milhões de dólares)	628	11.440	5.447	10.110	7.931	4.157	24.610

* Calculado com base no poder de compra em dólar em cada país.

Fonte: *The World Factbook*, 2013. Disponível em: <www.cia.gov>. Acesso em: 8 mai. 2014.

- Com base na tabela, responda às questões a seguir.

1. Qual é a característica da balança de pagamentos desses países? Explique.
2. Pelos indicadores apresentados, quais são os dois países com a melhor situação social? E qual país tem a pior?

A América Central continental, formada por um istmo, está situada entre o México e a Colômbia, com uma extensão de 2.300 quilômetros, e é constituída por sete países.

A população da América Central continental é de 44 milhões de habitantes, a maioria ocupando os planaltos centrais e o litoral do Pacífico. Nessas regiões localizam-se as maiores cidades: Guatemala, San Salvador, Manágua e San José, respectivamente capitais da Guatemala, El Salvador, Nicarágua e Costa Rica.

As mais baixas densidades demográficas são encontradas no litoral banhado pelo mar do Caribe ou das Antilhas.

O país mais populoso é a Guatemala, com praticamente um terço da população total da América Central ístmica: 14,4 milhões de habitantes.

Na parte ístmica da América Central são muito importantes para a economia de diversos países as atividades do setor primário, especialmente a agricultura.

Entre as atividades econômicas primárias, destaca-se a agricultura de exportação (frutas e produtos tropicais).

Nos planaltos, em função dos bons solos de origem vulcânica, os produtos mais cultivados são o café (El Salvador) e o milho (Guatemala). Nas zonas de maior altitude cultiva-se o trigo.

Nas baixadas litorâneas do mar do Caribe, desde Belize até o Panamá, o principal produto cultivado é a banana, na forma de *plantation*. Nessa extensa área, chamada costa da Banana, o grande produtor é Honduras. A produção dessa fruta é dominada por grandes companhias norte-americanas, como a Chiquita Brands.

Bananal em La Lima, Honduras (2009).

Em virtude de uma epidemia (mal do Panamá), que destruiu parte das plantações de banana do litoral Atlântico, o produto foi introduzido na costa do Pacífico, onde vem se desenvolvendo com bons resultados.

A produção de gêneros agrícolas é importante para as economias dos países estudados neste capítulo. Na América Central ístmica, cultivam-se ainda em grande quantidade a cana-de-açúcar, o algodão e o abacaxi, também na forma de *plantations*, que ocupam os solos mais férteis.

Nas florestas que recobrem o litoral caribenho, são exploradas madeiras de grande valor comercial (peroba, pau-rosa e cedro) e chicle, exportado principalmente para os Estados Unidos, que o utilizam na fabricação de goma de mascar.

Como você viu no início deste capítulo, há países com uma atividade industrial mais diversificada, comparativamente ao conjunto estudado neste capítulo. No Panamá e na Costa Rica, a atividade industrial tem uma participação mais expressiva no conjunto da economia. No caso do Panamá, em razão das isenções fiscais (não cobrança de impostos), algumas grandes empresas petrolíferas instalaram indústrias petroquímicas, cuja produção responde por cerca de um terço das exportações do país. Já no caso da Costa Rica, há incentivos do governo para desenvolvimento de indústrias de equipamento para informática, sendo que as máquinas e os equipamentos eletrônicos respondem por cerca de um terço das exportações do país.

Técnicas em fábrica de equipamentos para informática em San José, Costa Rica.

Na Costa Rica, a atividade turística é estimulada pela presença de vulcões ativos, como o Poás (2010).

MAIS INFORMAÇÃO

Canal do Panamá

Canal do Panamá (2009).

Com a finalidade de encurtar a distância das viagens marítimas entre a costa do Atlântico e a do Pacífico e permitir rapidez na comunicação entre os dois oceanos, foi construído um canal em um dos pontos mais estreitos da América Central ístmica, no Panamá. Concluída em 1914 pelos Estados Unidos, a empreitada recebeu o nome de canal do Panamá. A partir de então, o governo norte-americano passou a ter domínio sobre uma faixa de terra de 18 quilômetros de largura, conhecida como zona do canal. Por meio do pagamento de uma taxa ao Panamá, o país manteve esse direito até o ano 2000, quando a região foi devolvida aos panamenhos. O canal possui 85 quilômetros de comprimento e sua travessia é possível graças a um sistema de eclusas e comportas. Em meados da década de 2000, o governo panamenho havia decidido ampliar o canal, para possibilitar que navios mais modernos com até 427 metros de comprimento, 49 metros de largura e calado (profundidade a partir do nível da água) de 15 metros pudessem atravessá-lo. Essa ampliação é considerada um novo canal e fica ao lado do atual canal em uso. O país mais beneficiado com sua construção são os Estados Unidos, entre outros motivos porque interliga suas costas leste e oeste. O segundo grande beneficiado é o próprio Panamá, que vai arrecadar mais com o uso do canal.

Antilhas

O arquipélago das Antilhas ou Caribe é constituído por um grande número de ilhas, das quais 70 a 80 são habitadas.

As Antilhas formam uma espécie de arco insular, que começa em Cuba, a maior ilha e a mais próxima da América do Norte, e termina bem próximo do litoral setentrional da América do Sul.

De acordo com a posição geográfica e o tamanho, as ilhas das Antilhas estão distribuídas em quatro grupos: Grandes Antilhas, Pequenas Antilhas, arquipélago das Bahamas e ilhas Bermudas, que ficam a 32° de latitude N, a nordeste das Bahamas, e não aparecem no mapa a seguir.

Observe o mapa e leia as informações das tabelas a seguir.

América Central insular (Antilhas) – Divisão política e agricultura (início do século XXI)

Fonte: *Compact world atlas*. Londres: Dorling Kindersley, 2001. p. 30 (adaptado); SADER, Emir Sader; JIKINGS, Ivana (Coord.). *Latinoamericana* – Enciclopédia contemporânea da América Latina e do Caribe. São Paulo: Boitempo, 2006.

Indicadores socioeconômicos e demográficos – Alguns países das Grandes Antilhas (2012)

Indicadores / Países	Haiti	Jamaica	Porto Rico	República Dominicana
População (mil), 2013	9.893	2.909	3.674	10.219
Mortalidade infantil (‰)	50,92	13,98	8,00	20,44
Expectativa de vida (anos)	62,8	73,4	79,0	77,6
PIB (PPA* – milhões de dólares)	13.150	25.620	64.840**	100.400
Importações (milhões de dólares)	2.679	5.905	49.000	17.760
Exportações (milhões de dólares)	785	1.747	67.300	9.079

* Calculado com base no poder de compra em dólar em cada país.

** Dados de 2010.

Fonte: *The World Factbook*, 2013. Disponível em: <www.cia.gov>. Acesso em: 8 mai. 2014.

Países / Indicadores	Antígua e Barbuda	Barbados	Dominica	Granada	Santa Lúcia	São Vicente e Granadinas	Trinidad e Tobago
Indicadores socioeconômicos e demográficos – Países das Pequenas Antilhas (2012)							
População (mil), 2013	90	289	73	109	163	103	1.225
Mortalidade infantil (‰)	13,72	11,13	11,99	10,81	12,07	13,46	25,74
Expectativa de vida (anos)	75,9	74,7	76,3	73,5	77,2	74,7	71,9
PIB (PPA* – milhões de dólares)	1.605	7.169	1.018	1.467	2.233	712	27.140
Importações (milhões de dólares)	403	1.584	183	297	579	315	9.065
Exportações (milhões de dólares)	57	1.039	41	40	190	49	12.980

* Calculado com base no poder de compra em dólar em cada país.
Fonte: *The World Factbook*, 2013. Disponível em: <www.cia.gov>. Acesso em: 8 mai. 2014.

- Responda às questões a seguir.

1. Na ilha Hispaniola localizam-se dois países. Quais são eles?
2. No grupo chamado Pequenas Antilhas, quais países são independentes?
3. Quais países mostrados nas tabelas apresentam superávit em sua balança comercial?
4. Calcule o PIB por habitante e compare a situação socioeconômica das populações desses países que apresentam superávit.

O espaço econômico

A agricultura é a principal atividade econômica das Antilhas, destacando-se o cultivo de cana-de-açúcar. A República Dominicana, depois de Cuba (que será estudada no próximo capítulo), é o maior produtor da região.

Além da cana, também são cultivados algodão, banana, abacaxi, café e fumo.

Nesse arquipélago encontram-se importantes jazidas minerais, entre elas as de ferro, cobre, petróleo e bauxita. A Jamaica é um dos maiores exportadores mundiais de bauxita.

O setor industrial das Antilhas não apresenta grande desenvolvimento. No entanto, em razão da não cobrança de imposto de renda, várias empresas industriais norte-americanas optaram por abrir escritórios em ilhas da região, para diminuir os custos dos impostos.

As principais ilhas das Bahamas são: Nova Providência, a mais populosa e onde se situa a capital, Nassau; Abaco; Andros; Bimini; Cat; Eleutéria; Grande Bahama e Inágua.

As ilhas Bermudas são possessão do Reino Unido.

MAIS INFORMAÇÃO

Os paraísos fiscais e o turismo

Nas Bahamas existem mais de 400 bancos (média de um banco para cada 680 habitantes), além de sedes de empresas de outros países, como seguradoras e indústrias, que buscam na isenção de impostos, principalmente o de renda, uma forma de ampliar seus lucros. Essas empresas continuam com seus escritórios e parques industriais no país de origem, onde desenvolvem suas atividades de fato.

Nessa região (América Central e Caribe), os bancos não fazem nenhuma pergunta sobre a origem do dinheiro neles depositado. Em vista disso, as Bahamas, as ilhas Cayman, as ilhas Bermudas, o Panamá, entre outros, são conhecidos como "paraísos fiscais ou financeiros", onde empresas instalam sedes, mas não realizam suas atividades, e onde se deposita dinheiro ganho com corrupção, sonegação de impostos e tráfico de drogas.

Esses locais também oferecem facilidades para o reinvestimento do dinheiro em atividades legais, como a compra de mercadorias e imóveis, por meio das quais se faz a chamada "lavagem" do dinheiro.

O turismo é uma grande fonte de divisas para as Antilhas, pois anualmente o arquipélogo recebe milhões de turistas, que visitam suas ilhas nos cruzeiros realizados por suntuosos navios turísticos. Essa atividade é, em boa parte, controlada por empresas estrangeiras.

Hotel luxuoso nas Bahamas (2010).

Em Porto Rico, Estado livre associado aos Estados Unidos, é grande o número de indústrias norte-americanas que produzem alimentos, bebidas (principalmente rum), equipamentos eletrônicos e produtos farmacêuticos.

As ilhas Virgens americanas (dependência dos Estados Unidos) fazem parte das Pequenas Antilhas. Sua população é predominantemente de origem africana e as principais fontes de renda são o turismo e o petróleo.

Em uma de suas ilhas, St. Croix, está localizada uma das maiores refinarias de petróleo do mundo.

A agricultura de Porto Rico é totalmente voltada para a exportação, sendo necessário importar mais da metade dos alimentos consumidos por sua população.

Cerca de 40% dos porto-riquenhos vivem nos Estados Unidos.

A economia de Trinidad e Tobago (duas ilhas e 23 ilhotas) gira em torno do petróleo, responsável por 70% de suas exportações.

As ilhas Bermudas constituem importante centro financeiro internacional, com muitas seguradoras e bancos. O turismo é sua principal fonte de renda. Há também várias sedes de empresas industriais dos Estados Unidos, que querem obter vantagens tributárias (menos impostos).

América do Sul

Como você conversou na seção **Para contextualizar**, muitos países do conjunto que está sendo estudado dependem das exportações de minérios, recursos energéticos e produtos agroalimentares. Colômbia, Equador, Peru, Bolívia e Chile, Venezuela, Suriname, Guiana e Guiana Francesa (que é uma possessão da França), Paraguai e Uruguai apresentam aspectos em comum, como a exportação de matérias-primas agrícolas e minerais em grande quantidade, porém esses países também apresentam diferenças entre si.

Observe o mapa e as tabelas a seguir.

América do Sul – Recursos minerais e agricultura – Países selecionados

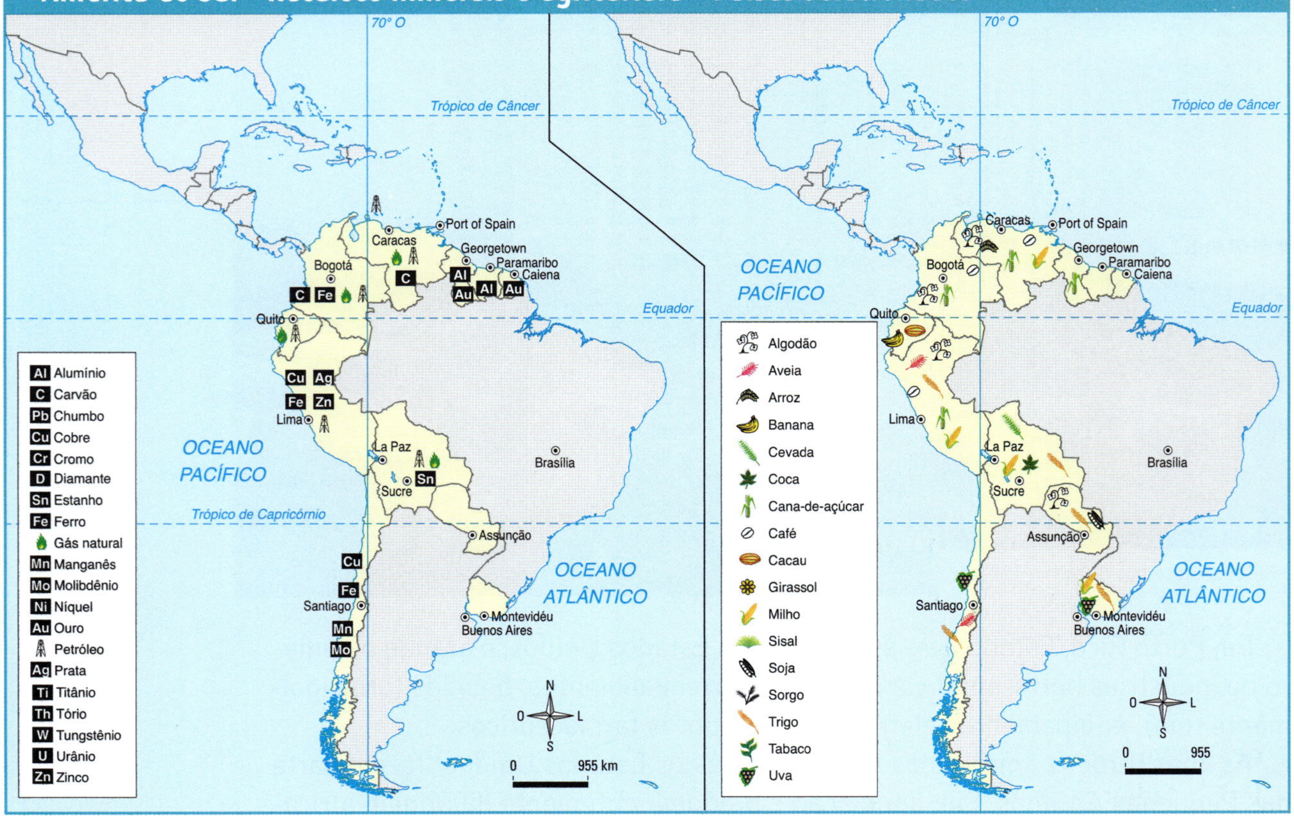

Fonte: SADER, Emir; JIKINGS, Ivana (Coord.) *Latinoamericana* – Enciclopédia contemporânea da América Latina e do Caribe. São Paulo: Boitempo, 2006. p. 437.

Indicadores socioeconômicos e demográficos – Alguns países da América do Sul (2012)

Indicadores / Países	Bolívia	Colômbia	Equador	Peru	Venezuela
População (mil), 2013	10.461	45.745	15.439	29.849	28.459
Pop. urbana (%), 2010	67	75	67	77	93
Mortalidade infantil (‰)	39,76	15,46	18,48	20,85	19,75
Expectativa de vida (anos)	68,2	75,0	76,1	72,9	74,2
PIB (PPA* — milhões de dólares)	56.140	511.100	155.800	332.000	408.500
PIB por hab. (PPA* – milhões de dólares)	5.200	11.000	10.200	10.900	13.800
Importações (milhões de dólares)	7.694	54.640	24.580	41.110	59.310
Exportações (milhões de dólares)	11.110	59.850	24.650	45.640	97.340
Dívida externa total (milhões de dólares)	6.890	80.720	17.680	50.470	75.750

Indicadores / Países	Guiana	Paraguai	Suriname	Uruguai	Chile
População (mil), 2013	739	6.623	566	3.324	17.216
Pop. urbana (%), 2010	29	61	69	92	89
Mortalidade infantil (‰)	34,45	21,48	27,99	9,20	7,19
Expectativa de vida (anos)	67,6	76,6	71,4	76,1	78,2
PIB (PPA* — milhões de dólares)	6.256	41.550	6.874	54.670	325.800
PIB por hab. (PPA* – milhões de dólares)	8.100	6.200	12.600	16.200	18.700
Importações (milhões de dólares), 2010	1.978	11.060	1.761	12.260	74.860
Exportações (milhões de dólares)	1.396	11.900	2.564	9.890	78.820
Dívida externa total (milhões de dólares)	1.846	5.985	810	16.020	112.700

* Calculado com base na paridade do poder de compra em dólar em cada país.

Fonte: *The World Factbook*, 2013. Disponível em: <www.cia.gov>. Acesso em: 8 mai. 2014.

1. Qual a base da economia dos países da tabela? Quais produtos se destacam?
2. Pelos dados da tabela, qual país ainda possui proporcionalmente maior número de habitantes na zona rural?

América Andina

A denominação regional América Andina (Bolívia, Chile, Colômbia, Equador e Peru) deve-se ao elemento natural mais marcante nos países desse conjunto: a cordilheira dos Andes. Algumas regionalizações incluem, ainda, a Venezuela no conjunto dos países andinos. Na Venezuela há um pequeno trecho da cordilheira na porção oeste que recebe o nome de cordilheira Oriental, sendo esta um dos três ramos da subdivisão que os Andes apresentam na porção norte da América do Sul. As outras subdivisões são a cordilheira Central e a Ocidental.

A base da economia da América Andina é a produção de matérias-primas, principalmente minerais. Nessa atividade, destaca-se a extração de ouro, prata, petróleo, cobre, estanho, carvão e minério de ferro, que se destinam aos mercados externos.

A produção agrícola é bastante diversificada. Com exceção do Chile, onde predominam as culturas de clima subtropical (trigo, vinha e aveia), nos demais países andinos cultiva-se uma série de produtos tropicais, tais como: café, na Colômbia (segundo produtor mundial); banana, principal produto agrícola nas exportações do Equador; cacau, cultivado no Equador, na Colômbia e na Venezuela; cana-de-açúcar, importante produto agrícola da Colômbia; milho, arroz e mandioca, produtos consumidos em larga escala pela população andina.

A pesca também é expressiva na América Andina. Os principais produtores de pescado são o Chile e o Peru, sendo este último um dos principais produtores e exportadores de pescado do mundo. Cada um desses países produz cerca de 8 milhões de toneladas de pescado por ano.

Porto de Callao, Lima, Peru (2009).

A presença de grande quantidade de peixes nas proximidades dos litorais do Peru e do Chile deve-se à passagem da corrente marítima de Humboldt (ou do Peru). Essa corrente traz grande quantidade de plâncton, microrganismos que são a base da cadeia alimentar dos oceanos.

Colômbia

Na Colômbia são significativas as reservas de petróleo (20% das exportações do país), gás natural, carvão mineral (40% das reservas conhecidas na América Latina), níquel e ouro. Além disso, 95% das esmeraldas que abastecem o mercado mundial saem da Colômbia.

No contexto econômico da América do Sul, em termos de capacidade produtiva e geração de PIB, a Colômbia fica atrás apenas do Brasil e da Argentina. A economia colombiana tem recebido muitos investimentos externos e o país vem procurando diversificar os parceiros de comércio exterior. Empresas brasileiras também vêm fazendo grandes investimentos na Colômbia.

Destacam-se as indústrias química, têxtil, de alimentos, de couro e de máquinas. Na pauta das exportações figuram principalmente o café, o petróleo, o carvão mineral, o açúcar, esmeraldas, produtos químicos e têxteis.

O país tem a peculiaridade de ter o litoral banhado pelo oceano Pacífico e pelo mar do Caribe. No litoral caribenho encontra-se Cartagena, principal destino turístico colombiano, com um conjunto arquitetônico do período colonial tombado pela Unesco como Patrimônio Histórico Cultural da Humanidade.

Plantação de café em Socorro, Colômbia (2010).

As principais cidades colombianas são: Bogotá (capital), Medellín e Barranquilla. O país é o segundo mais populoso da América do Sul, com cerca de 46 milhões de habitantes.

Embora a Colômbia seja o segundo produtor mundial de café, ele é mais famoso que o do Brasil, primeiro produtor. Isso se deve, principalmente, a uma estratégia de *marketing* dos produtores de café colombianos, que nos anos 1950 contrataram uma agência de publicidade dos Estados Unidos com o objetivo de elaborar uma campanha para diferenciar seu café dos demais, sobretudo do brasileiro. Assim, o café colombiano, devido também ao tipo de colheita seletiva colocada em prática no país, ganhou a fama de ser o café mais fino do globo.

A Colômbia, assim como o México, ainda enfrenta uma situação de conflito envolvendo a produção e o tráfico de drogas, principalmente de cocaína, apesar de todas as ações destinadas ao seu combate, como o Plano Colômbia (2000), patrocinado pelos Estados Unidos.

A partir de 2002, esse Plano também passou a ter como prioridade colocar um fim à atuação dos grupos guerrilheiros (sobretudo as Farc) e paramilitares, além de contribuir para uma intensificação da presença dos EUA na Amazônia.

Há cerca de 50 anos, os guerrilheiros lutam para assumir o controle político de diversas localidades do país. Os grupos paramilitares surgiram a partir dos responsáveis pelo narcotráfico, a fim de proteger das guerrilhas e do exército nacional a produção e comercialização de drogas. Desde meados da década de 2000, as Farc vêm enfrentando duros golpes, com deserções, prisões e mortes de líderes. As deserções também têm ocorrido nos grupos paramilitares. As Farc também vêm libertando reféns.

O programa de desarmamento e reintegração de combatentes de guerrilhas e paramilitares, do governo federal colombiano, tem como objetivo fazer com que esses combatentes se entreguem voluntariamente e passem a integrar esse programa de desmobilização.

Grupos guerrilheiros

As Forças Armadas Revolucionárias da Colômbia (Farc) e o Exército de Libertação Nacional (ELN), de orientação socialista (esquerda), surgiram na Colômbia nos anos 1960, num contexto, que ainda se faz presente, de fortes desigualdades socioeconômicas. Alguns desses grupos, a fim de financiar suas operações, mantêm ligação com os produtores de cocaína.

Chile

O Chile destaca-se pelas intensas relações comerciais com países de diversas regiões do mundo. Cerca de 30% do que os chilenos consomem é importado e aproximadamente 30% de sua produção é exportada.

Desde novembro de 1994, o Chile faz parte da Associação de Cooperação Econômica da Ásia-Pacífico (Apec). Grande parte dessas transações comerciais externas chilenas é realizada com os países da associação.

Santiago, capital do Chile (2010).

Mesmo antes de entrar na Apec, o Chile já mantinha um intenso relacionamento com a região do Pacífico, principalmente com o Japão, a Coreia do Sul, a Malásia e a Nova Zelândia.

O país tem como grande riqueza mineral o cobre, cujas reservas principais se situam no norte, próximo à cidade de Antofagasta (deserto de Atacama). Esse mineral constitui cerca de 40% do total das exportações do Chile, que responde por cerca de 25% de toda a produção mundial de cobre. Sua exploração, que era totalmente feita por companhias norte-americanas, hoje conta com a participação do governo, por meio da associação de empresas estatais com as referidas companhias.

Chile – Participação dos 10 principais produtos no conjunto das exportações – 1998 e 2008 (%)

Produtos	1998	2008
Cobre refinado	25,6	30,3
Mineral e concentrado de cobre	9,4	18,6
Mineral de titânio, vanádio, molibdênio, tântalo, zircônio e concentrados	2,3	3,7
Pescado fresco, refrigerado ou congelado	6,2	3,9
Cobre blister e demais tipos sem refinar	1,8	3,6
Polpa de madeira	3,9	3,6
Vinhos e mostos de uvas	3,4	2,0
Produtos derivados de petróleo	–	1,3
Tábuas serradas	1,6	–
Uvas frescas	2,7	1,4
Farinha de carne e farinha de pescado impróprias para alimento humano	2,4	–
Total dos produtos principais (%)	58,9	69,6

Fonte: Cepal. *Anuário estatístico da América Latina e do Caribe*, 2009.

Muito utilizado na fabricação de fios e cabos para telecomunicações, atualmente o cobre está perdendo espaço para a fibra óptica, mas continua sendo muito empregado em transmissão de energia elétrica.

MAIS INFORMAÇÃO

Fibras ópticas

Fibras ópticas são fibras de vidro muito finas, que utilizam luz para transmissão de mensagens, em vez de eletricidade, como os cabos convencionais de cobre. Não sofrem interferências eletromagnéticas e são capazes de transmitir uma quantidade muito maior de mensagens do que o cobre (cerca de 10 mil vezes mais), sendo muito utilizadas na transmissão de dados entre computadores.

O Chile conheceu entre 1987 e 2006 uma redução da pobreza e da pobreza extrema (32% para 14% e 9% para 3%, respectivamente); no entanto, em termos de desigualdade social, não houve a mesma evolução — os 20% mais ricos tinham 13 vezes mais renda que os 20% mais pobres. O país continua com uma renda extremamente concentrada. Com isso, muitos chilenos nem conseguem pagar cursos universitários, pois, apesar de existir universidade pública, ela não é gratuita. Em 2010, um estudo do Instituto de Políticas Públicas da Universidade Diego Portales, revelou que 60% dos chilenos tinham uma renda média de US$ 693, inferior até mesmo à média de Angola, na África.

Professores e alunos tomaram as ruas de Valparaíso, sede do Parlamento do Chile, em novembro de 2011, num protesto para pressionar o governo a realizar uma reforma na educação. Os estudantes exigem ensino superior gratuito.

Em razão disso, em 2011, diversas manifestações promovidas por estudantes tomaram as ruas de cidades chilenas. O movimento estudantil quer o fim do sistema educativo que vem desde a ditadura de Augusto Pinochet, nos anos 1970 e 1980, e que reduziu drasticamente os investimentos públicos na educação. Atualmente, apenas 40% dos estudantes do Chile frequentam escolas públicas gratuitas, e no ensino superior isso nem chega a existir.

Venezuela

Assim como o Equador, a Venezuela possui importantes reservas petrolíferas. Segundo dados da Organização dos Países Exportadores de Petróleo (Opep) (2014), essas reservas eram as maiores do mundo, superando as da Arábia Saudita, até então país líder em reservas de petróleo. O país, integrante da Opep, é um dos dez maiores produtores mundiais e o quarto maior exportador de petróleo e derivados, que respondem pela maior parte de suas exportações (cerca de 85%). O principal local de extração é o lago Maracaibo.

Extração de petróleo no rio Orinoco (2011). A maior parte das reservas de petróleo da Venezuela encontram-se na Bacia do rio Orinoco, onde a extração é mais difícil e mais cara. Por isso, alguns analistas acreditam que muitas descobertas recentes de petróleo no país seriam economicamente inviáveis.

Favela Petare em Caracas, capital da Venezuela (2011).

A prosperidade econômica do país nas décadas de 1970 e 1980, decorrente do grande aumento na produção de petróleo, não beneficiou toda a sua população, mas apenas uma minoria, que concentra grande parte da renda nacional. No final dos anos 1990, cerca de 55% da população estava na faixa de pobreza e o nível de pobres extremos era de aproximadamente 25%.

Um dos grandes problemas econômicos da Venezuela é que o país importa cerca de 75% do que consome.

Nesse contexto, foi eleito presidente o coronel Hugo Chávez, que, com um forte discurso nacionalista e antiestadunidense e um projeto de universalizar os direitos sociais, passou a ser uma esperança para as classes desfavorecidas. Uma nova Constituição foi aprovada em 1999, mudando o nome do país para República Bolivariana da Venezuela.

Nacionalista
No contexto, refere-se a uma postura contrária à interferência de potências estrangeiras e de empresas multinacionais.

Bolivariana
O termo "Bolivariana" é uma referência a Simón Bolívar, que foi responsável por promover a independência de cinco países da América do Sul: Venezuela, Colômbia, Equador, Bolívia e Peru.

Valendo-se da alta do preço do petróleo no mercado internacional, que ampliou sensivelmente os valores exportados pelo país, no início do século XXI, o governo Chávez promoveu um conjunto de reformas, como: a regulamentação da reforma agrária, o regime de cogestão entre Estado e funcionários nas empresas falidas, a restrição da participação de grupos multinacionais na exploração de petróleo, a nacionalização de empresas em setores considerados estratégicos (telecomunicações, energia elétrica, exploração mineral).

Mas, com a crise de 2008 e a que começou a se delinear em 2012, a economia venezuelana, ancorada na exploração e processamento do petróleo, viu suas receitas despencarem e a partir daí o país vem convivendo com a escassez de produtos e racionamento de energia elétrica. Com isso, muitas de suas indústrias — siderúrgica e metalúrgica — vêm trabalhando com cerca de 50% a 60% apenas de sua capacidade produtiva.

Na política externa, Chávez procurou estreitar relações com Cuba, com o Irã e com a Rússia.

Foram ampliados os investimentos em programas sociais, como os de alfabetização, de alimentos a preços baixos e de assistência médica a comunidades carentes. Em 2011, a porcentagem de população vivendo em situação de pobreza havia caído para 27%.

Apesar dos avanços obtidos em relação aos indicadores sociais e econômicos, analistas políticos e outros especialistas alertaram sobre os problemas decorrentes da concentração de poderes nas mãos de Chávez, o que acarretou numa situação em que não se distingue o que é partido político, o que é governo e o que é Estado, separação fundamental para os regimes democráticos. Após a morte de Chávez, em 2013, seu vice, Nicolás Maduro, assumiu a presidência e manteve essa forte centralização de poder.

Equador

O Equador abriga reservas de ouro, prata, chumbo e zinco. A economia do país, no entanto, é bastante dependente das exportações de petróleo (cerca de 40%). Apesar de grande produtor de petróleo, cerca de 60% da energia consumida no Equador é proveniente de centrais hidrelétricas, cuja construção é viabilizada pela existência de rios com quedas-d'água.

No setor industrial, merecem destaque as indústrias madeireiras e têxteis. As exportações do país são bastante dependentes do mercado estadunidense, para onde se dirigem cerca de 50% das mercadorias que saem do Equador.

Quito é a capital administrativa e o principal centro financeiro do país, mas a cidade portuária de Guayaquil é a mais populosa.

Guayaquil, Equador (2011).

Bolívia

Na Bolívia, um dos produtos nacionais mais importantes é o estanho, que tem a produção controlada pela Corporación Minera de Bolivia (Comibol). Em virtude da localização das minas, a extração do estanho é muito difícil, e as condições de vida dos mineiros bolivianos são muito precárias. Outro importante recurso natural na Bolívia é o gás natural. O país concentra também expressivas reservas de lítio — as maiores do mundo —, minério utilizado na fabricação de baterias elétricas para automóveis elétricos. Isso tem uma importância estratégica significativa, uma vez que no futuro poderá ocorrer uma ampliação do mercado desse tipo de automóvel em escala global.

Com a chegada ao poder de um líder com ascendência indígena, Evo Morales, eleito presidente do país no final de 2005, a Bolívia passou a conhecer novos rumos para os setores de exploração de gás natural e petróleo. Em 2006, o presidente Evo nacionalizou ou estatizou esses setores, medida que afetou diretamente a brasileira Petrobras, uma vez que, no início deste século, a empresa controlava 95% do refino e era responsável por cerca de 15% do PIB da Bolívia.

Tanques de armazenamento de gás natural na Bolívia (2010).

Com a nacionalização, o controle da extração, produção e refino passou a ser da empresa estatal boliviana YPFB. Houve também acordos com a Argentina e o Brasil para um aumento no preço do gás que a Bolívia vende a esses países e que é distribuído por gasodutos — o que abastece o Brasil foi inaugurado em 1999. No caso brasileiro, as regiões Sul e Sudeste, inclusive muitas indústrias, dependem bastante do gás boliviano. O aproveitamento do gás natural da Bolívia faz parte de uma estratégia do governo brasileiro para diversificação da matriz energética em nosso país, muito dependente das usinas hidrelétricas e do petróleo.

MAIS INFORMAÇÃO

Um país sem litoral

Ao perder a província de Atacama (território costeiro) para o Chile, na Guerra do Pacífico (1879-1884), a Bolívia perdeu também a única saída que possuía para o mar. Entretanto, em meados da década de 1990, em função de um acordo com o Peru, a Bolívia passou a dispor de uma zona franca comercial no porto peruano de Ilo, através do qual os bolivianos podem escoar minérios e comercializar produtos. Bolívia e Chile não têm relações diplomáticas, mas Evo Morales tinha a intenção de encaminhar uma solução para o confronto histórico com os chilenos.

Até a chegada dos espanhóis (século XVI), o Peru foi a sede do Império Inca. Vestígios dessa civilização podem ser encontrados em Machu Picchu e na cidade de Cuzco (retratada na fotografia em 2010), declarados patrimônio da humanidade.

Peru

O Peru, além do cobre obtido na sua porção meridional, produz em grande quantidade a prata (segundo produtor mundial).

Um aspecto marcante da economia da América Andina, verificado principalmente no Peru, é a existência de muitas atividades econômicas que escapam ao controle do governo (economia informal) — pois não pagam impostos nem registram seus empregados —, como as pequenas indústrias, os transportes, a construção civil e o comércio.

A atividade turística também é uma importante fonte de divisas para o país, que apresenta grande diversidade de paisagens e um enorme e rico patrimônio arquitetônico-cultural.

10 De Cuzco a Machu Picchu

Para o assunto ***Cuzco e Machu Picchu***, acesse e explore este OED.

Guianas

Situadas ao norte do Brasil, as Guianas, diferentemente dos demais países sul-americanos, não foram colonizadas por espanhóis nem por portugueses. Eram colônias da França (Guiana Francesa), Inglaterra (Guiana Inglesa) e Holanda (Guiana Holandesa).

Atualmente são constituídas por dois países independentes, Guiana (ex-Guiana Inglesa) e Suriname (ex-Guiana Holandesa), e um departamento ultramarino francês, a Guiana Francesa.

Os minerais são a principal riqueza das Guianas, destacando-se a bauxita (minério de alumínio), extraída sobretudo na Guiana e no Suriname e exportada para os Estados Unidos e o Canadá.

Nas planícies setentrionais (litoral), onde o solo é bastante fértil, sobressaem os cultivos de cana-de-açúcar, cacau, café e frutas tropicais.

Países platinos

Paraguai, Uruguai e Argentina (país estudado no capítulo anterior) fazem parte dos países platinos, assim chamados por causa da bacia Platina, um dos elementos físicos marcantes desses países e que abrange também uma vasta área do território brasileiro, no centro-sul.

Paraguai

O Paraguai não possui contato direto com o oceano, sendo, por isso, considerado um "país interior", como a Bolívia. Seu intercâmbio comercial com o exterior, além da via aérea, é feito por via fluvial, através dos rios Paraguai e Paraná, ou por rodovias, que passam pelo território brasileiro, atingindo o porto de Paranaguá (Paraná).

A indústria paraguaia, bem como sua atividade extrativa mineral, é inexpressiva. A economia é baseada na exportação de produtos extrativos vegetais (madeira e mate) e produtos agropecuários, principalmente soja, algodão, carne e laticínios. A distribuição de terras no Paraguai é desigual, com grandes áreas concentradas nas mãos de poucos proprietários rurais.

Assunção, capital do Paraguai (2008).

O tráfico de drogas e o contrabando também contribuem, ainda que de forma ilícita, para movimentar a economia paraguaia. No entanto, os produtos agropecuários atualmente superam as reexportações, como eram chamadas as vendas de produtos importados legalmente, sobretudo de Taiwan, e vendidos a compradores brasileiros e argentinos. Essa modificação deu-se em função da abertura econômica do Brasil e da Argentina e com o Mercosul (entrada em funcionamento da Tarifa Externa Comum — TEC).

O Paraguai é hoje um exportador de energia elétrica, pois revende a parte da energia que não consome da usina hidrelétrica binacional Itaipu (Brasil-Paraguai).

O mesmo ocorre com sua usina binacional Yaciretá (Argentina-Paraguai). Em 2011, o Brasil acertou com o Paraguai um reajuste no valor que nosso país paga pela energia paraguaia. No caso de Itaipu o valor passou de US$ 120 milhões para US$ 360 milhões, aproximadamente. Antes desse aumento, as receitas provenientes de Itaipu já representavam cerca de 20% do total das receitas do Paraguai.

Punta del Este (2011).

Uruguai

Cerca de 91% da população uruguaia vive em áreas urbanas, e praticamente a metade desse número concentra-se na capital, Montevidéu. Nesse local as principais atividades econômicas estão ligadas aos setores bancário e portuário.

O turismo constitui uma das principais fontes de divisa para o país.

O principal centro turístico do Uruguai é o balneário de Punta del Este, cujas praias apresentam muitos cassinos, hotéis e restaurantes.

Outra importante atividade econômica, responsável por boa parte das exportações uruguaias, é a criação de gado, tanto bovino como ovino. As pastagens naturais que dominam a paisagem rural do Uruguai (Pampa uruguaio) favorecem a atividade criatória.

Embora alguns produtos agrícolas, como o trigo, o milho e o arroz, façam parte das exportações uruguaias, a agricultura é basicamente voltada para o consumo interno.

A carne, o couro e a lã são os principais produtos exportados.

A indústria do Uruguai é pouco desenvolvida, destacando-se a alimentícia (frigoríficos e laticínios) e a têxtil, que aproveitam os produtos agropecuários.

Com a integração ao Mercosul, nos anos 1990, o Uruguai aumentou o volume de exportações para o Brasil — beneficiando-se, assim, do amplo mercado consumidor brasileiro — e para a Argentina.

Praça Independência vista do Palácio Salvo, um dos edifícios mais altos de Montevidéu (2008).

Atividades

RETOME SEUS CONHECIMENTOS

1. Os chamados paraísos fiscais existem em vários lugares do mundo e são numerosos na América Central. Responda.
   a) O que é paraíso fiscal?
   b) Cite países da América Central que podem ser considerados paraísos fiscais.

2. As Guianas são países latino-americanos. Porém, sob um aspecto, esse fato poderia ser questionado. Explique qual é esse aspecto.

3. Devido às suas características sociais e econômicas, Suriname e Guiana e Guiana Francesa (possessão francesa) enquadram-se no grupo de países latinos. Cite as características socioeconômicas dessa região.

4. Responda.
   a) Qual importante atividade econômica, responsável por boa parte das exportações uruguaias, é desenvolvida no Pampa?
   b) Que outros produtos agrícolas o Uruguai exporta?

EXERCITE SEUS CONHECIMENTOS

5. Observe os dados da tabela e leia o texto.

Indicadores sociais e relação dívida externa/PIB em alguns países latino-americanos (2010)

Países	Esperança de vida (anos)	Analfabetismo (%)	Mortalidade infantil (‰)	Dívida externa total como % do PIB (2009)
Bolívia	65,6	9,1	45,6	34,8
Guiana	68,7	8,2	41,7	46,1
Haiti	61	4,4	63,1	19,5
Honduras	72,1	23,1	28,1	23,3
Nicarágua	73	45	21,5	59,5

Fontes: *L'état du monde*, 2011. Cepal. *Anuário estatístico da América Latina e do Caribe*, 2010.

"O BID (Banco Interamericano de Desenvolvimento) anunciou que vai perdoar US$ 4,4 bilhões que lhe são devidos por cinco países [...] da América Latina. O banco perdoou as dívidas externas de Bolívia, Honduras, Nicarágua, Haiti e Guiana. O BID é justamente o maior credor dos cinco países."

Folha de S.Paulo, 18 mar. 2007. p. A17.

Em sua opinião, as informações da tabela podem ter sido tomadas como critério para o perdão da dívida externa? Por quê?

16 Cuba

PARA CONTEXTUALIZAR

Observe as fotografias.

Hotel em Varadero (2008).

Colheita de cana-de-açúcar no interior de Cuba (2010).

Sala de aula em Havana (2010).

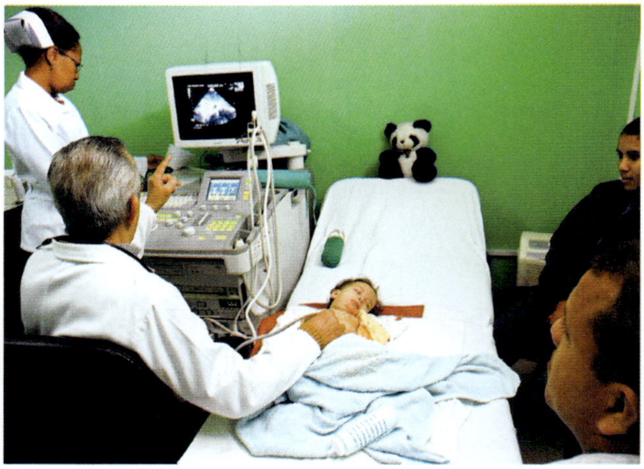

Hospital pediátrico em Havana (2010).

ATIVIDADES

- Converse com os colegas e com seu professor.

1. Quais aspectos de Cuba são apresentados nas fotografias? Quais mostram aspectos de sua economia?
2. Você tem informações sobre a qualidade do ensino em Cuba? E da saúde?
3. Recentemente algumas transformações importantes vêm ocorrendo no país, como a possibilidade de comprar e vender casas. Por que transformações com essas características são significativas no caso de Cuba?
4. O que mais você sabe sobre esse país?

Extensão territorial e condições naturais

Cuba é um país latino-americano com atividade industrial pouco diversificada, assim como outros países da América Latina. No entanto, optamos por abordá-lo num capítulo à parte em razão de suas estruturas política e socioeconômica diferenciadas. Essa particularidade está relacionada ao sistema socialista de governo adotado pelos cubanos, como você pôde constatar na seção **Para contextualizar**.

O território de Cuba constitui um arquipélago situado nas Grandes Antilhas, cuja área total é de 110.861 quilômetros quadrados. A ilha de Cuba, a maior do arquipélago, juntamente com a ilha da Juventude e quatro grupos de ilhotas, chamadas Cayos, integram o território da República de Cuba. Observe o mapa, atentando também para as informações relativas à economia cubana.

Cuba – Político, físico e econômico (início do século XXI)

Fonte: SADER, Emir; JIKINGS, Ivana (Coord.). *Latinoamericana*: Enciclopédia contemporânea da América Latina e do Caribe. São Paulo: Boitempo, 2006. p. 370.

No relevo cubano predominam as planícies, que ocupam 60% do território. As maiores altitudes da ilha são a cordilheira Guaniguanico (no extremo oeste), o maciço de Escaubray (na porção central) e a Sierra Maestra, que é o ponto mais alto do arquipélago.

Situada entre 20° e 23° de latitude norte, Cuba é um país tropical. Durante todo o ano as temperaturas médias mensais mantêm-se em torno de 20 °C e 25 °C, e a precipitação pluviométrica média anual é de 1.400 milímetros.

Sierra Maestra (2008).

Na ocasião da chegada dos europeus, a ilha de Cuba era habitada por três grupos indígenas: os tainos (mais numerosos), os siboneis e os guanaguatebeys.

Entre 1492 (ano da descoberta da América) e 1515, em consequência de doenças e atrocidades, a população dos tainos caiu de 28 mil para 8 mil indivíduos. Em 1560 os tainos estavam extintos.

Em 1551, com a chegada dos espanhóis e o início da colonização, esses indígenas foram escravizados e, em pouco tempo, dizimados, sem deixar traços marcantes na cultura e na população cubana.

Na composição da população predominam os mestiços, descendentes dos espanhóis e dos africanos, trazidos como escravos no período colonial. Há também um pequeno número de descendentes de imigrantes asiáticos, principalmente chineses.

Em 2013, a população cubana era de aproximadamente 11 milhões de habitantes, dos quais a maioria (75,8%) vivia em áreas urbanas. Entre as cidades mais importantes estão: Havana (capital), Santiago de Cuba e Camaguey.

A expectativa média de vida na ilha é de 78 anos, a mortalidade infantil é reduzida (4,76‰) e o índice de analfabetismo é de apenas 0,2%. Conforme você refletiu na seção **Para contextualizar**, esses percentuais decorrem da prioridade dada pelo governo aos setores de educação e saúde, que consomem, juntos, mais de 20% do orçamento cubano.

No início da década de 1960, a expectativa de vida em Cuba era de 53 anos, e o índice de analfabetismo atingia 50%. No decorrer dessa década, o governo decidiu mobilizar estudantes, aposentados e donas de casa, num amplo programa de alfabetização, fazendo o número de analfabetos cair enormemente.

O espaço econômico cubano

Leia os dados da tabela a seguir.

Cuba – Indicadores socioeconômicos (2012)	
PIB total (PPA*, em milhões de dólares)	121.000
PIB por habitantes (dólares)	10.200
Taxa de inflação (%)	5,5
Investimentos públicos em educação (% PIB)	12,9
Investimentos públicos em defesa (% PIB)	3,2
Importações (milhões de dólares)	13.720
Exportações (milhões de dólares)	5.972
Dívida externa total (milhões de dólares)	22.510

* Calculado com base na paridade do poder de compra em dólar em cada país.

Fonte: *The World factbook*, 2013. Disponível em: <www.cia.gov>. Acesso em: 8 mai. 2014.

1. Compare os dados dos investimentos em educação e em defesa. A que conclusão é possível chegar?
2. Quais benefícios isso pode trazer para a população?

Na seção **Para contextualizar**, você observou duas fotos representativas de setores econômicos de Cuba: o setor hoteleiro e o de cultivo de cana-de-açúcar. Com efeito, trata-se de dois setores muito importantes para a economia cubana.

Na agricultura, o principal produto exportado por Cuba é o açúcar, que responde por cerca de 80% de suas exportações. Também merece destaque a cultura de tabaco.

Quanto aos recursos minerais, Cuba possui grandes reservas de níquel, metal muito utilizado na fabricação de aços especiais e de moedas. Estima-se que 10% das reservas mundiais de níquel estejam em território cubano. Além do níquel, o país possui reservas de minério de ferro, manganês, cobre e petróleo.

A principal atividade econômica de Cuba é o turismo, que responde por cerca de 40% do PIB cubano. Na fotografia, Basílica Menor de São Francisco de Assis, no Centro Velho de Havana (2010).

Embora conte com esses recursos minerais, a atividade industrial cubana não é significativa, destacando-se apenas as usinas de açúcar de grande porte e a indústria tabaqueira (fumo). Existem ainda algumas fábricas de rum, de roupas, de cimento e refinarias de petróleo.

A escassez de diversas matérias-primas, que precisavam ser importadas, e o baixíssimo nível de diversificação industrial da ilha, entre outros fatores, estimularam a necessidade de aproveitamento dos subprodutos da cana-de-açúcar como matéria-prima para a fabricação de muitos produtos, como rações animais, celulose e papel, carvão vegetal, medicamentos, adubo orgânico, entre outros.

A independência e a revolução socialista cubana

A história cubana é marcada por incidentes e revoltas contra a dominação estrangeira, à qual o país esteve submetido até 1959. Colônia espanhola desde o século XV, Cuba tornou-se independente em 1898, porém continuou sob o domínio econômico dos Estados Unidos, que, em 1902, passaram a intervir política e militarmente na ilha.

Entre seus personagens históricos destacam-se o poeta José Martí, herói da independência cubana, Ernesto "Che" Guevara e Fidel Castro, que conseguiram derrotar o ditador Fulgencio Batista. Fulgencio, que havia conquistado o poder por meio de um golpe de Estado em 1952, anulando a Constituição, governava o país de forma tão tirânica que até mesmo os Estados Unidos, em 1957, passaram a apoiar o movimento revolucionário de Fidel Castro e "Che" Guevara.

No início, o governo Fidel foi visto com simpatia pela opinião pública dos Estados Unidos. Porém, em pouco tempo, essa situação foi revertida. O governo revolucionário determinou a execução de todos os seus inimigos políticos e promoveu a desapropriação e a nacionalização de uma série de empresas norte-americanas.

Fidel nacionalizou os bancos e as minas, que passaram a pertencer ao Estado cubano. Decretou também a reforma agrária, por meio da qual as terras (latifúndios) controladas por grandes empresas, como a United Fruits (atual Chiquita Brands), tornaram-se propriedades estatais.

Em 1960, a Texaco e outras refinarias de petróleo foram nacionalizadas, diante da recusa de refinar petróleo para o novo governo cubano.

Em 1961, os Estados Unidos romperam relações comerciais e diplomáticas com Cuba, impedindo qualquer cidadão, empresa ou filial de empresa norte-americana de realizar transações comerciais com o país. Também foi proibido o turismo, que constituía uma importante fonte de renda para os cubanos.

Em 1962, Cuba é expulsa da Organização dos Estados Americanos (OEA) e, liderados pelos Estados Unidos, todos os países do continente, com exceção do México, lhe impõem um bloqueio econômico.

Esses acontecimentos forçaram uma aproximação definitiva entre Cuba e a então União Soviética, que se comprometeu a adquirir os tradicionais produtos de exportação cubanos, principalmente o açúcar, e forneceu uma ajuda financeira inicial de 100 milhões de dólares para promover a industrialização do país.

Cuba passou a adotar o sistema socialista e a manter relações políticas e econômicas com os países aliados à União Soviética (Bulgária, Alemanha Oriental, Tchecoslováquia, entre outros). Até o final da década de 1980, cerca de 85% do comércio exterior cubano era realizado dentro do bloco socialista.

A crise cubana

No final da década de 1980, em virtude de problemas internos, a então União Soviética fez cortes substanciais na ajuda econômica que dava a Cuba.

No início dos anos 1990, a crise soviética se agravou e, em consequência, a ajuda nas transações comerciais que dava à ilha, comprando o açúcar a preços acima do mercado e vendendo petróleo a preços baixos, foi cortada. Além disso, Cuba sofreu uma drástica redução no comércio com os países socialistas do Leste europeu, que passaram a adotar o sistema capitalista para organizar suas estruturas política e socioeconômica.

Cubanos fugindo para os Estados Unidos (1994).

Com o fim da União Soviética, em dezembro de 1991, a ajuda cessou por completo.

Esses fatores, aliados à persistência do bloqueio econômico imposto pelos Estados Unidos, contribuíram para que Cuba mergulhasse em uma profunda crise econômica.

As relações diplomáticas Brasil-Cuba foram retomadas em 1986 (desde 1964 estavam rompidas). O governo brasileiro é contra o embargo econômico promovido pelos Estados Unidos.

Desde 1990, Fidel Castro havia decidido abrir o país aos investimentos externos, principalmente àqueles destinados aos setores industrial e turístico.

A partir de julho de 1993, o governo passou a permitir que os cubanos fizessem suas compras com dólares, incentivando, de certa forma, a economia informal, que funcionava, em boa parte, com os dólares que circulavam pela ilha.

As medidas, porém, não amenizaram a crise, e a população cubana passou a enfrentar, em 1994, um forte racionamento de alimentos, energia, combustível e papel. Diante da situação, milhares de cubanos deixaram o país, utilizando embarcações precárias, em direção à Flórida, nos Estados Unidos.

No auge da crise dos refugiados, como ficou conhecida a fuga em massa de cubanos, somente no mês de agosto de 1994, cerca de 3.500 cubanos alcançaram o território norte-americano, sem contar os muitos milhares que acabaram morrendo na travessia do mar do Caribe (calcula-se que, de cada três cubanos que fugiam, um morria), uma vez que as condições de viagem eram muito precárias.

Transformações econômicas e políticas

A partir de 1994, o governo cubano decidiu aceitar os investimentos estrangeiros. O setor açucareiro, principal atividade econômica do país, estava em declínio. Essa abertura relativa fez com que mais de 150 empresas estrangeiras passassem a atuar em Cuba, em 26 setores da economia. Os investimentos foram feitos em parceria com uma estatal, pois nenhuma empresa privada estrangeira pode atuar sozinha em Cuba, onde o Estado controla, ainda, cerca de 90% da economia. O turismo foi o setor que mais recebeu investimentos estrangeiros.

Turistas na praia de Guardalavaca (2010).

Outra mudança implantada pelo governo cubano, em meados da década de 1990, foi a entrega das terras e dos bens nelas existentes aos trabalhadores rurais, na forma de usufruto. Na verdade, as terras continuam pertencendo ao Estado, mas os trabalhadores podem utilizá-las gratuitamente, ficando com os ganhos obtidos pelo seu cultivo. Dessa forma, o governo não precisa mais aplicar recursos nas terras. Essa mudança, conhecida como nova reforma agrária, pretende atrair filhos de camponeses que moram nas cidades, aliviando a pressão que o governo recebe dos habitantes urbanos por melhoria nas condições de vida.

Como marca do processo de reformulação econômica da ilha, inclusive no setor financeiro, em 1995, seis bancos estrangeiros abriram escritórios em Cuba.

Em meados da década de 2000, o crescimento do turismo, os acordos econômicos com a Venezuela de Hugo Chávez (entre eles, o fornecimento de petróleo a preços subsidiados pelo governo venezuelano) e o aumento da produtividade agrícola, entre outros fatores, vinham possibilitando uma recuperação econômica na ilha. Em 2004, a circulação do dólar foi suspensa no país. A moeda norte-americana foi substituída pelo peso conversível cubano, válido apenas em Cuba.

Em 2006 foi anunciado o afastamento temporário de Fidel Castro do comando do país, por motivo de doença. A evolução de seu estado de saúde foi cercada de segredo. Fidel foi substituído por seu irmão Raúl Castro, vice-presidente e sucessor constitucional. Em 2008, Raúl Castro foi empossado como novo presidente cubano, encerrando o governo de quase 50 anos de Fidel Castro.

Logo após a sua posse, Raúl Castro autorizou a venda de computadores, aparelhos de DVD e outros produtos eletrônicos. Em 2009, três anos após assumir o comando do país, Raúl Castro decidiu oferecer terras estatais para agricultores particulares cultivarem-nas, apenas pelo lucro. O objetivo dessa medida era, diante de tanta terra nas mãos do Estado, incentivar o cultivo delas para aumentar a produção, com o objetivo de reduzir as importações de alimentos (arroz, feijão e frango congelado) dos Estados Unidos. Em 2011, duas importantes medidas foram tomadas: a autorização para a compra e venda de casas e para comercialização de automóveis, sendo que quando ainda estava substituindo o seu irmão, Raúl Castro já havia autorizado os cubanos a trazer equipamentos de automóveis e eletrônicos para o país.

Em 2012, Raúl Castro implementou uma reforma migratória determinando que, a partir de 2013, não seria mais necessária a permissão de saída dada pelo governo (exigida desde os anos 1960) nem a carta-convite, feita por alguma pessoa residente no país para onde um cubano pretendesse viajar. No entanto, continuaria havendo restrições a opositores ao regime cubano, a pesquisadores, a médicos e a atletas. No ano de 2013, pelo Programa Mais Médicos do governo federal brasileiro, o Brasil recebeu quase quatro mil médicos cubanos.

Fidel Castro (à esquerda), ao lado de seu irmão Raúl Castro (2011).

Muitos analistas se perguntam qual será o futuro de Cuba. Os adversários da revolução cubana acreditam que o país deve passar por uma transição nos moldes capitalistas. Outros observadores entendem que é possível experimentar novas alternativas, porque o capitalismo só pode oferecer ao país desigualdade, conflitos, destruição e opressão. De qualquer forma, não há dúvida de que Cuba se encontra em uma era de transição.

Automóveis antigos circulam pelas ruas de Havana (2010).

MAIS INFORMAÇÃO

Governo de Cuba autoriza a compra e a venda de casas

Medida é parte de esforço de Castro para reformar modelo econômico

"Para especialistas, a legalização do comércio de imóveis deve injetar dinheiro na economia e ajudar a criar empregos.

O ditador Raúl Castro anunciou ontem uma reforma que permitirá que cinco décadas após a revolução de 1959 os cidadãos cubanos possam voltar a comprar e vender casas.

A decisão valerá a partir do dia 10 [de novembro de 2011], segundo o jornal estatal 'Granma'. Faz parte de um esforço de reformas que vêm sendo colocadas em prática por Castro desde 2008 para atualizar o modelo econômico socialista de Cuba.

A transmissão da propriedade dos imóveis poderá ser feita por meio de compra, venda, permuta, doação ou concessão.

Mas o Estado imporá limites à posse de propriedades. Cubanos e estrangeiros que residem no país terão direito a ter apenas dois imóveis um na cidade e outro de veraneio, na praia ou no campo.

Um dos objetivos do governo é reduzir o déficit habitacional do país, que, segundo o governo, é de aproximadamente 600 mil moradias.

O comércio de imóveis já vem ocorrendo há anos na ilha, porém de forma ilegal.

O governo permite que os cidadãos tenham a propriedade de suas casas, mas até então não permitia a venda.

Os cubanos faziam então 'permutas', ou seja, trocas de imóveis autorizadas pelo governo.

Mas isso criou um mercado imobiliário paralelo. Para ter uma casa melhor, era preciso pagar uma diferença em dinheiro de forma ilegal.

A partir da reforma, a comercialização será legalizada, porém um imposto de até 8% do valor do imóvel será cobrado nas transações.

'Muitas pessoas viviam com medo de perder as casas, pois elas haviam sido adquiridas ilegalmente. Agora, elas poderão legalizá-las e dormir em paz', disse Osmel Gonzales, vendedor em Havana.

Segundo Phil Peters, especialista em Cuba do Instituto Lexington, dos EUA, a reforma representará uma injeção de dinheiro na economia que favorecerá o crescimento do emprego privado.

'A possibilidade de vender casas significa formação instantânea de capital para as famílias cubanas', afirmou.

Em setembro [2011], o governo cubano já autorizara a comercialização de carros na ilha. As reformas já cortaram empregos públicos, criaram profissões liberais e acabaram com alimentos subsidiados e certas restrições de viagens."

Folha de S.Paulo, 4 nov. 2011, p. A15.

Atividades

RETOME SEUS CONHECIMENTOS

1. Faça uma linha histórica com os principais acontecimentos políticos e socioeconômicos de Cuba nos anos de:
   • 1898 • 1902 • 1961 • 1962 • anos 1990 • A partir de 2006

2. A partir do bloqueio comercial decretado pelos Estados Unidos, Cuba encontrou na antiga União Soviética um grande parceiro. Qual a estratégia da ex-URSS para estreitar as relações com Cuba?

3. Explique o que foi o bloqueio comercial imposto pelos Estados Unidos a Cuba e por que essa resolução foi tomada.

EXERCITE SEUS CONHECIMENTOS

4. A fotografia apresenta uma paisagem cubana que oferece boas possibilidades para a exploração de uma atividade econômica. Qual é essa atividade e qual a sua importância para o país?

Varadero, Cuba (2010)

5. Leia as informações da tabela a seguir.

Países / Indicadores (2010 - 2011)	Brasil	Cuba
População (mil)	196.655	11.258
População urbana (%)	84,36	75,2
Mortalidade infantil (‰)	23,5	5,1
Expectativa de vida (anos)	73,5	78,5
Analfabetismo (%)	10	0,2

Fonte: *L'État du monde*, 2011.

Responda.

a) Procure elementos que justifiquem as diferenças entre as condições de vida das populações brasileira e cubana.

b) Procure, em jornais e revistas, textos e imagens que mostrem as semelhanças e as diferenças culturais existentes entre os cubanos e os brasileiros.

- Liste as semelhanças e as diferenças.
- Leve o que você escolheu para a classe e, junto com os colegas, organize um mural.

6. A pequena diversificação da economia cubana sempre exigiu criatividade e reciclagem de produtos.

Converse com seus colegas e com o professor sobre como o Brasil poderia se valer da experiência cubana. Explique.

LIVROS

De Cuba, com carinho

Yoani Sanchez.
São Paulo: Contexto, 2009.

A autora escreve sobre a vida cotidiana dos habitantes de Cuba, abordando assuntos relacionados à economia, às conquistas do país e ao regime político.

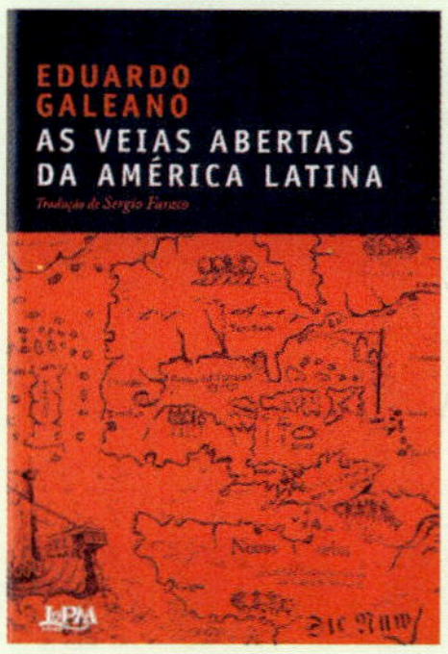

As veias abertas da América Latina

Eduardo Galeano.
São Paulo: Editora Paz e Terra, 2007.

Esta obra clássica da literatura latino-americana ajuda a compreender a história da América Latina, através de temas como a formação da região e suas contradições internas, a postura de países como Inglaterra e EUA ao longo de seu desenvolvimento, dedicando inclusive alguns capítulos ao Brasil.

A pesca milagrosa: a guerrilha na Colômbia

Alain Devalpo.
São Paulo: SM, 2006.

A partir da história ficcional de um garoto sequestrado pelas Farc, entra-se em contato com a realidade da Colômbia, marcada por contradições históricas e pela guerra civil que afeta o país há décadas.

FILMES

Sem Identidade

Direção: Cary Fukunaga.
México/EUA, 2009.

O filme acompanha a conturbada aventura de uma garota hondurenha em busca de um sonho: partir para os Estados Unidos e recomeçar sua vida. Para isso, ela precisará enfrentar os desafios e as consequências da sua aventura rumo aos limites territoriais que dividem a América Latina da América do Norte.

Rocha que voa

Direção: Eryk Rocha.
Brasil, 2007.

Documentário produzido pelo filho do cineasta Glauber Rocha sobre os anos em que seu pai ficou exilado em Cuba, de 1971 a 1972. A obra, feita por meio de depoimentos de cineastas e do povo cubano, ambiciona recuperar a ligação entre os principais movimentos cinematográficos latino-americanos dos anos 1960/1970.

SITES

Fundação Memorial da América Latina

<http://www.memorial.sp.gov.br/memorial/index.jsp>.

Site da Fundação Memorial traz informações sobre os países da America Latina como também exposições e atividades culturais.

Biblioteca virtual da América Latina

<http://www.bvmemorial.fapesp.br/php/index.php?lang=pt->.

Neste *site* você encontra informações sobre todos os países da América Latina, além de publicações sobre esse tema.

Cepal

http://www.eclac.cl/brasil>.

Site do escritório da Cepal em Brasília (Comissão Econômica para a América Latina e o Caribe).

GEOGRAFIA & ARTE

Paisagens latino-americanas — um olhar para a diversidade

Os elementos presentes em uma imagem fotográfica podem ser utilizados para conhecer paisagens, povos e culturas.

Observe as diferentes paisagens de diversos países da América Latina.

Sítio arqueológico de Teotihuacán, no México (2008). Essa cidade sagrada foi construída entre os séculos I e VII por civilizações pré-colombianas

Parque Central em San José, capital da Costa Rica (2011).

Torres del Paine, na Patagônia chilena (2010).

Fortaleza, capital do estado brasileiro do Ceará (2011).

Porto em Cartagena, Colômbia (2010).

Dique em Havana, capital de Cuba (2010).

Vista aérea da cidade de Piriapólis, no Uruguai (2011).

Praia de uma das ilhas do Haiti (2010), onde se explorava o turismo antes do terremoto de 2010.

Cidade de Ocho Ríos, na Jamaica (2010).

ATIVIDADES

1. Copie e complete o quadro com a localização e os principais elementos retratados em cada uma das fotografias.

2. Descreva as semelhanças e as diferenças que existem entre as paisagens retratadas nas fotografias.

3. Em uma folha ou cartolina, construa um painel de imagens que retrate as paisagens e as culturas de diferentes países da América Latina.

País	Elementos retratados
1.	
2.	
3.	
4.	
5.	
6.	
7.	
8.	
9.	

Bibliografia

ALBORNOZ, Suzana. *O que é trabalho*. 6. ed. São Paulo: Brasiliense, 1994.

ALBUQUERQUE, Manoel Maurício de *et al*. *Atlas histórico escolar*. Rio de Janeiro: MEC, 1983.

ALMANAQUE Brasil Socioambiental. São Paulo: ISA, 2008.

ALVES, Júlia Falivene. *A invasão cultural norte-americana*. 2. ed. São Paulo: Moderna, 2004.

ANDRADE, Manuel Correia de. *Uma geografia para o século XXI*. 4. ed. Campinas: Papirus, 2002.

ARAUJO, Regina. O planeta azul está em perigo? In: KUPSTAS, Marcia (Org.). *Ecologia em debate*. São Paulo: Moderna, 1999.

ARBEX JR., José. *Narcotráfico:* um jogo de poder nas Américas. 2. ed. São Paulo: Moderna, 2005.

ATLAS 2000 – La France et le monde. Paris: Nathan, 1999.

ATLAS do meio ambiente do Brasil. Brasília: Terra-viva/ Embrapa, 1996.

ATLAS geográfico escolar. Rio de Janeiro: IBGE, 2007 e 2009.

ATLAS Nacional do Brasil – Milton Santos. Rio de Janeiro: IBGE, 2010

BADIE, Bertrand; VIDAL, Dominique. *L'etat du monde 2011*. Paris: La Decouverte, 2011.

BANCO Mundial. *Globalização:* crescimento e pobreza. São Paulo: Futura, 2003.

BANCO Mundial. *Relatório sobre o desenvolvimento mundial*, 1989, 1997 e 2007.

BECKOUCHE, Pierre. *Indústria:* um só mundo. 5. ed. São Paulo, Ática, 2003.

BENKO, Georges. *Economia, espaço e globalização na aurora do século XXI*. 3. ed. São Paulo: Annablume, 2002.

BOCHICCHIO, Vincenzo Raffaele. *Atlas mundo atual*. São Paulo: Atual, 2003.

BOST, François et al. *Images économiques du monde 2012*. Paris: Armand Colin, 2011

BRANCO, Samuel; BRANCO, Fábio. *A deriva dos continentes*. 2. ed. São Paulo: Moderna, 2004.

BRIGAGÃO, Clóvis; RODRIGUES, Gilberto. *Globalização a olho nu*. 2. ed. São Paulo: Moderna, 2004.

CARLOTTE, Ivan *et al*. *Géographie*. Paris: Nathan Techniques, 1995.

CARMO, Paulo Sérgio do. *A ideologia do trabalho*. 15. ed. São Paulo: Moderna, 2005.

CARVALHO, André; MARTINS, Sebastião. *Capitalismo*. 14. ed. Belo Horizonte: Lê, 1998.

CASTELLS, Manuel. *A sociedade em rede*. 10. ed. São Paulo: Paz e Terra, 2007.

CATANI, Afrânio M. *O que é imperialismo*. 8. ed. São Paulo: Brasiliense, 1989.

CEPAL. *Anuário estatístico da América Latina e do Caribe*, 2010.

CEPAL. *Estudo econômico da América Latina e do Caribe*, 2010/2011.

CEPAL. *Panorama social da América Latina*, 2011.

CHACON, Vamireh. *O Mercosul e a integração da América Latina*. São Paulo: Scipione, 1996.

CHONCHOL, Jacques. *O desafio alimentar:* a fome no mundo. São Paulo: Marco Zero, 1987.

CLARKE, Robin; KING, Jannet. *O atlas da água*. São Paulo: PubliFolha, 2005.

COELHO, Maria C. Nunes. *A ocupação da Amazônia e a presença militar*. São Paulo: Atual, 1998.

COMPACT world atlas. Londres: Dorling Kindersley, 2001.

DREW, David. *Processos interativos homem-meio ambiente*. 5. ed. São Paulo: Difel, 1994.

DURAND, Marie-Françoise *et al*. *Atlas da Mundialização 2009*: compreender o espaço mundial contemporâneo. São Paulo: Saraiva, 2009.

FERNANDEZ, Laetitia. *Terceiros mundos*. São Paulo: Ática, 1996.

FERREIRA, Graça Maria Lemos. *Atlas geográfico*: espaço mundial. São Paulo: Moderna, 2003.

FRIEDMAN, Thomas L. *O mundo é plano*. 2. ed. Rio de Janeiro: Objetiva, 2007.

FUNARI, Pedro Paulo; PIÑON, Ana. *A temática indígena na escola*. São Paulo: Contexto, 2011.

GALEANO, Eduardo. *As veias abertas da América Latina*. 46. ed. Rio de Janeiro: Paz e Terra, 2007.

GALEANO, Eduardo. *O livro dos abraços*. Porto Alegre: L&PM, 2005.

GIANSANTI, Roberto. *O desafio do desenvolvimento sustentável*. São Paulo: Atual, 1998.

GIDDENS, Anthony. *As consequências da modernidade*. São Paulo: Unesp, 1991.

GONÇALVES, Carlos Walter Porto. *A globalização da natureza e a natureza da globalização*. Rio de Janeiro: Civilização Brasileira, 2006.

GORE, Albert. *Uma verdade inconveniente:* O que devemos saber (e fazer) sobre o aquecimento global. Barueri: Manole, 2006.

GRAND atlas mondial. Paris: Marshall Cavendish, 2002.

GUAY, Louis. Proteção ambiental no Canadá. In: SOUZA, Maria Adélia Aparecida de (Org.) *et al*. *Natureza e sociedade de hoje:* uma leitura geográfica. 2. ed. São Paulo: Hucitec/Anpur, 2002.

HAESBAERT, Rogério (Org.). *Globalização e fragmentação do mundo contemporâneo*. Niterói: Eduff, 1998.

HAESBAERT, Rogério. *Blocos internacionais de poder*. São Paulo: Contexto, 1997.

HAESBAERT, Rogério. *Regional-Global*. Rio de Janeiro: Bertrand Brasil, 2010.

HARVEY, David. *A produção capitalista do espaço*. São Paulo: Annablume, 2006.

HARVEY, David. *Condição pós-moderna*. São Paulo: Loyola, 1992.

HARVEY, David. *O Novo Imperialismo*. São Paulo: Loyola, 2005.

HAYDEN, Thomas. *Dossiê Terra*: o guia indispensável sobre as tendências globais. São Paulo: National Geographic/Abril, 2007.

HOBSBAWM, Eric J. *Globalização, democracia e terrorismo*. São Paulo: Companhia das Letras, 2007.

ÍSOLA, Leda; CALDINI, Vera. *Atlas geográfico Saraiva*. São Paulo: Saraiva, 2009.

JACKSON, Robert; SORENSEN, Georg. *Introdução às Relações Internacionais*. Rio de Janeiro: Zahar, 2007.

JOBIM, Nelson Franco. *Bush 2*: a missão – e outras reflexões sobre o mundo do século 21. Rio de Janeiro: Nelson Jobim, 2006.

KENNEDY, Paul. *Ascensão e queda das grandes potências*. Rio de Janeiro: Campus, 1994.

KLEIN, Naomi. *Sem logo:* a tirania das marcas em um planeta vendido. Rio de Janeiro: Record, 2004.

L'ESPACE mondial: géographies terminales. Paris: Magnard, 2001.

LEHMANN, Henri. *As civilizações pré-colombianas*. 3. ed. São Paulo: Bertrand Brasil, 1990.

LEON, Thales de. *Clandestinos*. Rio de Janeiro: Domínio Público, 1996.

MEGGERS, Betty J.; CARVALHO, Eliana Teixeira de. *América pré-histórica*. 2. ed. Rio de Janeiro: Paz e Terra, 1979.

MORAES, Dênis de (Org.). *Por uma outra comunicação:* mídia, mundialização cultural e poder. Rio de Janeiro: Record, 2003.

OLIC, Nelson B. *Geopolítica da América Latina*. 2. ed. São Paulo: Moderna, 2004.

OMC (Organização Mundial do Comércio). *International Trade Statistics 2010*.

PENNAFORTE, Charles. *Globalização:* a nova dinâmica mundial. Rio de Janeiro: Ao Livro Técnico, 1998.

PHILLIPSON, Olly. *Atlas geográfico mundial*. Curitiba: Fundamento, 2007.

PNUD. *Relatório de Desenvolvimento Humano 2011*.

POLÍTICA externa. v. 19, nº 4. São Paulo: Paz e Terra, mar./abr./mai., 2011.

POLÍTICA externa. v. 20, nº 1, São Paulo: Paz e Terra, dez./jan./fev., 2011-2012.

POLÍTICA externa. v. 20, nº 1. São Paulo: Paz e Terra, jun./jul./ago., 2011.

POLÍTICA externa. v. 20, nº 2, São Paulo: Paz e Terra, set./out./nov., 2011.

PRAXEDES, Walter; PILETTI, Nelson. *O Mercosul e a sociedade global*. São Paulo: Ática, 1997.

QUINO. *Toda Mafalda*. São Paulo: Martins Fontes, 1995.

RAFFESTIN, Claude. *Por uma geografia do poder*. São Paulo: Ática, 1993.

REVISTA eletrônica Com Ciência http://www.comciencia.br/comciencia/

RIOUX, J. P. *A Revolução Industrial (1780-1880)*. São Paulo: Pioneira, 1975.

ROBERTS, J. M. *O livro de ouro da história do mundo:* da pré-história à idade contemporânea. 8. ed. Rio de Janeiro: Ediouro, 2001.

ROSS, Jurandyr L. (Org.). *Geografia do Brasil*. 5. ed. São Paulo: Edusp, 2005.

SACHS, Ignacy. *Rumo à ecossocioeconomia*. São Paulo: Cortez, 2007.

SADER, Emir (Org.). Coleção *Os porquês da desordem mundial*. Rio de Janeiro: Record, 2005.

SADER, Emir; JINKINGS, Ivana (Org.). *Latinoamericana:* Enciclopédia contemporânea da América Latina e do Caribe. São Paulo: Boitempo, 2006.

SANDRONI, Paulo. *Dicionário de economia do século XXI*. Rio de Janeiro: Record, 2008.

SANTOS, Milton *et al*. *Território:* globalização e fragmentação. 5. ed. São Paulo: Annablume, 2002.

SANTOS, Milton. *A natureza do espaço*. 4. ed. São Paulo: Edusp, 2008.

SANTOS, Milton. *Metamorfose do espaço habitado*. 6. ed. São Paulo: Edusp, 2008.

SANTOS, Milton; SILVEIRA, María Laura. *O Brasil:* território e sociedade no início do século XXI. Rio de Janeiro/São Paulo: Record, 2001.

SCABOROUGH, Kate; ASIKINACK, Bill. *Explorando a América do Norte (Canadá e Estados Unidos)*. São Paulo: Ática, 1997.

SECEX – Secretaria de Comércio Exterior. Ministério da Indústria, do Comércio e do Turismo, 2005 e 2010.

SIMIELLI, Maria Elena. *Geoatlas*. São Paulo: Ática, 2006.

SIRKIS, Alfredo. *Ecologia urbana e poder local*. Rio de Janeiro: Fundação Ondazul, 1999.

SMITH, Dan. *Atlas dos conflitos mundiais*. São Paulo: Nacional, 2007.

SOUZA, Maria Adélia Aparecida *et al*. (Org.). *Natureza e sociedade de hoje*: uma leitura geográfica. 2. ed. São Paulo: Hucitec/Anpur, 2002.

SPOSITO, Maria Encarnação B. *Capitalismo e urbanização*. São Paulo: Contexto, 1997 (Coleção Repensando a Geografia).

STATE of world population 2010 – UNFPA.

TEIXEIRA, Wilson; TOLEDO, M. Cristina Motta de; FAIRCHILD, Thomas Rich e TAIOLI, Fabio (Org.) *Decifrando a Terra*. São Paulo: Nacional, 2008.

TELLUS: L'encyclopédie du monde. Paris: Nathan, 2002.

US Securities and Exchange Commission. *BP Statistical review of world energy 2010*.

WARNIER, Jean-Pierre. *A mundialização da cultura*. Bauru: Edusc, 2000.

Créditos das fotos

(da esquerda para a direita, de cima para baixo)

Pg.10 Alamy/Other Images.
Pg.11 Frederic J. Brown/AFP/Getty Images.
Pg.12 Paulo Fridman/Pulsar Imagens; Mansell/Time Life Pictures/Getty Images.
Pg.14 Ernesto Reghran/Pulsar Imagens.
Pg.15 Rodolfo Buhrer/Agência de Notícias G/AE.
Pg.17 Hulton Archive/Getty Images.
Pg.18 Popperfoto/Getty Images.
Pg.20 Corbis/Latinstock.
Pg.21 Bettmann/Corbis/Latinstock; Hulton Collection/Getty Images.
Pg.25 Bettmann/Corbis/Latinstock (trabalhadores em tecelagem e exploração de petróleo); Zig Koch/Olhar Imagem (indústria de robôs); Novaes (charge).
Pg.26 SSPL/Getty Images; Alamy/Other Images.
Pg.27 Joaquín Salvador Lavado (Quino). Toda Mafalda, Livraria Martins Fontes Ltda.
Pg.29 Alamy/Other Images.
Pg.31 Pat Greenhouse/The Boston Globe via Getty Images.
Pg.32 Henrique Amaral/Mais Imagens; Reuters/Michael Kooren/LatinStock.
Pg.33 Proehl Studios/Corbis/Latinstock; Luciano Coca/AE.
Pg.34 André Lessa/AE; Paulo Liebert/AE.
Pg.35 Susana Gonzalez/Bloomberg via Getty Images.
Pg.36 Daniel Cymbalista/Pulsar Imagens.
Pg.37 Alamy/Other Images.
Pg.38 Jeão Galvão.
Pg.39 Thinkstock/Getty Images.
Pg.40 Alamy/Other Images.
Pg.41 The Charlotte Observer, Todd Sumlin/AP Photo/GlowImages.
Pg.42 ©Imaginechina/Corbis/Latinstock.
Pg.43 Luis Acosta/AFP/Getty Images; Alamy/Other Images.
Pg.46 © endiaferon/Demotix/Demotix/Corbis/ Latinstock.
Pg.47 Fabrice Coffrini/AFP/Getty Images.
Pg.48 Jewel Samad/AFP/Getty Images.
Pg.53 Editora FTD (A volta ao mundo em oitenta dias); Editora Moderna (A globalização a olho nu, multinacionais desenvolvimento ou exploração?); Editora Ática (Indústria: um mundo só); Continental Home Video (Tempos modernos); Dir. Patrice Barrat (Globalização, violência ou diálogo?)
Pg.54 Peter Parks/AFP/Getty Images; Adrian Dennis/AFP/Getty Images.
Pg.55 Gareth Cattermole/Getty Images for Netflix.
Pg.56 Rubens Chaves/Pulsar Imagens (parque municipal em Belo Horizonte) e Fernando Favoretto/Criar Imagem (coleta seletiva em São Paulo).
Pg.57 Alamy/Other Images.
Pg.58 Joaquín Salvador Lavado (Quino). Toda Mafalda, Livraria Martins Fontes Ltda.
Pg.59 Alamy/Other Images; Heritage Imagestate/Glow Images.
Pg.60 Alamy/Other Images.
Pg.64 The Bridgeman Art Library/Keystone.
Pg.72 PNUD – Programa das Nações Unidas para o Desenvolvimento
Pg.73 Alamy/Other Images (usina termoelétrica em Suihua, lixo tecnológico na Holanda); João Prudente/Pulsar Imagens (Parque eólico em Rio do Fogo).
Pg.76 AFP Photo.
Pg.78 Fernando Favoretto/Criar Imagem.
Pg.79 Luciana Whitaker/Folha Imagem; Ricardo Teles/Pulsar Imagens.
Pg.80 Luciana Whitaker/Pulsar Imagens.
Pg.82 Alfredo Strella/AFP/Getty Images.
Pg.83 Stringer/AFP/Getty Images.
Pg.85 Atual Editora (O desafio do desenvolvimento sustentável); Editora Saraiva (O mundo não é plano); Twentieth Century Fox (Robôs); Direção Jorge Furtado (Ilha das flores).
Pg.88 Alamy/Other Images.
Pg.89 Bill Ingalls/NASA via Getty Images.
Pg.91 Alamy/Other Images.
Pg.93 Alamy/Other Images.
Pg.94 The Granger Collection, New York/Other Images.
Pg.95 Picking Cotton (oil on board), Walker, William Aiken (1838-1921)/Private Collection/Photo © Christie's Images/The Bridgeman Art Library/Keystone.
Pg.99 Paulo Fridman/Corbis/Latinstock.
Pg.102 Beto Barata/ Folhapress.
Pg.107 Marcos Vicentti/Folhapress.
Pg.108 Alamy/Other Images.
Pg.109 Alamy/Other Images.
Pg.110 Alamy/Other Images.
Pg.112 James Brunker/Latin Content/Getty Images; Alamy/Other Images.
Pg.113 The meeting of Queen Nzinga of Ndongo and Joao Correia de Sousa the Portugese govenor of Luanda in 1622 (engraving), Dutch School, (17th century)/Private Collection/The Bridgeman Art Library/Keystone.
Pg.117 Alamy/Other Images.
Pg.118 Alamy/ Other Images.
Pg.123 Ricardo Azoury/Pulsar Imagens.
Pg.124 Alamy/ Other Images (Cuzco e Trinidad); Karine Basilio (Nova York).
Pg.125 Editora Atual (A criação da América); (A globalização em xeque); Flashstar Home Video (Dança com lobos); Paramount Pictures (1492: a conquista do paraíso); Warner Bros (A missão).
Pg.126 George Steinmetz/Corbis/Latinstock.
Pg.127 Ho Old/Reuters/LatinStock; © Chappatte.
Pg.128 Alamy/Other Images; Luis Salvatore/Pulsar Imagens.
Pg.129 Alamy/Other Images.
Pg.130 Nelson Almeida/Pulsar Imagens; Imagebroker RM/GlowImages.
Pg.131 Joe Raedle/Getty Images.
Pg.135 Alamy/Other Images; Brent Stirton/Getty Images.
Pg.136 Omar Torres/AFP/Getty Images; Alamy/Other Images.
Pg.137 Alamy/Other Images; Sergio Ranalli/Pulsar Imagens; Gerson Gerloff/Pulsar Imagens.
Pg.138 Alamy/Other Images.
Pg.141 AE.
Pg.145 Alamy/Other Images.
Pg.150 Sergio Ranalli/Pulsar Imagens; Mauricio Simonetti/Pulsar Imagens.
Pg.152 Alamy/Other Images; (EPA) EFE/Newscom.
Pg.154 Alamy/Other Images.
Pg.155 Gerson Gerloff.
Pg.158 Alamy/Other Images.
Pg.159 Alamy/Other Images.
Pg.160 Alamy/Other Images.
Pg.161 ImageStateRM/Glow Images.
Pg.162 Ricardo Azoury/Pulsar Imagens.
Pg.163 David J.Phillip/epa/Corbis/Latinstock; Alamy/Other Images.
Pg.164 Alamy/Other Images.
Pg.165 Alamy/Other Images.
Pg.167 Editora Letras e Letras (Três garotos na Amazônia); Editora Martins Fontes (A conquista da América); Editora FTD (A menina que fez a América); Editora Melhoramentos (Viagem ao mundo desconhecido); Paramount Pictures Brasil (Na natureza selvagem); Direção Eliane Caffé (Narradores de Javé).
Pg.168 Alamy/Other Images.
Pg.169 Alamy/Other Images; Palê Zuppani/Pulsar Imagens.
Pg.170 Alamy/Other Images.
Pg.171 Alamy/Other Images.
Pg.172 Mario Tama/Getty Images
Pg.175 Angeli, Publicado originalmente na Folha de S. Paulo em 10/09/2002.
Pg.176 Arnd Wiegmann/Reuters/Latinstock; Mark Wilson/Getty Images.
Pg.177 Alamy/Other Images.
Pg.179 Hector Amezcua/Sacramento Bee/MCT via Getty Images.
Pg.180 Alamy/Other Images.
Pg.181 STAFF/AFP/Getty Images.
Pg.182 Arnd Wiegmann/Reuters/Latinstock.
Pg.184 Jim Watson/AFP/Getty Images.
Pg.186 Angeli.
Pg.189 Jose CABEZAS/AFP/Getty Images; Alamy/ Other Images.
Pg.190 Mandel Ngan/AFP/Getty Images; Alamy/Other Images.
Pg.191 Saul Loeb/AFP/Getty Images.
Pg.192 Alamy/Other Images.
Pg.193 Alamy/Other Images.
Pg.197 Daniel Acker/Bloomberg/Getty Images
Pg.198 Alamy/Other Images; Ken James/Bloomberg via Getty Images.
Pg.203 Alamy/Other Images.
Pg.204 Geoff Robins/AFP/Getty Images.
Pg.205 Alamy/Other Images.
Pg.207 Alamy/Other Images.
Pg.208 Alamy/Other Images.
Pg.210 Alamy/Other Images.
Pg.211 Alamy/Other Images.
Pg.213 Editora Atual (Revendo o sonho americano); Editora Contexto (Estados Unidos -A consolidação da nação); Richard Pearce (Uma história americana); Samira Makhmalbaf (11 de setembro); Distribuição Orion Pictures (Mississippi em chamas).
Pg.214 © Bettmann/Corbis/Latinstock.
Pg.215 © Bettmann/Corbis/Latinstock; Courtesy Everett Collection/Latinstock.
Pg.216 Carlos Cazalis/Carlos Cazalis/Corbis/Latinstock; Daniel Cymbalista/Pulsar Imagens.
Pg.217 Enrique Castro/Reuters/Latinstock.
Pg.222 Acervo UH/Folhapress.
Pg.224 Jesus Alcazar/AFP/Getty Images.
Pg.225 Alamy/Other Images.
Pg.226 Alamy/Other Images.
Pg.227 Alamy/Other Images.
Pg.228 Juan Mabromata/AFP/Getty Images.
Pg.229 Juan Mabromata/AFP/Getty Images; Alamy/Other Images.
Pg.234 Xinhua/Photoshot/Latinstock.
Pg.235 bu5/ZUMA Press/Newscom/EFE.
Pg.237 Morten Andersen/Bloomberg via Getty.
Pg.238 Miguel Rojo/AFP/Getty Images; Alamy/Other Images.
Pg.241 Daniel LeClair/Reuters/Latinstock; Gilles Mingasson/Liaison/Getty Images; Yuri Cortez/AFP/Getty Images.
Pg.242 Alamy/Other Images.
Pg.245 Alamy/Other Images.
Pg.248 Alamy/Other Images.
Pg.249 Dennis Drenner/Bloomberg/Getty Images
Pg.250 Kaveh Kazemi/Getty Images
Pg.251 Martin Bernetti/AFP/Getty Images; Ramon Sahmkow/AFP/Getty Images.
Pg.252 Leo Ramirez/AFP/Getty. Images.
Pg.253 Alamy/Other Images.
Pg.254 Noah Friedman-Rudovsky/Bloomberg via Getty Images; Alamy/Other Images.
Pg.255 Alamy/Other Images.
Pg.256 Alamy/Other Images; Miguel Rojo/AFP/Getty Images.
Pg.258 Alamy/Other Images (hotel em Varadero, colheita de-cana de açúcar, sala de aula em Havana); STR/AFP/Getty Images (hospital pediátrico em Havana).
Pg.261 Alamy/Other Images.
Pg.262 © J.B. Russel/Sygma/Corbis/Latinstock
Pg.263 Alamy/Other Images.
Pg.264 © Jose Goitia/dpa/Corbis/Latinstock.
Pg.265 Alamy/Other Images.
Pg.266 STR/AFP/Getty Images
Pg.267 Editora Contexto (De Cuba com carinho); Distribuição Focus Features (Sem identidade); Editora LPM (As veias abertas da América Latina); Direção Eryk Roch (Rocha que voa); Edições SM (A pesca milagrosa)
Pg.268 Alamy/Other Images (sítio arqueológico, Torres Del Paine, Porto de Cartagena, Dique em Havana.); © John Coletti/JAI/Corbis/Latinstock (parque central em San José); Renata Mello/Pulsar Imagens (Fortaleza).
Pg.269 Alamy/Other Images; Clement Sabourin/AFP/Getty Images; Other Images.

Ilustrações e mapas

Atman Criações - Pg. 51.
Carlos Tadeu de Carvalho Gamba - pgs. 188, 201, 226.
Casa Paulistana - Pgs. 136, 153, 156.
Fernando e Wilma - Pgs. 81, 192.
Mario Yoshida - Pgs. 16, 22, 49, 50, 52, 91, 92, 95, 101, 106, 116, 131, 132, 133, 140, 143, 145, 147, 153, 154, 157, 166, 178, 195, 197, 198, 200, 204, 209, 212, 239, 243, 246.
Rafael Herrera - Pg. 134.
Selma Caparroz - Pgs. 34, 38, 40, 60, 61, 63, 68, 90, 97, 98, 142, 187, 199, 201, 231, 236, 259.
Vagner C. Silva - Pg. 196.